Shaaban Abd-Rabou
Mona Moustafa, Hoda Badary
Noha Ahmed, Nadia Aly

Psilídeos, cochonilhas e moscas brancas e sua gestão

Shaaban Abd-Rabou
Mona Moustafa, Hoda Badary
Noha Ahmed, Nadia Aly

Psilídeos, cochonilhas e moscas brancas e sua gestão

Referências especiais no Egipto

ScienciaScripts

Publisher:
Sciencia Scripts
is a trademark of
Dodo Books Indian Ocean Ltd. and OmniScriptum S.R.L publishing group

120 High Road, East Finchley, London, N2 9ED, United Kingdom
Str. Armeneasca 28/1, office 1, Chisinau MD-2012, Republic of Moldova, Europe
Printed at: see last page
ISBN: 978-620-7-89788-9

Resumo:

Esta revisão tratou de três superfamílias da subordem Sternrrhyncha (Hemiptera) no Egipto. Trata-se dos psilídeos (Psylloidea), das cochonilhas (Coccoidea) e das moscas brancas (Aleyrodoidea). A literatura recolhida durante os últimos cinquenta anos inclui a importância económica, as plantas hospedeiras, a distribuição, os estudos ecológicos e biológicos, os inimigos naturais e todos os métodos de controlo destas pragas. Assim como referências especiais dos artigos realizados sobre as superfamílias acima mencionadas no Egipto.

Conteúdo

Capítulo 1

I. Introdução

A subordem Sternorrhyncha dos Hemiptera contém os psilídeos (Psylloidea), as cochonilhas (Coccoidea) e as moscas brancas (Aleyrodoidea), grupos que eram tradicionalmente incluídos na ordem Homoptera. Os psilídeos (Hemiptera: Psyllidoidea) registados em diferentes culturas económicas hospedeiras causam danos graves a estas culturas. As pragas associadas aos ramos novos das culturas em floração e frutificação são as mais prejudiciais, não só porque a atividade alimentar direta afecta o rendimento, mas também porque a ação indireta, ao produzir secreções cerosas, induz o aborto de muitas das flores, mesmo daquelas que não são atacadas diretamente. A presença de melada e de bolores fuliginosos agrava esta última situação. Os psilídeos sugam os sucos das plantas. Alguns segregam uma cera branca e produzem melada, por vezes em forma paletizada ou cristalizada, sobre a qual se desenvolve um bolor fuliginoso de cor negra. Populações elevadas de psilídeos reduzem o crescimento das plantas ou fazem com que os terminais se distorçam, descolorem ou morram. Populações elevadas de certas espécies, como o psilídeo da oliveira e da pereira, podem causar desfoliação. Algumas espécies causam galhas nas folhas ou nos botões, por exemplo, quando a alimentação dos psilídeos faz com que a planta forme um buraco à volta do local onde cada ninfa se instala. Algumas das espécies de psilídeos actuam como vectores de doenças. Os primeiros danos ocorrem normalmente na folhagem jovem, onde a maioria dos ovos é depositada. A maioria das espécies autóctones de psilídeos não necessita de controlo. Mesmo quando as populações são abundantes, as plantas podem tolerar uma alimentação substancial e as populações de psilídeos diminuirão naturalmente. Os insectos cochonilhas (Hemiptera: Coccoidea) excretam melada, um líquido pegajoso produzido por insectos sugadores que ingerem grandes quantidades de seiva das plantas. A melada pegajosa e o bolor negro e fuliginoso que cresce na melada podem incomodar as pessoas mesmo quando as populações de cochonilhas não estão a prejudicar as plantas. Quando as plantas estão muito infestadas por cochonilhas, as folhas podem parecer murchas, ficar amarelas e cair prematuramente. Por vezes, as cochonilhas provocam o enrolamento das folhas ou causam manchas deformadas ou halos descoloridos nos frutos, folhas ou ramos.

As moscas brancas (Hemiptera: Aleyrodoidea) danificam diferentes plantas hospedeiras ao consumirem grandes quantidades de seiva, que obtêm com as suas peças bucais sugadoras. Outros danos indirectos são causados pelo fungo fuliginoso, que cresce sobre os frutos e a folhagem na quantidade abundante de melada excretada pela mosca branca. Este fungo preto pode cobrir as folhas e os frutos tão completamente que interfere com as actividades fisiológicas adequadas das árvores. As árvores muito infestadas tornam-se fracas e produzem pequenas colheitas de frutos insípidos. Algumas espécies de moscas brancas actuam como vectores de doenças.

O objetivo desta revisão é recolher todos os dados da literatura sobre estudos relativos aos psilídeos, cochonilhas e moscas brancas, bem como as referências especiais durante cinquenta anos no Egipto.

Capítulo 2

II.   Psilídeos (Hemiptera: Psyllidoidea)

Os psilídeos ou piolhos saltadores de plantas encontrados no Egipto tendem a ser muito específicos do hospedeiro. O sistema de classificação geralmente aceite dividiu os Psylloidea em seis famílias. Sabe-se que apenas três famílias ocorrem no Egipto (ou seja, Aphalaridae, Psyllidae e Triozidae) (Mohammed, 1998). Mais tarde, Abd-Rabou *et al.* (2017) registaram 24 espécies da subordem Psyllidoidea que infestam diferentes plantas hospedeiras no Egipto.

1. Lista de psilídeos egípcios (segundo Abd-Rabou *et al.*, 2017):

Aphalaridae

1.1.*lastopsylla occidentalis* Taylor

1.2. *Caillardia dilatata* Loginova

1.3. *Colposcenia aliena* (Baixa) . 1

1.4. *Colposcenia elegans* (De Bergevin)

1.5. *Colposcenia tamaricis* (Puton) .2

1.6. *Craspedolepta heslopharrisoni* Samy

Liviidae

1.7. *Diaphorina aegyptiaca* Puton

1.8. *Diaphorina chobauti* Puton .3

1. 9. *Diaphorina lamproptera* Burckhardt

1.10. *Diaphorina lycii* Loginova

1.11. *Diaphorina pusilla* Burckhardt

1.12. *Euphyllura straminea* Loginova

Psilídeos

1.13. *Acizzia bicolorata* (Samy)

1.14. *Cacopsylla (Hepatopsylla) hippophaes* (Foerster)

1.15. *Cacopsylla (Hepatopsylla) pyricola* (Foerster)

1.16. *Livilla retamae* (Puton)

1.17. *Pachyparia dimorpha* Loginova

1.18. *Pseudacanthopsylla retamae* Samy

1.19. *Bactericera maura* (Foerster)

1.20. *Bactericera perrisii* Puton

1.21. *Bactericera trigonica* Hodkinson

1.22. *Heterotrioza chenopodii* (Reuter)

1.23. *Pauropsylla willcocksi* Dçbsky

1.24. *Trioza buxtoni* Laing

2. Os psilídeos mais comuns no Egipto são os seguintes
2.10. *Euphyllura straminea* Loginova

O psilídeo da oliveira, *E. straminea,* foi registado pela primeira vez em março de 1988 em oliveiras em El Arish - Rafah, Egipto (Nada, 1994). Radwan (1996) registou uma geração anual para esta espécie, que se estende de março a maio. As flutuações populacionais do psilídeo da oliveira na província de Fayoum registaram duas gerações por ano em condições de campo (Soliman, 1997). Mohammed (1998) descreveu os cinco instares ninfais da psilídea da oliveira no Egipto. Construiu uma chave para diferenciar os cinco instares ninfais. A ocorrência de diferentes estádios em oliveiras não pulverizadas na província de Ismailia foi estudada em 1997-1998 (Sharaf El Din e Hashem, 1999). Moursi *et al.* (2002) estudaram a dinâmica populacional e a abundância sazonal de *E. straminea* em oliveiras não tratadas em dois pomares, um deles sob sistema de irrigação e o outro sob chuva, na área de Borg El Arab (50 km a oeste de Alexandria). Hamza (2007) estudou a flutuação sazonal do psilídeo da oliveira em oliveiras em Giza, Egipto, ao longo de dois anos sucessivos. Investigou os efeitos de certos factores meteorológicos na dinâmica da população de ninfas e adultos durante a primavera e o outono. A abundância sazonal do psilídeo da oliveira, *E. straminea,* foi estudada durante dois anos sucessivos, de 2009 a 2010, em oliveiras. Os resultados obtidos mostraram que a população do inseto atingiu o máximo durante o mês de março (1350 e 1488/60 folhas e 15 ramos) no primeiro e segundo anos, respetivamente. O predador *Orius* sp. atingiu o máximo durante o mês de março no primeiro e segundo anos (20 e 33 indivíduos / 60 folhas e 15 ramos, respetivamente). Abd-Rabou e Ahmed (2011) estudaram a incidência do psilídeo e dos seus inimigos naturais em oliveiras de diferentes locais do Egipto. Os resultados do presente trabalho indicaram que a abundância sazonal do psilídeo, *E. straminae,* atingiu o máximo durante o mês de março no primeiro e segundo anos. O predador *Orius* sp. atingiu o máximo durante o mês de março, no primeiro e segundo anos.

Youssef (2011) estudou a ecologia e a biologia do psilídeo da oliveira em três ecossistemas diferentes no Egipto. Os resultados obtidos revelaram que a população era mais abundante no ecossistema desértico do que no ecossistema agrícola, enquanto era menos abundante no ecossistema costeiro. Mencionou que a atividade coincidia com a fenologia da oliveira. Além disso, os resultados revelaram que esta espécie passou por uma geração anual. Os parâmetros da tabela de vida mostraram que 25° C foi o grau ótimo, onde a fecundidade feminina e a taxa líquida de reprodução, a taxa intrínseca de aumento e a taxa finita de aumento registaram os seus valores máximos, enquanto o tempo de duplicação da população registou os seus valores mínimos

2.11. *Pauropsylla trichaeta* Petty

Swailem e Awadallah (1972) estudaram a bionomia do psilídeo da figueira dos plátanos, *P. trichaeta.*

2.12. *Craspedolepta heslopharrisoni* (Samy)

Samy (1972) afirmou que alguns psilídeos foram recolhidos nos campos de algodão em Giza e Gemmeza e identificados no Museu Britânico como *Diaphorina* sp. e *Trioza* sp. Descreveu os machos e fêmeas adultos de treze espécies de Psylloidea do Egipto. Classificou estas espécies na família Psyllidae e registou *C. heslopharrisoni* como nova espécie em *Trifolium alexandrium* em Alxandria.

2.13. *Diaphorina* sp. e *Trioza* sp.

As espécies de psilídeos foram recolhidas nos campos de Gizé e Gemmeza por varrimento e foram enviadas para o Museu Britânico para serem identificadas como *Diaphorina* sp. e *Trioza* sp. (Samy, 1972).

2.14. *Blastopsylla occidentalis* (Taylor)

Hemmet e Ibrahim (2007) mencionaram que o psilídeo formador de galhas, *B. occidentalis* gall forming psyllid, mata milhões de árvores de eucalipto em muitas áreas do Egipto. Referiram que os tecidos foliares jovens e os meristemas são mais susceptíveis a esta espécie durante as fases jovens do desenvolvimento fonológico. O psilídeo formador de galhas apresenta sintomas patológicos específicos, induzindo assim alterações estruturais nos vasos vasculares das plantas infestadas. Formaram-se galhas em forma de saliências na superfície inferior das nervuras centrais das folhas, pecíolos e caules de ramos jovens de *Eucalyptus* sp.

2.15. *Cacopsylla (Hepatopsylla) pyricola* (Foerster):

Osman e Mahmoud (2008) estudaram as pragas de insectos e ácaros que atacam as pereiras na província de Ismailia, Egipto, durante dois anos sucessivos, 2005-2006, em dois pomares de pereiras da Universidade do Canal do Suez. A praga mais dominante e economicamente importante é o psilídeo, *Cacopsylla pyricola*. Na segunda época (2006), *a C. pyricola* foi a principal praga. As temperaturas e a humidade relativa tiveram um efeito significativo na população destas pragas. Youssef *et al.* (2015) estudaram que o nível do limiar económico é um fator-chave a estudar para o controlo do psilídeo da pereira, *C. pyricola*, que foi registado como uma praga-chave das pereiras nas províncias do Sinai do Norte e de Ismailia, no Egipto (Ahmed, 2007). Esta praga causou perdas consideráveis na produção de frutos de pera na maioria dos pomares de pera. Estudos ecológicos mostraram que a abundância sazonal desta espécie começa a ser ativa a partir do início de março e continua até meados de junho nas condições climáticas da província de Ismailia. O presente estudo tem por objetivo avaliar o limiar económico da infestação em pereiras. Os resultados da análise estatística mostraram que, quando a densidade populacional de *C. pyricola* era (13,7 ninfas / galho), poderia ser considerada como um limiar económico de infestação com *C. pyricola* em pereiras, a este nível é tempo suficiente para iniciar as medidas de controlo. Youssef *et al.* (2015) afirmaram que a infestação da praga causa folhas amareladas, lesões locais devido à saliva tóxica, desfolha, perda de vigor da planta e encolhimento dos frutos, que depois caem em fase prematura. As ninfas e os adultos excretam grandes quantidades de melada que favorecem o crescimento de bolor fuliginoso e as folhas infestadas adquirem um aspeto negro sujo que afecta a fotossíntese. A atividade sazonal de *C. pyricola* foi estudada em pereiras durante dois anos sucessivos, 2013 e 2014, em Ismailia

Governorate. Os resultados obtidos mostraram que os adultos têm duas formas, a primeira é a forma invernal, que passa o inverno em diapausa, e a outra é a forma estival, responsável por muitos danos. O psilídeo da pereira, *C. pyricola,* tem duas gerações sobrepostas por ano, a primeira geração ocorreu do início de fevereiro a meados de junho, com pico no início de maio e duração de cerca de 4,5 meses; a segunda geração começou de meados de junho ao início de novembro, com pico no início de setembro e duração de cerca de 4,5 meses. A duração da geração foi significativamente afetada pelos factores meteorológicos testados (temperaturas médias e % RH). O efeito combinado dos factores testados na atividade da população variou entre 70,5 e 73,5% na 1ª geração de atividade e 66,8 e 65,2% na 2ª geração em ambos os anos, respetivamente.

Aly (2015) afirmou que, recentemente, a psila da pereira, *C. pyricola,* é a praga mais importante nos pomares de pereira em diferentes locais do Egipto. O principal objetivo desta investigação é estudar o efeito de diferentes compostos de controlo natural sobre a psila da pereira e os seus inimigos naturais em pereiras em Ismailia durante maio e outubro de 2013-2014, respetivamente. Os resultados indicaram que, na primeira época, os quatro compostos (óleo de jojoba, *Peacilomyces fumosoroseus,* Azadrachtin e *Verticellium lecanii*) tiveram um efeito tóxico moderado contra as ninfas da população de *C. pyricola* e o seu predador *Orius laevigatus* (Fieber) (Hemiptera: Anthocoridae). O óleo mineral e os compostos de enxofre deram 78,6 & 74,9 e 70,3 & 66,9 de ninfas de populações de *C. pyricola* e seu predador, *O. laevigatus,* respetivamente. Por outro lado, o Malathion apresentou alta eficácia contra ninfas de *C. pyricola* (88,0%) e seu predador, *O. laevigatus* (82,5%). Na segunda estação, os resultados indicaram a mesma tendência do primeiro ano. Pode concluir-se que o tratamento com óleo de jojoba, *P. fumosoroseus,* azadrachtin e *V. lecanii* teve um efeito moderado contra a psila da pereira e o seu predador, em comparação com o óleo mineral, o enxofre e o malatião.

Capítulo 3

Insectos de escala IIL

As cochonilhas que se encontram em diferentes partes do mundo pertencem a 23 famílias, mas apenas 12 dessas famílias se encontram no Egipto. As mais importantes são três famílias de cochonilhas armadas (Diaspididae), cochonilhas (Pseudococcidae) e cochonilhas moles (Coccidae), que são espécies perigosas que atacam diferentes culturas económicas importantes no Egipto.

Os insectos cochonilhas compreendem cerca de 7 500 espécies em 45 famílias, enquanto no Egipto existem 143 nomes de espécies válidos em 12 famílias: Aclerdidae (cochonilhas), Asterolecaniidae (cochonilhas), Coccidae (cochonilhas moles), Dactylopiidae (cochonilhas), Diaspididae (cochonilhas de armadura), Eriococcidae (cochonilhas de feltro), Halimococcidae, Lecanodiaspididae (cochonilhas falsas), Monophlebidae (cochonilhas verdadeiras), Ortheziidae (cochonilhas de alferes), Phoenicococcidae (cochonilhas da tâmara), Pseudococcidae (pseudomealybug). Estas espécies perigosas atacam diferentes culturas económicas importantes no Egipto.

1. Lista de cochonilhas (Coccoidea) no Egipto (segundo Abd-Rabou, 2012):

1.1. Aclerdidae (escamas de gramíneas):

1.2. *Aclerda panica* Hall, (cochonilha do pinheiro)

1.3. *Aclerda takahashii* Kuwana (Escama da cana-de-açúcar)

. Asterolecaniidae (escamas de fossa)

1.4. *Bambusaspis bambusae* (Boisduval) (Escama de bambu)

1.5. *Palmaspis phoenicis* (Ramachandra Rao) (Escama verde do caroço da tamareira)

1.6. *Pollinia pollini* (A. Costa) (Escama de azeitona de caroço ornamentado)

1.7. *Russellaspis pustulans pustulans* (Cockerell) (Escala da fossa)

*** Coccidae (escamas moles):**

1.8. *Acantholecanium haloxyloni* (Hall) (Escama mole de Haloxylonum)

1.9. *Acanthopulvinaria orientalis* (Nasonov) (escama de cera do Egipto)

1.10. *Ceronema africana* Macfie (escama de cera africana)

1.11. *Ceroplastes actiniformis* Green (Escama mole da tamarcira)

1.12. *Ceroplastesfloridensis* Comstock (Escama de cera dos citrinos)

1.13. *Ceroplastes rusci* (Linnaeus) (Escala de cera da Fig.)

1.14. *Coccus capparidis* (verde) (escama mole de Copparis)

1.15. *Coccus hesperidum hesperidum* Linnaeus (Escama mole castanha)

1.16. *Coccus longulus* (Douglas) (Escama mole castanha longa)

1.17. *Eucalymnatus tessellatus* (Signoret) (Escama macia tesselada),

1.18. *Kilifia acuminata* (Signoret) (Escama mole da casca da ostra da manga).

1.19. *Milviscutulus mangiferae* (Verde) (Escama mole da mangueira)

1.20. *Parasaissetia nigra* (Nietner), **(Escama** mole da Nigra)

1.21. *Parthenolecaniumpersicaepersicae* (Fabricius), (Escama mole de pêssego).

1.22. *Protopulvinaria pyriformis* (Cockrell) (escama mole piriforme)

1.23. *Pulvinaria chrysanthemi* Hall (Escama mole do crisântemo)l

1.24. *Pulvinariafloccifera* (Westwood) (Escama mole da Camélia)

1.25. *Pulvinariella mesembryanthemi* (Vallot) (Escama mole da planta do gelo)

1.26. *Pulvinaria psidii* Maskell (Escama mole da goiaba)

1.27. *Pulvinaria tenuivalvata* (Newstead) (Escama mole da cana-de-açúcar)

1.28. *Rhizopulvinaria artemisiae* (Signoret) (Escala de Retama)

1.29. *Saissetia coffeae* (Walker) (Escama hemisférica mole)

1.30. *Saissetia oleae oleae* (Olivier) (Escama negra mole mediterrânica)

1.31. *Stotzia ephedrae* (Newstead) **(Escama** de efedrina)

1.32. *Waxiella africana africana* **(Verde)** (Escama de cera de Ficus)

1.33. *Waxiella mimosae mimosae* (Signoret) (Escama de cera da Acácia)

*** Dactylopiidae (cochonilhas):**

1.34. *Dactylopius coccus* Costa (escama de pincochineal)

1.35. *Dactylopius confusus* (Cockerell) (cochonilha do figo da Barbária)

*** Diaspididae (cochonilhas armadas):**

1.36. *Abgrallaspis cyanophylli* (Signoret)(Escama de Chaff)

1.37. *Acanthomytilus intermittens* (Hall) (cochonilha forrageira africana)

1.38. *Acanthomytilus sacchari* (Hall)(Escama de Saccharum)

1.39. *Adiscodiaspis ericicola* (Marchal)(Escama de tamargueira)

1.40. *Aonidia lauri* (Bouche) (Escala da baía)

1.41. *Aonidiella aurantii* (Maskell) (Escala vermelha)

1.42. *Aonidiella citrina* (Coquillett) (Escala amarela)

1.43. *Aspidaspis longiloba (*Hall) (Escala Longtaild)

1.44. *Aspidiotus nerii* Bouche (Escama de Oleandro)

1.45. *Aulacaspis rosae* (Bouche)(Escama rosa)

1.46. *Carulaspis visci* (Schrank) (Escama do azevinho)

1.47. *Chrysomphalus aonidum* (Linnaeus)(Escama negra)

1.48. *Chrysomphalus dictyospermi* (Morgan) (Escama de Dictyospermum)

1.49. *Contigaspis bilobis* (Newstead) (Escala de bilobos)

1.50. *Contigaspis farsetiae* (Hall) (Escama farsetia)

1.51. *Contigaspis zillae* (Hall) (Escama Zilla)

1.52. *Diaspidiotus pyri* (Lichtenstein) (**Fig.** escala)

1.53. *Diaspis boisduvalii* Signoret (Escama de Boisduval)

1.54. *Diaspis bromeliae* (Kerner) (Escama do ananás)

1.55. *Duplachionaspis natalensis* (Maskell) (Stantophrum scale)

1.56. *Dynaspidiotus britannicus* (Newstead) (Escala de carvalho)

1.57. *Dynaspidiotus ephedrarum* (Lindinger) (Escama de cereja de areia)

1.58. *Fiorinia fioriniae* (Targioni Tozzetti) (Escama Fiorina)

1.59. *Furchadaspis zamiae* (Morgan(Escama de cicadácea)

1.60. *Gonaspidiotus seurati* (Marchal) (escala de Seurat)

1.61. *Hemiberlesia lataniae* (Signoret) (Escama da Latânia)

1.62. *Hemiberlesia rapax* (Comstock) (Escama de maçã)

1.63. *Lepidosaphes pallida* (Maskell) (Escama da manga)

1.64. *Ischnaspis longirostris* (Signoret) (Escala de fios pretos)

1.65. *Lepidosaphes beckii* (Newman) (Escama roxa)

1.66. *Lepidosaphes conchiformis* (Gmelin) (**Fig.** escala)

1.67. *Lepidosaphes ulmi* (Linnaeus) (Escama da manga da concha da ostra)

1.68. *Leucaspis pini* (Hartig) (Escama do pinheiro)

1.69. *Leucaspis pusilla* Low (escama de Pusilla)

1.70. *Leucaspis riccae* Targioni Tozzetti (Escama da azeitona da concha da ostra)

1.71. *Lindingaspis floridana* Ferris (Escama de Fioridana)

1.72. *Lineaspis striata* (Newstead)(Escama de arborvitae)

1.73. *Melanaspis inopinata* (Leonardi) (Escama de frutos decíduos)

1.74. *Morganella longispina* (Morgan)(Escama de espinha longa)

1.75. *Mycetaspis personata* (Comstock) (Escala personata)

1.76. *Mercetaspis bicuspis* (Hall) (Escama cúspide)

1.77. *Mercetaspis halli* (Verde)(Escala de pêssego)

1.78. *Mercetaspis isis* (Hall) (escala Isis)

1.79. *Odonaspis panici* Hall (Escama do pânico)

1.80. *Odonaspis ruthae* Kotinsky (cochonilha das Bermudas)

1.81. *Osiraspis balteata* Hall (Escama de cintura)

1.82. *Pallulaspis retamae* (Hall) (Escala Retama)

1.83. *Parlatoreopsis longispina* (Newstead) (Escama de espinha longa)

1.84. *Parlatoria blanchardi* (Targioni Tozzetti) (Escala de datas de Parlatoria)

1.85. *Parlatoria crotonis* Douglas (Escama de Croton parlatoria)

1.86. *Parlatoria oleae* (Colvee) (Escama de oliveira)

1.87. *Parlatoria pergandii* Comstock (Escama dos citrinos)

1.88. *Parlatoria proteus* (Curtis) (Escala Proteus)

1.89. *Parlatoria ziziphi* (Lucas)(escala Nabk)

1.90. *Pseudaulacaspis pentagona* (Targioni Tozzetti) (Escama branca do pêssego)

1.91. *Pseudotargionia glandulosa* (Escama de Acácia de Newstead)

1.92. *Rhizaspidiotus adiscus* Gomez-Menor Ortega (Escala de Artemisia)

1.93. *Salicicola kermanensis* (Lindinger) (Escama de salgueiro)

*** Eriococcidae (escamas de feltro):**

1.94. *Eriococcus araucariae minor* Maskell Escama de *araucária*

1.95. *Greenoripersia kaiseri* Bodenheimer (Escama de feltro da tamargueira)

*** Halimococcidae:**

1.96. *Halimococcus thebaicae* Hall (cochonilha do Egipto)

*** Lecanodiaspididae (escamas falsas):**

1.97. *Lecanodiaspis africana* (Newstead) (Escama africana)

*** Monophlebidae (cochonilha verdadeira):**

1.98. . *Icerya aegyptiaca* (Douglas) (cochonilha do Egipto)

1.99. *Icerya purchasi purchasi* Maskell (cochonilha australiana)

1.100. *Icerya seychellarum seychellarum* (Westwood) (cochonilha de

Seychellarum)

1.101. *Monophleboides gymnocarpi* (Hall) (Cochonilha do Gymonocarpi)

*** Ortheziidae (cochonilhas):**

1.102. *Insignorthezia insignis* (Browne)

*** Phoenicococcidae (escamas de tâmaras):**

1.103. *Phoenicococcus marlatti* Cockerell (Escama vermelha da tamareira)

*** Pseudococcidae (Pseudomealybug):**

1.104. *Amonostherium arabicum* Ezzat (cochonilha árabe)

1.105. *Antonina graminis* (Maskell) (Cochonilha de Antonina)

1.106. *Antonina natalensis* Brain (cochonilha Natalemsis)

1.107. *Spilococcus halli* (McKenzie & Williams) (cochonilha-do-antemis)

1.108. *Crisicoccus delottoi* Ezzat (Cochonilha da pera)

1.109. *Crisicoccus mangrovicus* Ben-Dov (Cochonilha dos mangais)

1.110. *Dysmicoccus boninsis* (Kuwana) (Cochonilha cinzenta da cana-de-açúcar)

1.111. *Dysmicoccus brevipes* (Cockerell) (Cochonilha do ananás)

1.112. *Euripersia artemisiae* (Hall) (Cochonilha da Artemísia)

1.113. *Ferrisia virgata* (Cockerell) (Cochonilha Virgatus)

1.114. *Heterococcus cyperi* (Hall) (Cochonilha de Cyperus)

1.115. *Humococcus mackenziei* Ezzat (Cochonilha do Mackenzie)

1.116. *Maconellicoccus hirsutus* (Verde) (Cochonilha das Hibsicas)

1.117. *Mirococcus inermis* (Hall) (Cochonilha de Zygophyllum)

1.118. *Misericoccus imperatae* (Hall) (Cochonilha imperata)

1.119. *Trabutina serpentina* (Verde) (Cochonilha menor)

1.120. *Nipaecoccus nipae* (Maskell) (Cochonilha do coqueiro)

1.121. *Nipaecoccus viridis* (Newstead) (Cochonilha de Lebbek)

1.122. *Peliococcus priesneri* (Laing) (Cochonilha da erva das Bermudas)

1.123. *Peliococcus zillae* (Hall) (Cochonilha de Zilla)

1.124. *Phenacoccus gypsophilae* Hall (cochonilha de Gypsophila)

1.125. *Phenacoccus parvus* Morrison (cochonilha da gardénia)

1.126. *Phenacoccus pyramidensis* Ezzat (Cochonilha-das-pirâmides)

1.127. *Phenacoccus solenopsis* Tinsley (cochonilha do algodão)

1.128. *Planococcus citri* (Risso)(Cochonilha dos citrinos)

1.129. *Planococcus ficus* (Signoret) (Cochonilha da videira)

1.130. *Planococcus* lindingeri (Bodenheimer) (Cochonilha do pânico)

1.131. *Pseudaspidoproctus hyphaeniacus* (Hall) (Cochonilha-da-hifaeniace)

1.132. *Pseudococcus longispinus* (Targioni Tozzetti) (Cochonilha de cauda longa)

1.133. *Saccharicoccus sacchari* (Cockerell) (Cochonilha rosada da cana-de-açúcar)

1.134. *Spilococcus alhagii* (Hall) (Cochonilha de Alhagi)

1.135. *Spinococcus convolvuli* Ezzat (Cochonilha da malva)

1.136. *Trabutina mannipara* (Hemprich & Ehrenberg) (Escama de maná)

1.137. *Trionymus angustifrons* Hall (cochonilha de Ambrosa)

1.138. *Trionymus cressae* (Hall) (Cochonilha-das-crucíferas)

1.139. *Trionymus internodii* (Hall)(Cochonilha do entrenó)

1.140. *Trionymus masrensis* Hall (Cochonilha de Kharga)

1.141. *Trionymus phragmitis* (Hall) (Cochonilha Phragmita)

1.142. *Trionymus polyporus* Hall (Cochonilha do milho)

1.143. *Trionymus williamsi* Ezzat (Cochonilha de Wiliams)

1.144. *Vryburgia amaryllidis* (Bouche) (Cochonilha do Crinum)

2. As famílias de cochonilhas mais comuns no Egipto são as seguintes

2.1. Cochonilhas armadas (Diaspididae: Coccoidea)

A família Diaspididae é a maior e mais especializada das cerca de doze famílias atualmente reconhecidas que compõem a superfamília Coccoidea. Um catálogo mundial recente enumera 338 géneros válidos e cerca de 1700 espécies de cochonilhas armadas (Miller e Davidson, 1990). No Egipto, inclui 58 espécies Abd-Rabou (2012).

2.1.1. Plantas hospedeiras:

As cochonilhas armadas têm uma vasta gama de plantas hospedeiras e atacam muitas espécies de plantas económicas como a manga, a tamareira, a goiaba, o pêssego, a maçã, a oliveira e as plantas ornamentais. Swailem (1972) afirmou que a cochonilha da goiaba, *Lepidosaphes tapleyi* Williams, é uma espécie polífaga e que os seus hospedeiros preferidos são a goiaba, a manga e os Laurus, *Aberio caffra, Ceratonia silique, Eucalyptus* spp., *Ficus nitida, F. sycamorus, Jasminium humilis, J. sambae, Nerium oleander, Oleae europea, Rosa* spp. Onze espécies de cochonilhas armadas que atacam 62 espécies de plantas hospedeiras (Hamad e Moussa, 1973). Em 1974, El-Minshawy e Osman registaram *Mycetaspis personata* como uma praga de *Ficus* sp. e *Hydra helix. L. tapleyi* ataca *Laurus nobilis, Jasminum azaricum, J. humile, Punica granatum* e *N. oleander* (El-Nahal *et al.* 1976), enquanto *Lindingaspis rossi* Mask ataca *F. nitida, J. azaricum, Acacia saligna, Eucalyptus* sp, *Stercolia diversifolia, Bauhinia granatum, Sciadophyllum pulcherrima, Thevefia nereifolia, Ficus* sp., *F. benghalensis, Jasminum pubscens, L. nobilis, Law son ia alba* e

Ziziphus spinachristai (Swaliem *et al.,* 1976). Nada (1986) fez um levantamento das cochonilhas armadas comuns que atacam plantas ornamentais. Moursi *et al.* (1991) registaram as seguintes espécies a atacar numerosas plantas e mostraram que a espécie *Aonidiella aurantii* (Maskell) ataca seis plantas hospedeiras. *Aspidiotus hederae* (Vallot) ataca plantas; *C. ficus ataca* 5; *H. latania* ataca 7; *Lindingapis rosssi* Mask. ataca 4; *L. ferrisi ataca* 4; *M. personata* ataca 20; *Rhizaspidotus artemisia* (Hall), *Carutaspis visci* (Schronk), ataca apenas uma espécie de planta, enquanto *Chionaspis striata* Newstead, *Diaspis biodwalii* Signoret, *L. tapleyi*, *L. ulmi* (L.), *Piumaspis aspidistrae* (Signonet) ataca 2, enquanto *Pseudoulacaspis pertagona* (Tqrigioni Tozzeti, ataca 3, *P. blanchardii* (T.T.) ataca 2, *P. crotomis* (Douylous). *P. oleae ataca* três. Abu-Elkhair e Karam (1995) registaram *Lineaspis striata* (Newstead) e *Carulaspis minima* (Targioni-Tozzetti) em árvores de Chipre.

Os hospedeiros de *P. oleae* são macieiras, ameixeiras, oliveiras, pereiras e pessegueiros El-Minshawy *et al.* (1974). Eissa e Helal (2000) afirmaram que *L. ulmi* e *P. oleae* atacam a ameixeira e o pessegueiro. Maareg *et al.* (1992) registaram duas cochonilhas armadas que atacam a cana-de-açúcar no Alto Egipto. Nada (1990a) registou 17 espécies de cochonilhas armadas que atacam árvores de citrinos. *Leucaspis riccae, P. oleae, A. hederae e A. aurantii atacam* as oliveiras (Moursi e Mesbah, 1985). Nada *et al.* (1990a) registaram 10 espécies de cochonilhas armadas que atacam as mangueiras.

2.1.2. Distribuição:

As cochonilhas armadas estão distribuídas por todo o Egipto. El-Hakim e Helmy (1985) registaram alguns destes insectos em Fayoum e

Alexandria; no Norte do Sinai (Abd El-Razzik, 2000); em Sharqiya (Mansour *et al.,* 1991); em Bahria Oases (Ali e Hussain, 1995); em Giza (El-Nahal *et al.* 1976); no Cairo (Abd El-Rahman, 1980); em Dakahliya (Mohamed, 2002); em Minufiya (Abdel-Fattah *et al.* 1978); em Qena (Abd-Rabou, 2002); Sinai do Sul, Costa Norte, Behira, Beni-Suef, Sohag (Abd- Rabou, 1999a); Ismailia, Suez (Mohamed, 2002).

2.1.3. Estudos ecológicos:

Os estudos ecológicos são passos importantes na gestão integrada de pragas de cochonilhas armadas. *I. pallidula* tinha três gerações anuais na zona costeira e quatro gerações nas regiões do Médio Egipto e do Delta (Amin, 1970). No mesmo ano, Hafez *et al.* referiram que *C. ficus apresentava* quatro picos em março, agosto, setembro e novembro. Salman (1970) referiu que a população de *C. ficus* em laranjeiras e tangerineiras era relativamente baixa de abril a agosto, seguindo-se um aumento gradual em setembro e atingindo o seu pico em outubro. O período de grandes números estendeu-se até janeiro seguinte. *A. aurantii* tem 3-4 gerações em árvores de citrinos (Habib *et al.,* 1971). El-Minshawy *et al.* (1972) refere que *H. latania* tem duas gerações por ano e a abundância máxima é atingida em setembro. Hosny *et al.* (1972) determinaram o limiar económico em diferentes densidades de infestação de *A. aurantii* em tangerineiras e verificaram que, durante junho e outubro, mais de 0,24 e 0,18 fêmeas/folha diminuíam significativamente o rendimento da tangerina. *P. blanchardi* tem duas gerações anuais na tamareira (Salama, 1972). O mesmo autor (1973) estudou a dinâmica populacional e a variação sazonal de *C. dictyospermi* em *F. nitida* nas condições ambientais locais de Giza. Registou que existem duas gerações anuais, a primeira no final de abril e a segunda em outubro, e que as gerações atingiram o seu pico de abundância quando a temperatura média variou entre 22 e 25C e a humidade relativa média foi de 50-58%. Swailem (1973) estudou as flutuações populacionais do diáspide *L. tapleyi* em goiabeiras na região de Gizé. Registou cinco gerações anuais sobrepostas, cujos picos ocorrem na 2nd semana de maio, na 3rd semana de junho, na 3rd semana de julho, na 1st semana de setembro e na 1st semana de novembro. Salama e Hamdy (1973) registaram que *L. pallida* tinha 3 gerações, a 1st em janeiro, a 2nd em abril e a 3rd em outubro. *M. personata* tinha três gerações anuais sobrepostas. A primeira geração começa em fevereiro e prolonga-se até maio, a segunda começa no início de junho e prolonga-se até agosto e a terceira geração começa no início de setembro com um grande número de rastejantes, que hibernam como fêmeas adultas (El-Minshawy *et al.*, 1974). Moursi (1974) estudou em pormenor a flutuação populacional da mesma praga em goiabeiras em Alexandria. Os resultados indicaram que os estádios pré-adultos de *M. personata* são moderados em número durante o inverno, exceto em janeiro, quando esta espécie é normalmente abundante. A tendência da população diminui durante fevereiro e março, enquanto durante os meses de primavera e verão (de abril a outubro), a população é geralmente muito baixa. Os picos populacionais de *A. aurantii* ocorreram nos períodos de outubro, dezembro, janeiro-fevereiro, abril-junho e agosto-setembro (Abul-Nasr *et al.* 1975). Em 1974, Salama e Hamdy estudaram a dinâmica populacional de *H. latania* num pomar de figueiras em Alexandria. Registaram duas gerações por ano e a população atingiu a abundância máxima em setembro. Determinaram que a temperatura óptima era de 25-26^{0} C.

Darwish (1976) verificou que *A. aurantii* tinha 3 picos anuais de abundância, o primeiro em novembro, o segundo em maio e o terceiro em julho. Esta praga tinha cinco gerações sobrepostas por ano no Médio Egipto (Hussein, 1976). Abul-Nasr *et al.* (1977) registaram que os picos de *C. aonidum* ocorreram em outubro, dezembro, fevereiro-maio e maio-setembro. A população era maior no final do verão em Gharbiya e no inverno em Menoufeia, Qalyubiya, Giza e Sharqyia. A cochonilha vermelha, *A. aurantii*, teve 3 picos anuais, em novembro, maio e julho (Abd El-Fattah *et al.*, 1978). A mesma praga teve 5 picos anuais por ano. A população era maior em agosto e novembro e o pico mais elevado foi registado em meados de agosto, quando a temperatura média diária era de 25,2-26,30C e a humidade relativa era moderada (66-67%) (Rizk *et al.*, 1978). Saad (1980) afirmou que *P. blanchardi* tinha 4-5 gerações sobrepostas anualmente. Mohamoud (1981) mencionou que *L. beckii* tinha 3 picos de atividade. O primeiro pico foi em maio, o segundo em dezembro e o terceiro em março e *A. aurantii* teve 5 picos em março, maio, agosto, outubro e dezembro. *P. oleae* teve três picos no Cairo e em Fayoum, em março, agosto e setembro, e dois picos em Alexandria, em oliveiras (El-Hakim e Helmy, 1982). *L. riccae* tinha duas gerações sobrepostas por ano em oliveiras na zona entre Alexandria e El-Alamein (Moursi e Hegazi, 1983). Aly (1984) estudou a dinâmica populacional de *C. ficus* nas tamareiras e observou que a densidade da praga em ambas as superfícies dos folíolos era aproximadamente a mesma, sem diferenças significativas. Hassanein e Hamed (1984a) estudaram a dinâmica populacional de *H. latania* em *F. nitida.* Em Gizé, registaram-se quatro picos de abundância ao longo do ano e o número de ninfas jovens atingiu o seu máximo durante a segunda semana de junho. Moursi e Mesbah (1985) estudaram a dinâmica populacional de *L. riccae, A. hederae* e *A. aurantii* em oliveiras de Alexandria. Observaram que *L. riccae* tinha três gerações sobrepostas por ano e *A. hederae* tinha dois picos em maio e agosto, estando absolutamente ausente em outubro. Enquanto que *A. aurantii,* a sua população foi muito baixa durante todo o ano. Os mesmos autores (1984b) estudaram a dinâmica populacional da cochonilha da oliveira, *P. oleae,* em oliveiras de uma exploração de regadio na zona de Burg el-Arab. Foi indicado que o inseto tinha sido encontrado durante todo o ano nas folhas da oliveira, exceto em outubro. *P. ziziphi* teve duas gerações anuais em citrinos em Giza, abril-maio e setembro-outubro em dois anos, e a maior densidade populacional de ninfas e adultos foi normalmente observada na parte mais baixa da árvore e as populações mais baixas foram encontradas na parte mais alta da árvore. As partes das árvores viradas a oeste e a sul apresentaram as densidades populacionais mais elevadas em ambos os anos, enquanto as densidades mais baixas foram encontradas a leste e a norte e no centro da árvore, respetivamente (El-Bolok, 1987).

A dinâmica populacional de *H. latania* em Sharqiya em dois anos e a densidade populacional no primeiro ano foi mais elevada, com cerca de duas vezes mais do que no segundo ano (Mansour *et al.,* 1992). Abbas (1992) registou dois períodos em árvores de citrinos. O primeiro foi durante janeiro-março e o segundo foi durante outubro-dezembro. *A. aurantii* teve 3-4 gerações anuais em citrinos em Daqahlyia durante os dois anos em investigação (Selim, 1993). Helmy *et al.* (1994) registaram a existência de três gerações anuais de *A. aurantii.* A primeira geração ocorreu durante a primavera, a segunda no verão e a terceira durante o outono. *C. aonidum* teve quatro gerações na laranja no primeiro ano de estudo; estas ocorreram em maio, julho, setembro e janeiro. Enquanto que os resultados do segundo ano indicaram três gerações durante março, junho e setembro (Shaheen *et al.,* 1994). Kasim (1995) mencionou que havia duas gerações de *P. oleae* por ano em ameixa e pêssego em Beheira. *P. blanchardi* em tamareiras no oásis de Bahira teve três picos distintos em outubro, março e julho, enquanto em Giza os três picos ocorrem em novembro, fevereiro e maio (Hussain, 1996). Osman (1996) registou quatro gerações sobrepostas de *A. aurantii* na província de Beni-Suef. A primeira geração ocorreu do início de julho ao início de setembro. A segunda ocupou o período entre o início de setembro e o início de janeiro. A terceira durou do início de janeiro ao início de abril. A quarta geração continuou entre o início de abril e meados de junho. Astor (1997) registou três gerações anuais de *P. oleae* em pereiras na província de Qalyubiya, mas apenas duas gerações em ameixeiras (na mesma província), em pereiras e ameixeiras em Sharqiya e em macieiras no distrito de Nobaria. Ezz (1997) confirmou os resultados da literatura mencionada. Relatou três gerações de *P. oleae* anualmente em maio, agosto e outubro em ameixa, damasco e pêssego em Wadi-El-Natrun, Beheira e Qalyubiya. A *H. latania* teve três picos de estádios ninfais de *H. latania* no início de abril, junho e início de agosto numa localidade de Ismailia, em oliveiras. Mencionou também que a população mínima se encontrava no centro das oliveiras. O inseto preferia as direcções Norte e Oeste às direcções Este ou Sul das árvores. Esta cochonilha infesta as folhas, os ramos e prefere os frutos, se disponíveis. A infestação dos frutos aumentou com a maturidade e o amadurecimento dos frutos. *C. dictyospermi* tem três gerações anuais, a primeira de janeiro a meados de abril, a segunda geração de maio a meados de agosto ou julho e a terceira geração de agosto ou setembro a meados de dezembro (Hanafy, 1997). Serag (1998) obteve resultados que contradizem a literatura mencionada. Registou que *C. dictyospermi* tinha quatro gerações, iniciadas em 1st de janeiro, meados de março, 1st de maio e 1st de junho. Moustafa (1998) registou três picos de *H. latania* em figueiras em janeiro, abril e novembro. Registou três gerações sobrepostas por ano. A primeira demorou cerca de três meses, a segunda demorou sete meses e a terceira demorou dois meses (Murad, 1998). Morad e

Zanuncio (1998) afirmou que a cochonilha *P. blanchardi* preferia a superfície superior das folhas e que havia quatro gerações por ano em ambos os lados. Mohammad *et al.* (1999) afirmaram que as populações de *A. orientalis* em *F. nitida* em Giza, em ambos os anos, mostraram três picos distintos durante o verão, entrando em algum ponto de diapausa durante o inverno. Morsi (1999) estuda a abundância sazonal de algumas cochonilhas blindadas e o efeito dos factores climáticos sobre estas cochonilhas em Beni-Suef. Observou que *A. aurantii, A. orienetalis* e *C. ficus* tinham 3-4 picos, 5 picos e 3-4 picos anuais, respetivamente, e que a temperatura máxima era o fator que influenciava a atividade dos insectos.

Abd El-Razzik (2000) estudou a flutuação populacional de *P. blanchardi* no Norte do Sinai. Registou 4 gerações sucessivas sobrepostas anualmente em tamareiras e a direção sudeste foi a mais favorável à praga. No mesmo ano, Abd El-Razak, estudou a dinâmica populacional de diferentes espécies de cochonilhas armadas. Observou que *Fiorinia fiorinae* em *Callistemon lanceatatus* tinha três picos distintos de abundância e que *L. striata* em *Thuja orientalis* tinha duas gerações anuais. Enquanto *M. per sonata* em *F. nitida* e *Hibiscus nutabilis* teve três picos por ano. Mohamed (2002) registou três gerações por ano de *P. oleae* em oliveiras em Ismailia. No mesmo ano, Mohamed afirmou que *I. pallidula* tinha quatro gerações por ano e *A. aurantii* tinha quatro gerações por ano na província de Dakahlyia. Acrescentou que o valor médio do nível de prejuízo económico durante a estação em estudo foi de 4,68 indivíduos por folha, enquanto o valor médio do nível de limiar económico foi de 4,59 indivíduos por folha.

Abd-Rabou e Ahmed (2011) estudaram a abundância sazonal da cochonilha da oliveira, *Lucaspis riccae,* nas oliveiras. Os resultados indicaram que a população atingiu o máximo durante novembro e fevereiro no primeiro e segundo anos, respetivamente. Também relatou a população de insectos da cochonilha parlatoria, *P. oleae,* que atingiu o máximo em outubro. Abo-Shanab (2012) afirmou que a cochonilha branca da manga, *Aulacaspis tubercularis* Newstead (Hemiptera: Diaspididae) é uma praga grave da manga (*Mangifera* spp.), (Sapindales:Anacardiaceae) que se tornou recentemente uma praga problemática em todos os pomares de manga no Egipto. Causa danos fatais, especialmente nas cultivares tardias, sugando as folhas que se tornam verde-pálidas ou amarelas e acabam por morrer ou os frutos causam manchas cor-de-rosa visíveis à volta dos locais de alimentação dos insectos, resultando em lesões externas que os tornam não comercializáveis para exportação. O objetivo deste trabalho é estudar a abundância sazonal estimada ao longo de 2 anos sucessivos (2008 e 2009) e a cochonilha branca da manga (*A. tubercularis*) teve quatro picos de densidade populacional durante os dois anos estudados, (abril, agosto, outubro e dezembro de 2008) e (março, julho, setembro e dezembro de 2009). O estudo dos efeitos dos factores meteorológicos, [temperatura média diária (C°), humidade relativa (%), ponto de orvalho (Co) e velocidade do vento (Km/h)] na densidade populacional de *A.tubercularis* ilustrou que existia uma relação positiva significativa entre (temperatura média diária e humidade relativa) e a densidade populacional contada, mas existia uma relação negativa significativa entre (velocidade do vento e ponto de orvalho) e a densidade populacional contada. Os resultados indicaram que a população de cochonilhas vermelhas, *Aonidiella aurantii* (Maskell), tem dois picos, um em abril e o segundo em outubro. O presente trabalho observou que a cochonilha negra *Chrysomphalus aonidum* (L.) tem dois picos, o primeiro em maio e o segundo em novembro. Durante o presente trabalho, os resultados indicaram que a cochonilha roxa, *Lepidosaphes beckii* (Newman) tem dois picos em árvores de citrinos em Ismaillia . Durante o presente trabalho, os resultados indicaram que a cochonilha negra purgatorial, *Parlatoria ziziphi* (Lucas), tem dois picos em árvores de citrinos no Cairo. Arbab e Bakry (2016) afirmaram que a cochonilha parlatoria, *Parlatoria blanchardi* (Targioni-Tozzetti) (Hemiptera: Diaspididae) é uma praga grave em tamareiras no Egipto. O presente trabalho foi realizado para estudar a distribuição espacial e o tamanho ideal da amostra para a monitorização da cochonilha Parlatoria *blanchardi* em tamareiras durante os dois anos sucessivos de (2010/2011 e 2011/2012) no distrito de Esna, província de Luxor, Egipto. Os dados foram analisados utilizando catorze índices de distribuição e dois métodos de regressão (Taylor e Iwao). Todos os índices de distribuição indicaram uma distribuição de agregação para todas as diferentes fases e para a população total de *P. blanchardi* em ambos os anos e durante os dois anos combinados. Além disso, os métodos de regressão da lei de potência de Taylor (b) e da irregularidade de Iwao (β) foram ambos significativamente > 1, indicando que todas as fases vivas de *P. blanchardi* tinham uma distribuição de agregação e seguiam um padrão de distribuição binomial negativo em todos os anos, exceto no caso das ninfas de primeiro instar de *P. blanchardi,* que exibiram um padrão aleatório durante o primeiro ano (2010/2011). A dimensão óptima da amostra para três níveis de precisão fixos de 0,05, 0,10 e 0,15 com probabilidades de 0,05 foi estimada com os coeficientes de regressão de Iwao. As dimensões das amostras necessárias diminuem com o aumento dos níveis de precisão. Além disso, observou-se uma relação inversa entre o número mínimo de amostras necessárias e os níveis de precisão para a amostragem de diferentes fases e da população total de *P. blanchardi.* Os resultados sugerem que a dimensão óptima da amostra era flexível e dependia da densidade populacional total e do nível de precisão pretendido, variando entre (1 a 3), (2 a 6) e (7 a 23) folhetos aos níveis de precisão de 0,15, 0,10 e 0,05, ao longo dos dois anos combinados, respetivamente. Além disso, os resultados mostraram que os níveis de precisão de 0,05 e 0,10 eram adequados para estudos ecológicos ou comportamentais de insectos, em que é necessário um nível de precisão mais elevado, ao passo que, para programas de gestão de pragas, seria aceitável um nível de 0,15. Farghaly *et al.* (2016) estudaram a abundância sazonal da cochonilha vermelha da Califórnia, *Aonidiella aurantii* (Maskell) (Homoptera: Diaspididae), estimada de 10 de março de 2011 a 25 de fevereiro de 2013.

2.1.4. Estudos biológicos:

A história de vida das cochonilhas blindadas é representada por rastejante, primeiro instar, segundo instar, terceiro instar; segundo instar, pré-pupa, pupa e adulto (Beardsley e Gonzalez, 1975). Habib *et al.* (1969) verificaram que o período de incubação de *P. oleae* era muito influenciado pela variação da temperatura. A maior percentagem de eclosão ocorreu na gama de 20° C e 27° C. O período de incubação mais curto foi de 8,08+0,21 dias, enquanto o período mais longo foi de 16,74+0,20 dias. A duração da ninfa foi significativamente afetada pela temperatura. A duração mais curta foi de 21,9+ 0,22 e 31,9+ 0,45 dias. Enquanto a duração mais longa foi de 34,8 + 0,55 e 50,2 + 0,45 dias para fêmeas e machos, respetivamente. Não ocorreu partenogénese nesta espécie. A longevidade de ambos os sexos foi influenciada pelas variações de temperatura. A longevidade mais curta foi de 49,8 + 0,49 e de 1,8 + 0,07 para as fêmeas e os machos, respetivamente. A percentagem de machos excede geralmente a das fêmeas.

Salama e Hamdy (1973) estudaram a biologia de *I. pallidula* em condições de campo, a produção de ovos variou em diferentes meses do ano, e os maiores lotes de ovos foram obtidos em maio e agosto, com 32,5 + 6,2 e 31,9 + 4,10 ovos, respetivamente, sob uma temperatura que variou entre 23,4-25,70Q e uma humidade relativa que variou entre 49-67%. A produção de ovos atingiu o seu mínimo durante os meses de inverno (dezembro de 1968 - fevereiro de 1969). A produção de ovos variou de 14,3+ 5,4 a 19,6+ 4,9 ovos/fêmea em janeiro de 1969 e em dezembro de 1968, respetivamente. A temperatura variou durante estes períodos entre 12,5-14,80C e a humidade relativa entre 57-73%. O rácio máximo de machos/100 fêmeas ocorreu durante janeiro, fevereiro e março de 1969, variando entre 93,4-98,7% e o rácio mais baixo de machos/100 fêmeas ocorreu em julho, sendo de 51,6% em condições de campo, e a percentagem de machos foi sempre inferior à das fêmeas durante todos os meses do ano, quer nas zonas soalheiras quer nas zonas de sombra das mangueiras, sendo de 1:1,4 machos: fêmeas.

Os estádios imaturos e a fêmea adulta foram criados no laboratório em abóboras, nas folhas de *Hedera helix* (Hera) e em *F. nitida*. O ciclo de vida durou, em média, 178,9, 137,3 e 141,8 dias nas três plantas, respetivamente, a temperaturas de 21-25^0 C e 65-75 % HR. Verificou-se que os estádios imaturos eram sensíveis a temperaturas elevadas e a humidade baixa e que as condições óptimas eram 20-3PC e 60-75% UR (El-Minshawy e Osman, 1974). Seweilem *et al.* (1987) estudaram a biologia de *P. ziziphi* em laranja azeda. Observaram que o número de ovos por fêmea era em média 34,3 e que as fêmeas que se alimentavam dos frutos punham mais ovos do que as que se alimentavam dc ramos ou folhas. O período de incubação mais curto em condições controladas foi de 4,4 dias a 270C e 65% de humidade relativa. A temperaturas naturais de 8,4- 34,60C, o período de incubação variou de 5,4 a 12,1 dias, a fase ninfal variou igualmente de 23,5 a 34,8 dias para as fêmeas e de 28,6 a 49,4 dias para os machos e a duração da vida adulta de 50,8 a 88,2 dias para as fêmeas e de 1,4 a 3,4 dias para os machos. O ciclo de vida de *C. dictyospermi* foi estudado por Serag (1998). Registou que a média dos períodos de pré-oviposição, oviposição e pós-oviposição foi de 6,79, 6,38 e 5,56 dias, respetivamente. A longevidade média da fêmea adulta foi de 18,73 dias. Relativamente à fecundidade da fêmea, verificou-se que cada fêmea depositou cerca de 88,07 ovos durante um período de oviposição de cerca de 6,38 dias, ou seja, 13,96 ovos/dia. Recentemente, Abd El-Razzik (2000) estudou a biologia de *P. blanchardii* em condições de laboratório (22,5 a 25,50C e 70-80% RH). Registou o ciclo de vida desta praga, o período de incubação, 1 ninfa fêmea de[st] instar e 2 ninfas fêmeas de[nd] instar, com uma variação de 6-13, 7-18 e 9-26 dias, respetivamente, enquanto a fecundidade variou de 28-59 dias.

2.1.5. Proteção integrada das cochonilhas blindadas:

2.1.5.1. Controlo químico:

Soliman (1970) afirmou que o óleo Triona a 2% ou o malatião (0,3%) não deram resultados satisfatórios em *P. oleae*. O Rexona (dimetoato) (0,15%), o metil-paratião (0,15%) e o Pacol (óleo mineral mais paratião) (1,25%) foram recomendados. O autor concluiu também que os insecticidas podiam ser aplicados de forma generalizada nas árvores, desde que a temperatura não excedesse 31^0 C. Rawhy *et al.* (1973) verificaram que se obtiveram elevadas percentagens de morte contra a cochonilha da ameixa, a cochonilha negra e a cochonilha vermelha, quando se utilizou Pacol (4.5) à razão de 1-1,5%. Resultados semelhantes foram também obtidos quando se utilizou malatião a 0,3% e uma mistura de óleo de Triona a 1,5% com malatião a 0,15%. Em todos os casos, não foi observado qualquer efeito fitotóxico. O malathion sozinho ou misturado com óleo de Albolium 2% em tipo maionese não causou desfolhamento, enquanto o malathion quando usado misturado com óleo de Nasr em tipo miscível causou danos às árvores tratadas (Helmy, 1975). Os insecticidas adicionados contra *L. beckii* podem ser dispostos da seguinte forma: malatião 0,15% + Albolium 2% tipo maionese (100%), seguido de malatião 0,15% + óleo de Nasr 2% tipo miscível (9.05%), o malatião 0,15% + óleo de Nasr tipo maionese (98,2%), o malatião 0,15% + Teriona 2% (97,54%) e o malatião 0,3% (96,82%) reduziram a infestação de *A. aurantii* seis meses após a aplicação no inverno.

El-Kifl *et al.* (1980) testaram insecticidas organofosforados (malatião, dimetoato e paratião) quando adicionados a um óleo mineral (óleo Volck) contra *H. latania* em figueiras durante outubro e março ou março e maio. Os resultados indicaram que os insecticidas organofosforados, quando adicionados ao óleo, deram melhores resultados no controlo de *H. latania do* que apenas o óleo. Um por cento de óleo Sun foi o mais eficaz, enquanto 2% de óleo Triona foi o menos eficaz em diferentes insectos cochonilhas (Helmy *et al.*, 1982). Helmy *et al.* (1984) referiram que os óleos miscíveis separados eram os preferidos para controlar as cochonilhas. A eficiência dos óleos testados no controlo das cochonilhas dos citrinos variou de acordo com o óleo utilizado, a sua concentração, o estádio do inseto e o tempo decorrido após a aplicação. Em geral, o óleo KZ (2) foi o óleo mais eficaz entre os óleos testados na concentração de 2,0%. As ninfas foram a fase mais sensível durante um período del-3 meses após a aplicação (Ibrahim, 1990). Helmy *et al.* (1991) testaram a sensibilidade de algumas cochonilhas a insecticidas; Basudin, Reldan, Sumithion, Oleoekaluk, óleo Sumi e óleo KZ. Verificaram que *L. beckii* foi a mais sensível aos insecticidas testados, seguida de *A. aurantii,* enquanto *P. oleae* foi a menos sensível. A fase ninfal foi mais suscetível, seguida das fêmeas adultas, enquanto as fêmeas ovipositoras foram menos sensíveis. Abdel-Megeed *et al.* (1992) avaliaram a resposta relativa das ninfas, fêmeas adultas e fêmeas ovipositoras de *L. beckii, A. aurantii* e *P. oleae* a diferentes concentrações de Sumithion (50), óleo de Sumi (6) e óleo de KZ (95). Os dados indicaram que o Sumithion e o óleo de Sumi, na dose recomendada, provaram ser mais eficazes, seguidos do óleo KZ. A eficácia dos insecticidas testados aumentou significativamente com o tempo decorrido após o tratamento. Com base na LC_{50} s do óleo KZ (o composto menos eficaz), a eficácia relativa do Sumithion e do óleo Sumi variou de 20,2 a 36,69 vezes, respetivamente. *L. beckii* e *A. aurantii* mostraram alta suscetibilidade em comparação com *P. oleae* aos insecticidas utilizados. Hemly *et al.* (1992) estudaram a nova abordagem de controlo das cochonilhas utilizando cinco óleos miscíveis egípcios em árvores ornamentais no Egipto. Observaram que os óleos miscíveis foram bem sucedidos como escalicidas e ovicidas de cochonilhas para pulverização no verão e no outono em árvores de citrinos infestadas por *P. ziziphi*. Tratamentos de controlo químico de insectos cochonilhas em laranjas Valência, pulverizadas no verão em Qalyubiya, com cinco insecticidas, tendo o Tukuthion sido o inseticida mais eficaz, seguido do Celecron, do óleo KZ, do Hilithion e, finalmente, do óleo Shokrona (Selim, 1993). A percentagem de redução dos estádios adultos de *I. pallidula* atingiu

40,9% na terceira semana após o tratamento com óleo de nim a 0,66% mas atingiu 40,9 após 7 dias do tratamento com óleo de nim a 1,33% (Salem, 1994). A eficácia de quatro compostos organofosforados (Dimetoato, Malatião, Sumitião e Selecron) em *L. riccae* na província de Fayoum, proporcionou um controlo satisfatório contra a cochonilha (Nada *et al.*).

Khalil (1996) testou o óleo KZ a 1,5% e o óleo Misrona -super a 1,5% contra *L. beckii* e *A. aurantii*. Relatou que todos os tratamentos testados deram resultados satisfatórios contra diferentes estádios dos dois insectos às 2,4 e 6 semanas após a pulverização de verão em laranjeiras de Balady. Asfoor (1997) testou Cidial, óleo Sumi, Diazinon, Fenitrothion, óleo KZ, óleo Misrona e Fenvalerate contra *P. oleae* em pereiras, ameixeiras e macieiras. O autor referiu que as ninfas eram a fase mais suscetível aos insecticidas testados, seguidas das fêmeas ovipositoras, enquanto as fêmeas não ovipositoras eram os indivíduos mais tolerantes. A comparação entre a pulverização aérea e a pulverização terrestre contra *A. aurantii* em árvores de citrinos revelou que ambos os métodos permitiram um controlo suficiente dos insectos, mas a pulverização aérea foi mais eficaz (Helmy *et al.*, 1997). Os compostos eficazes contra *I. pallidula* foram Malathion, óleo Sumi, Admiral, Super Massrona e óleo KZ, respetivamente. Enquanto *A. aurantii* foi afetada por Super Masrona, Admiral, Malathion, óleo Sumi e óleo KZ, respetivamente (Mohamed, 2002). Mohamed (2002) testou Simithion 50% (fenitrothion) (compostos organofosforados), Admiral 10% EC (pyriproxyfen) (IGR), Super Masrona (óleo mineral 94% EC), Admiral + óleo, extrato de Jojoba (Nat. 1) e óleo de Jojoba (Acarol) em *P. oleae* em Ismailia. Os resultados obtidos na experiência conduzida revelaram que o óleo sozinho ou misturado com outros materiais manteve uma categoria superior durante todo o tempo, especialmente após três meses de aplicação. O almirante pareceu ser mais eficaz durante o verão do que na primavera.

Aly (2015) afirmou que, recentemente, a cochonilha da oliveira, *Parlatoria oleae* (Colvee) (Hemiptera: Diaspididae) é a praga mais importante nos pomares de pereira em diferentes locais do Egipto. O principal objetivo desta investigação é estudar o efeito de diferentes compostos de controlo natural sobre a cochonilha da oliveira e os seus inimigos naturais em pereiras em Gharbia durante outubro de 2013-2014, respetivamente. Os resultados indicaram que, na primeira época, as populações de *P. oleae* e o seu parasitoide, *Aphytis lingnanensis* Compere (Hymenoptera:Aphelinidae), os resultados indicaram que os quatro compostos (óleo de jojoba, *P. fumosoroseus,* Azadrachtin e *V. lecanii*) tiveram um efeito tóxico moderado. O óleo mineral e os compostos de enxofre deram 77,7 & 73,9% e 70,2 & 66,2 da população de *P. oleae* e do seu parasitoide, *A. lingnanensis*, respetivamente. Por outro lado, o Malathion apresentou alta eficácia contra as populações de *P. oleae* (87,0%) e seu parasitoide, *A. lingnanensis* (82,9%). Na segunda época, os resultados indicaram a mesma tendência que no primeiro ano. Pode concluir-se que o tratamento com óleo de jojoba, *P. fumosoroseus,* Azadrachtin e *V. lecanii* teve um efeito moderado contra a cochonilha da oliveira e o seu parasitoide, em comparação com o óleo mineral, o enxofre e o Malathion. Esta conclusão será útil no programa de gestão integrada de pragas desta pera infestada de pragas na província de Gharbia.

Abo-Shanab (2012) realizou duas experiências de campo sucessivas durante oito semanas no início da primavera (2009 - 2010) com o objetivo de testar alguns óleos minerais de verão/leves (super masrona®, CAPL2® e Diver®) contra *A. tubercularis* em mangueiras. Os óleos minerais testados foram eficazes pela seguinte ordem decrescente : Diver > CAPL2® > super masrona® sem diferenças significativas entre Diver e CAPL2 e diferenças significativas com super masrona, com a mesma tendência efectiva e as mesmas médias estatísticas, durante as duas experiências sazonais. O estudo registou um pequeno número de inimigos naturais (Parasitóides (*Aphytis mytilaspidis* (Le Baron) e *Encarsia citrina* (Craw) (Hymenoptera: Aphelinidae)), e predadores (*Chilocorus bipustulatus* (L.) e *Scymnus syriacus* Marseul (Coleoptera:

Coccinellidae)). Pode ter sido morta devido à má história anterior de utilização de insecticidas químicos nesta área.

2.1.5.2. Controlo biológico:

2.1.5.2.1. Parasitóides:

Hafez *et al.* (1970b) concluíram que os parasitóides desempenhavam o papel principal no controlo biológico de *C. ficus*. *Habrolepis pascuorum* provou ser o parasitoide mais importante da cochonilha e representou sozinho cerca de 80% do número total de parasitóides emergentes. A *C. dictyospermi* foi atacada por *Aphytis* sp. e as taxas de parasitismo durante dezembro e março foram de 16,4 e 25,8%, respetivamente (Salama, 1970). As pupas macho de *A. aurantii* foram atacadas por *Aphytis chrysomphali*. A taxa de parasitismo foi de 12,2% (El-Minshawy e Osman, 1974). Swailem (1974) mostrou que as taxas de parasitismo de *A. chrysomphali* em *L. tapleyi* eram de 8 e 21% em setembro e dezembro, respetivamente.

Abdel-Megeed (1977) estudou a eficiência dos parasitóides *Aphytis lepidosaphes* e *Encarsia citrina* (Craw.) no controlo da cochonilha roxa, *L. beckii,* em árvores de citrinos em Menofiya. O efeito do parasitismo foi baixo durante o verão e o inverno, mas foi elevado durante o outono. Atingiu o seu máximo em outubro e o seu mínimo em fevereiro. As taxas de parasitismo de *A. lepidosaphes* em *L. beckii* atingiram 58,5% em abril, 66,5% em junho, e atingiram um pico de 84% em outubro Abdel-Fattah e El-Saadany (1979). Karam (1979) estudou as cochonilhas de armadura e os seus parasitóides himenópteros nas toranjeiras de Alexandria. Verificou que *Aphytis* n. *Paramaculicornis* e *Prospaltella inguirend* Silv. *parasitavam Pergandii* Comst. Também registou dois parasitóides da cochonilha roxa, *Lepidosaphes beckii,* nomeadamente, *A. lepidosahes* e *Encarsia* sp. Dois parasitóides externos foram criados a partir da cochonilha vermelha da Califórnia, *A. aurantii.* Estes foram *A. nr. Coheni* e *A. hispanicus.* Um hiperparasitóide, *M. exitosa*

Aphytis spp., parasitando, foi registada em muito poucos casos. Dois himenópteros parasitóides foram obtidos de *P. balnchardii* (Tars.) na tamareira em Gizé. Estes foram *Aphytis* sp. e *Encarsia lounsburyi* Berd. O parasitismo ocorreu principalmente durante os meses de março, abril, junho, agosto e outubro (Saad, 1980). El- Agamy (1981) registou *A. lepidosaphes* associado a *L. beckii em* Kafr El- Sheikh. O parasitismo de *A. maculicornis* em *P. oleae* atingiu o máximo em julho (20%), janeiro e maio (22 e 30%, respetivamente) (Moursi e Mesbah, 1985). Hafez *et al.* (1987a) estudaram a abundância dos vários estádios do ectoparasita, *Aphytis* sp. em *L. beckii* num pomar de laranjeiras de *C. sinensis.* A percentagem mais elevada de parasitismo foi de 19,5-30% por estádios imaturos de *Aphytis* durante o inverno (novembro-fevereiro), com níveis mais baixos durante o resto do ano. A taxa de emergência de adultos de *Aphytis* foi de março a agosto (26,5-58,6%) e mais baixa durante o resto do ano. Hafez (1988) registou algumas espécies de parasitóides primários juntamente com um parasitoide secundário em *A. aurantioi.* Estas espécies foram *Aphytis linganensis* Comper, *A. chrysomphali* (Mercet), *A. coheni* DeBach, *A. diaspidis* (Howad), *E. citrina* (Craw), *Encarsia* sp., *E. aurantii* (Howard) e o parasitoide secundário, *Marietta javensis* Howard. *A. aurantii* foi atacada por *Aphytis* sp. numa plantação de oliveiras de regadio (Moursi e Mesbah, 1989). Hamed e Fawzi (1991) efectuaram um estudo sobre parasitóides de cochonilhas importantes. Os parasitóides *A.*

holoxanthus, E. citrina e *E. lounsburyi pareceram* ser mais eficazes nos diferentes estádios de desenvolvimento de *C. ficus* durante o inverno e a primavera, enquanto foram menos eficazes durante o verão e o outono (Sakr, 1994). Osman (1996) mencionou que o ectoparasitóide *Aphytis lingnanensis* tinha quatro períodos de atividade sobrepostos com quatro picos na província de Qalyubiya. A taxa mais elevada de parasitismo ocorreu na primavera nos dois anos em análise (25,4 e 28,1%, respetivamente), acrescentando que o mesmo parasitoide tinha quatro períodos de atividade sobrepostos com quatro picos anuais em Beni-Suef. A taxa de parasitismo mais elevada ocorreu durante a primavera nos dois anos em análise (17,5 e 23,5%, respetivamente, em *A. aurantii*). Enquanto que *A. chrysompahli* manifestou a taxa de parasitismo mais elevada em *C. ficus* durante o outono nos dois anos em análise (16,3 e 19,5%, respetivamente). Abd-Rabou (1997a) estudou os parasitóides que atacam algumas espécies de cochonilhas. Referiu que o parasitismo total de *A. aurantii* por *A. chrysomphali, A. lingnanensis, E. citrina* e *E. lounsburyi atingiu o* máximo em setembro com taxas de parasitismo de 77 e 80% no Sinai do Sul e em Qalyubiya e que o parasitismo total de *L. bekii* e *P. ziziphi* por diferentes espécies de afelídeos atingiu o máximo em agosto em Beheira e Giza, respetivamente. O mesmo autor (1997b) registou seis parasitóides indígenas afelinídeos que atacam *P. oleae*. São eles *A. chrysomphali, A. diaspidis, A. maculicornis, Coccophagoides* sp., *E. aurantii* e *M. leopardina*. O parasitoide dominante desta cochonilha armadeira foi *E. aurantii* com uma taxa de parasitismo de 74% em novembro no Litoral Norte. *E. citrina* associou-se a 8 cochonilhas armadas em diferentes locais. As taxas máximas de parasitismo foram registadas quando *E. citrina* foi associada a *C. dictospermi* (65%) (Abd-Rabou, 1997c).

Asfoor (1997) registou três espécies de himenópteros parasitóides em *P. oleae* infestando diferentes plantas hospedeiras, em diferentes locais estudados. *A. maculicornis* foi o ectoparasitóide mais abundante em *P. oleae* em todos os locais. Foi muito ativo durante o final do inverno, a primavera e o outono, mas a percentagem de parasitismo foi muito afetada durante os meses quentes de verão. Observou-se que *A. chrysomphali* (Mercet) atacou a cochonilha da ameixa durante o outono, mas com uma taxa de parasitismo muito baixa e não foi detectada na localidade de Nobariya. *A. diaspidis* (How.) foi também detectada em muito baixa escala em *P. oleae* infestando pereiras e macieiras, mas não na ameixeira. Abd-Rabou (1999a) recolheu cinco espécies de afelinídeos (Hymenoptera : Chalcidoidea: Aphelinidae) parasitando algumas cochonilhas. Essas espécies eram : *Ablerus atomon* (Walker) colhido em *Chionapis statophri, A. perpeciosus* (Girault) colhido em *Pseudaulacaspis pentagona.* O mesmo autor (1999b) registou dezoito espécies de himenópteros [parasitóides de cochonilhas armadas num levantamento de plantas hospedeiras em três locais. As 16 espécies de Aphelinidae e duas de Encyrtidae são listadas, juntamente com os seus hospedeiros diaspidídeos e localizações. O mesmo autor (1999c) construiu chaves para os parasitóides que atacam cada espécie de cochonilha armada, com base na morfologia da fêmea adulta. Os caracteres gerais dos parasitóides adultos são ilustrados, juntamente com figuras mais detalhadas de alguns caracteres-chave. Treze espécies de afelinídeos, encyrtidídeos e signiphorídeos associaram-se a 18 cochonilhas armadas em Alexandria (Abou ElKhair, 1999). Morsi (1999) registou catorze espécies de himenópteros parasitóides de algumas cochonilhas armadas. Mencionou que a percentagem mais elevada de parasitismo em *A. aurantii, A. orienatls* e

C. ficus variava entre 20-45%.

Polazek *et al.* (1999) estudaram as espécies egípcias do género *Encarisa*. Registaram *E. aurantii* (Howard), *E. berlesei* (Howard), *E. citrina* (Craw), e *E. lounsburyi* (Berlese e Paoli) associadas a diferentes plantas hospedeiras em diferentes locais. *Fiorinia fiorinae* e *L. striata* foram parasitadas por *E. citrina* com taxas máximas de parasitismo de 28,1 e 20,6%, respetivamente (Abd El-Razak, 2000). Abd-Rabou (2000b) registou *Ablerus clisiocampae* (Asmead) *Coccophagoides kuwanai* (Silvestri), *C. similies* (Masi), *Marietta carnesi* (Howard), *Pteroptrix arabica* (Ferriere) e *P. smithi* associados a diferentes espécies de cochonilhas armadas que atacam diferentes espécies de plantas hospedeiras. A dinâmica de *A. chrysomphali* como parasitoide de 6 espécies de cochonilhas armadas. A taxa máxima de parasitismo de *A. chrysomphali* foi de 43% quando se associou a *A. aurantii*. *E. loursburyi* associou-se a 13 cochonilhas armadas (Abd-Rabou, 2000c). Abd-Rabou (2001a) efectuou a criação em massa e libertou 115000 parasitóides adultos de *A. paramaculicornis, A. chrysomphali* e *E. aurantii* para controlar *P. oleae* em cinco locais. A percentagem de parasitismo da cochonilha aumentou nas parcelas experimentais em comparação com as parcelas de controlo após a libertação. Mohamed (2002) mencionou que *A. maculicornis* (Masi) (Hymenoptera : Aphelinidae) foi o principal inimigo natural de *P. oleae* com baixa ocorrência durante os dois anos. O número máximo por amostra variou entre 5,93 e 1,43 estádios de parasitóides/amostra. Os parasitóides, *A. chrysomphali, A. linganensis* e *E. citrina* (Craw) associaram-se a *A. aurantii* com baixo nível (Mohamed, 2002). Abd-Rabou (2004) estudou as espécies egípcias do género afelinídeo *Aphytis* Howard.

Aphytis azai Abd-Rabou e *Aphytis matruhi* Abd-Rabou são descritas como novas espécies do Egipto. Cada espécie é brevemente diagnosticada e são fornecidas informações conhecidas sobre os hospedeiros e a sua distribuição. *A. azai* sp. nov. é semelhante a *A. melinus* mas diferente na medida dos segmentos antenais. *A. matruhi* sp. nov. difere de *A. lepidosaphes* pelo comprimento relativo do propódeo, metanoto e escutelo. É fornecida uma chave para as espécies egípcias de *Aphytis*.

Abd-Rabou e Ahmed (2011) estudaram a abundância sazonal da cochonilha da oliveira, *Lucaspis riccae,* nas oliveiras. Os resultados indicaram que a população atingiu o máximo durante novembro e fevereiro no primeiro e segundo anos, respetivamente. *A Lucaspis riccae* nas oliveiras foi registada associada a *Aphytis libanicus* Traboulsi, com uma percentagem de parasitismo que atingiu o máximo em dezembro, com uma percentagem de parasitismo de 11,1 e 12,2 %, respetivamente, durante os dois anos em que foram realizadas as consagrações. A população de insectos da cochonilha parlatoria, *P. oleae,* registada associada a *Aphytis lingnanensis* e *Habrolepis aspidioti* com percentagens de parasitismo de atingiu o máximo em dezembro e novembro com percentagens de parasitismo de 6,5 e 12,5% no primeiro ano, respetivamente, e em novembro no segundo ano com percentagens de parasitismo de 6,9 e 14,2%.

Abo-Shanab (2012). O objetivo deste trabalho é estudar a abundância sazonal estimada ao longo de 2 anos sucessivos (2008 e 2009) da cochonilha branca da mangueira (*A. tubercularis*), os efeitos sobre a densidade populacional de *A.tubercularis* ilustraram que houve uma relação positiva significativa entre (temperatura média diária e humidade relativa) e a densidade populacional contada, mas houve uma relação negativa significativa entre (velocidade do vento e ponto de orvalho) e a densidade populacional contada. Moustafa (2012) registou dois parasitóides associados à cochonilha vermelha. Estes são *Aphytis lingnanensis* Compere e *Habrolepis aspidioti* Compere e Annecke.lt é registado aqui dois picos para cada parasitoide em abril e outubro para *A. lingnanensis* e em julho e novembro para *H. aspidioti* em Beni- Suef. O presente trabalho observou que a cochonilha negra *Chrysomphalus aonidum* (L.) tem dois parasitóides registados associados à cochonilha negra. Trata-se de *Aphytis chrysomphali* (Mercet) *e Encarsia citrina* (Craw). Registam-se aqui dois picos para cada parasitoide em maio e novembro em Qalyubyia. Também durante o presente trabalho, os resultados indicaram que a cochonilha roxa, *Lepidosaphes beckii* (Newman) tem um parasitoide, *Aphytis lepidosaphes* Compere e um predador *Chilocorus bipustulatus* L. Durante o presente trabalho, os resultados indicaram que a cochonilha negra parlatoria, *Parlatoria ziziphi* (Lucas) tem dois parasitóides, *A.lingnanensis* e *E. citrina*.

Abd-Rabou *et al.* (2013) afirmaram que as espécies de *Encarsia* Forester (Hymenoptera: Aphelinidae) são alguns dos mais importantes agentes de controlo biológico de cochonilhas armadas (Hemiptera: Diaspididae) em todo o mundo. Os resultados dos nossos estudos indicam que existem 5 espécies de *Encarsia* associadas a cochonilhas armadas no Egipto: *Encarsia aurantii* (Howard), *E. berlesei* (Howard), *E. citrina* (Craw), *E. lounsburyi* (Berlese & Paoli) e *E. perniciosi* (Tower). A abundância sazonal destas cinco espécies foi observada em quatro culturas infestadas com cinco espécies de cochonilhas armadas em cinco províncias do Egipto em 2011 e 2012. Os resultados indicam que *E. aurantii* teve as maiores taxas efectivas de parasitismo em *Parlatoria oleae* (Colvee), atingindo 40,2 e 45,2%, respetivamente, nos dois anos da investigação. As taxas máximas de parasitismo comparáveis para as outras espécies foram: *E. citrina* 33,2 e 26,4% em *Parlatoria ziziphi* (Lucas), *E. berlesei*

28,4 e 26,4% em *Pseudaulacaspispentagona* (Targioni Tozzetti), *E. lounsburyi* 19,5 e 15,4% em *Aonidiella aurantii* (Maskell), e *E. perniciosi* 11,3 e 11,9% em *Lepidosaphes pallida* (Maskell). É fornecido um diagnóstico e uma chave para as espécies de *Encarsia* que parasitam escamas armadas no Egipto, juntamente com informações sobre a distribuição e o papel que cada espécie desempenha no controlo biológico dos seus hospedeiros. Aly (2015) afirmou que os afelinídeos (Hymenoptera: Aphelinidae) são os parasitoides mais importantes da cochonilha-da-espiga (Hemiptera: Coccoidea). O presente trabalho tratou da diagnose e abundância e do papel desse grupo no controle da cochonilha armadeira. Os resultados indicaram que estas espécies de parasitóides e hiperparasitóides foram recolhidas em 5 províncias (Alexandria, Assuit, Ismailia, Fayoum e Matruh). A taxa máxima de parasitismo dos parasitóides de cochonilhas armadas variou entre 12-59% durante os dois anos considerados. Este resultado indica que alguns parasitóides de cochonilhas armadas foram eficazes no seu controlo. Farghaly *et al.* (2016) estudaram o parasitismo da cochonilha vermelha da Califórnia, *Aonidiella aurantii* (Maskell) (Homoptera: Diaspididae) e estimaram quatro picos de parasitismo durante as duas estações de investigação. Três espécies de parasitoides, *Aphytis* sp. & *Aphytis melinus* da família Aphelinidae e *Habrolepis asidioti* da família Encyrtidae foram obtidas em diferentes estágios desta praga.

2.1.5.2.2. Predadores:

Osman (1971) verificou que *M. oersonata* era predado por *Chrysopa vulgaris*. Hamed e Fawzi (1991) realizaram um estudo sobre os predadores de cochonilhas importantes e registaram nove predadores pertencentes a Coccinellidae e Chrysopidae. Foram estudadas oito espécies de insectos predadores e sete espécies de ácaros predadores em ramos infestados com *P. oleae* de diferentes plantas hospedeiras e em diferentes locais (Asfoor, 1997). Morsi (1999) registou onze predadores e oito ácaros predadores em 7 cochonilhas armadas. O ácaro predador *Typhlodromus* sp. e espécies de cocinelídeos associados a *A. aurantii* (Mohamed, 2002). Tawfik *et al.* (1970) registaram os predadores de insectos associados à cochonilha negra, *C. ficus,* no Egipto. Estes predadores são *Chilocorns bipustulatus* L., *Scymnus syriacus* Muls, *Pharoscymnus varius* Kirsch, *Rodalia cardinalis* Muls. E as larvas de *Chrysopa carnea* Steph., *C. bipustulatus* L. parecem ser o predador mais importante desta cochonilha que infesta os pomares de citrinos, tendo sido obtidas em números consideráveis, especialmente em maio, junho e agosto. Larvas e adultos deste predador foram observados alimentando-se em diferentes estágios de *C. ficus. R. cardinalis* ocorreu em número moderado no pomar infestado de citrinos. Abd-Rabou e Ahmed (2011) registaram a cochonilha da oliveira, *Lucaspis riccae,* em oliveiras atacadas pelo predador *Chilocorus bipustulatus*, que atingiu o máximo durante fevereiro e março no primeiro e segundo anos.

2.1.5.3. Controlo cultural:

Amin (1970) estudou o efeito das propriedades físicas e químicas das folhas e frutos dos citrinos na suscetibilidade varietal à infestação pela cochonilha *A. aurantii. Verificou* que a análise de variância da densidade populacional do inseto, em diferentes variedades de citrinos, durante as suas quatro gerações sucessivas, mostrou uma diferença altamente significativa. De acordo com esta diferença, classificou as variedades nos três grupos seguintes:

a) Um grupo ligeiramente suscetível, incluindo a mandarina, a clementina, o limão Santara e o limão Roughs.

b) Um grupo moderadamente suscetível, incluindo o limão doce e a laranja de umbigo.

c) Um grupo altamente suscetível, que inclui o limão Balady e a laranja Sour. A população de *A. aurantii* atingiu o mínimo durante o mês de março no caso da lima e durante o mês de junho no caso do limão Adalia e da Shaddock.

No caso da laranja azeda, da laranja Balady e da tangerina Balady, esta queda ocorreu em julho, agosto e setembro (Mansour *et al.,* 1976). Abdel-Rahman *et al.* (1997) verificaram que os hospedeiros da cochonilha vermelha podiam ser organizados de acordo com a suscetibilidade à infestação da seguinte forma: limão, laranja azeda, laranja de umbigo e tangerina, que era o hospedeiro menos suscetível à infestação. Tawfik (1985) estudou a relação entre a variação de certos elementos foliares e as folhas infestadas por *Parlatroia ziziphus* (Lucas) (Homoptera : Diaspididae) em quatro hospedeiros (laranja, tangerina, lima doce e lima). Tomou em consideração sete elementos (N, P, K, Ca, M, CH e proteína), para além da humidade. Ele indicou que as maiores perdas nos componentes nem sempre se correlacionam com a infestação mais severa. No caso do azoto e do fósforo, a taxa de perda foi consideravelmente menor na lima doce do que na laranja e na tangerina, apesar de a infestação ter sido aproximadamente a mesma, tendo-se verificado uma perda mais baixa no caso do azoto, do fósforo e do potássio no caso da lima. Também referiu que a infestação com *P. ziziphus* reduziu significativamente as propriedades físicas dos frutos de laranja. El-Nabawi e Ammar (1987) registaram que as plantas hospedeiras de citrinos podiam ser classificadas de acordo com o grau de infestação das folhas pelo inseto da cochonilha vermelha em três categorias. A toranja, a laranja de umbigo, o limão Adalia e a laranja doce estão ligeiramente infestados, a lima doce está moderadamente infestada, a laranja azeda, a laranja Balady, a tangerina e a lima são resistentes.

Estes resultados foram obtidos em volume de sumo e peso fresco. A percentagem de perda foi de 38,93 e 22,72%, respetivamente. A infestação também afectou as características químicas dos frutos de laranja na relação de maturidade e no teor de açúcar. A percentagem de perda foi de 38,63 e 23,89%, respetivamente. O mesmo autor (1999) verificou que os compostos mais afectados na folha da laranja de valor foram o potássio, enquanto que na laranja vermelha doce o manganês e o zinco representaram a maior perda ocorrida devido à infestação por *L. beckii*, enquanto que na laranja de Valência o fósforo apresentou a maior perda em comparação com outros elementos. Salem e Saleh (1991-1992) mostraram que o aumento altamente significativo da população de insectos cochonilhas estava relacionado com o aumento da água de rega. Parece que os diferentes sistemas de irrigação desempenham um papel importante na diminuição da densidade populacional de cochonilhas.

A. aurantii tem três a quatro gerações em tangerina, três gerações em laranja Navel e três gerações em limão Balady. Também registou as gerações anuais de *Lepidosaphes beckii* na tangerina, duas na laranja de umbigo e três gerações no limão Balady (Moustafa, 1992). Selim (1993), no Egipto, estudou a suscetibilidade varietal dos citrinos à infestação pelo inseto cochonilha *A. aurantii* e provou que a laranja doce era mais suscetível, enquanto a laranja Balady era a menos suscetível e a laranja Navel era moderadamente suscetível. Moussa *et al.* (1994) afirmaram que, entre a cochonilha roxa, *Cornuaspis bekii*, e o inseto vermelho, *A. aurantii,* existem diferenças significativas na taxa de infestação em diferentes variedades de laranja. No caso da cochonilha púrpura, a variedade Sweet Varity é a mais infestada, seguida das variedades Navel e Balady. Para a cochonilha vermelha da Flórida, não há diferença significativa entre as variedades. Tawfik (1996) estudou a relação entre a densidade populacional de *L. beckii* e os pigmentos fotossintéticos das folhas de laranjeiras e a fertilização foliar. Verificou que os tratamentos de fertilização foliar podiam ajudar a folha de laranjeira a compensar a perda de pigmentos, que atingiu 47,14, 66,02 e 55,08% para a clorofila A, clorofila B e teor de caroteno das folhas, respetivamente.

Hanafi (1997) classificou os diferentes caracteres internos em cinco variedades de roseiras pertencentes à espécie R. hybrid em reação à infestação pelo inseto cochonilha amarela, *Aonidiella citrina* (Coquillett) (Homoptera : Diaspididae) como: o grupo ligeiramente infestado inclui: floema xilema. A cana de primeira soca sofreu mais infestação do que a cana virginal. Eles descobriram que há diferenças significativas entre os germoplasmas de cana de açúcar testados para suscetibilidade ou resistência a insectos de escala (Maarg *et al.,* 1997).

Mohamed (2002) estudou o efeito da fertilização NPK na população de dois insectos cochonilhas, *I. pallidula* e *A. aurantii.* O resultado observou que o azoto aumenta a população de cochonilhas nas mangas. O fósforo também contribui para aumentar a população de cochonilhas, e o potássio é o elemento mais eficaz para diminuir a população das duas cochonilhas, quando as suas taxas aumentam o rendimento da manga.

2.2. Cochonilhas moles (Hemiptera:Coccidae : Coccoidea)

A família Coccidae (Homoptera) é uma das maiores famílias de insectos cochonilhas, classificada juntamente com as cochonilhas armadas e as cochonilhas-farinhentas. Existem 1000 espécies distribuídas por todo o mundo e estas compreendem aproximadamente 100 géneros (Hamon e Williams, 1984). Dos quais os Coccidae egípcios compreendem cerca de 26 espécies incluídas em 11 géneros (Trabalho atual). Abdel-Razak *et al.* (2014) estudaram a identidade da cochonilha da camélia, *P. floccifera* . Karam (2013) registou *Protopulvinaria pyriformis* (Cockrell), um inseto de escamas moles como novo no Egipto, infestando Schefflera sp. arbusto (Família: Araliaceae). Alsolater Abd-RabouandEvans (2017) registou a escama de manga, *Milviscutulus mangiferae* (Hemiptera: Coccidae) infestando mangueiras em Sharqyia, no Egipto.

2.2.1. Plantas hospedeiras:

Nour El-Dine e Rizkallah (1970) registaram *Pulvinaris floccifera* em rosas e *Coccus hesperidum* em *Chrsanthemum indicum. S. coffeae* e *P. psidii* são as cochonilhas moles mais graves que infestam as goiabeiras em Alexandria (El-Minshawy *et al.,* 19971 e 1974). *Kilifia acuminata* (Sign.) em *Jasminum gradiflorum, J. sambac, J. azoricum, Myrtus communis* e *Lonicers japonica* registada por Shaheen (1974). Assem (1982) Nada *et al.* (1990a) registaram cinco espécies de cochonilhas moles que atacam as mangueiras, estudadas nas plantas ornamentais que atacam seis espécies de cochonilhas moles. Uma lista de plantas hospedeiras de 22 espécies pertencentes a 16 géneros da família Coccidae é derivada da informação registada na coleção de coccídeos do Ministério da Agricultura. Moursi *et al.* (1991) registaram *C. floridensis* em *Nerium oleander, Miporum pictum, Schinus* sp, *Plargoinum psidii* Mask em *Schinus trebinthifolius, Meryta sinclairii, Aralia longefolia, Jasminium* sp. e *Sanchezia nobilis; Coccus hesperidum* (Linn.) em *N. oleander; F. nitida* e *F. benghalensis; Parasaissetia nigra* (Niether) em *Ficus sycamorus* e *Schinus molle; P. chrysantheni* (Hall) em *Chrysanthemum* sp. *P. floccifera* (Westwood) em *Acalypha* sp. e *Rosa* sp.; *S. coffeae* (Walker) em *Codiaum interruptum; S. hrmispherica* Targ. Em *Anthurium* sp. e *Adiantum* sp. nenhuma cochonilha mole de nove plantas ornamentais recolhidas por Serag (1998). Abd El-Razak (2000) recolheu *C. floridensis* de 4 plantas hospedeiras, *P. psidii* de 7 plantas hospedeiras, *Coccus longulus* (Douglas) de 5 plantas hospedeiras, *C. hesperidium* de 6 plantas hospedeiras, *Eucalymnatus tessellatus* (Signoret) de uma espécie de planta, *S. coffeae* de uma espécie de planta e *S. oleae* (Oliver) de 6 espécies de plantas hospedeiras. Badary (2002) recolheu *S. oleae* em 27 espécies de plantas hospedeiras pertencentes a 22 famílias. *P. tenivalvata* foi recolhida em 13 espécies de plantas hospedeiras pertencentes a 6 famílias (Ali *et al.*, 2002).

2.2.2. Distribuição:

As cochonilhas moles distribuem-se por todo o Egipto. Mohammed e Nada (1991) registaram as cochonilhas moles egípcias em Assiut, Assuão, Alexandria, Beheira, Cairo, Dakahlyia, Demietta e deserto ocidental, El-Minya, Gharbiya, Giza, Fayoum, Ismailia, Kafr El-Sheikh, Menoufiya, Qalyubiya, Qena, Sharkiya, Sinai, Siwa Oasis e Suez. Abd-Rabou e Evans (2017) registaram que a cochonilha da manga, *Milviscutulus mangiferae* (Hemiptera: Coccidae), infestava as mangueiras.

2.2.3. Estudos ecológicos:

Salama e Salem (1970) registaram *P. psidii* em arbustos *de Aralia longifolia* causando grandes danos e afirmaram que *P. psidii* tinha duas gerações anuais na folhagem das goiabeiras. Foi também demonstrado que esta cochonilha mole é mais abundante em julho e agosto, quando a temperatura e a humidade são relativamente elevadas. Habib *et al.*

(1971a) registou duas gerações anuais de *C. floridensis,* em citrinos, a primeira ocorreu em maio-junho e a segunda em setembro-outubro. *K. acuminata* teve duas gerações anuais na manga, a 1st geração começa em abril-maio, enquanto a 2nd geração ocorre em setembro-outubro, o inseto passou pela estação do inverno durante cerca de 7 meses inativo (Habib *et al.,* 1971b). Swailem e Awadallah (1973) estudaram a abundância sazonal de *C. hesperidum* nas folhas de figueiras *sicómoro,* demonstrando que este inseto está ativo durante o outono e o inverno. A sua maior abundância ocorreu em dezembro (a 14,5^{0} C e 62,4% HR). A queda das folhas na primavera e no verão, incluiu uma diminuição óbvia na densidade populacional da cochonilha que se associou a ambas as superfícies das folhas. Habib *et al.* (1974) estudaram a ocorrência de duas gerações anuais da mesma cochonilha mole por ano, a primeira começa em abril e termina em maio, enquanto a segunda começa em setembro e termina em outubro. Shaheen (1974a) observou que *C. hesperidum* teve três gerações em *Laurus nobilis* na região de Giza. *P. psdii* teve duas gerações sobrepostas por ano. A primeira geração de inverno começa geralmente em outubro e termina em abril e a segunda (geração de verão) começa frequentemente em maio e dura até outubro (Moursi, 1974). Shaheen (1974b) mostrou que *Kilifia acuminata* tinha 3 períodos de atividade em *Jasminum azoricum* na região de Giza e Zagazig, o 1st período ocupou outubro e durou fevereiro, enquanto o 2nd período foi encontrado de abril a maio e o último período ocorreu de julho a setembro. Por outro lado, o inseto teve 2 períodos de atividade em *J. grandiflorum,* o 1st período ocorreu de outubro a março, enquanto o 2nd durou de junho a setembro. Enquanto a dinâmica populacional destes insectos em *Myrtus communis* teve 2 períodos de atividade em Giza, o 1st período de outubro a fevereiro e o 2nd de março a setembro, enquanto o período de atividade registado em Zagazig foi de outubro a maio. Swailem *et al.* (1976b) verificaram que a população de *C. floridensis era* consideravelmente mais elevada em Alexandria e Beheira do que nas regiões de Sharkia e Gharbeia. *S. coffeae* teve três gerações, durante abril-maio, junho-julho e agosto-setembro. A terceira geração sobrevive como segundo instar ninfal de novembro a fevereiro (El-Minshawy e Saad, 1976). Enquanto Hanafi, no mesmo ano, registou 3-4 picos para esta cochonilha mole. *C. psdii* na folhagem de arbustos de *Aralia longifolia* e indicou que tem duas gerações que ocorrem anualmente e o pico de infestação foi elevado durante o mês de agosto (Osman *et al.,* 1982). Salem e Hamdy (1985) estudaram a dinâmica populacional de *C. floridensis* Comst. em goiabeiras no Egipto. As contagens realizadas do inseto em diferentes zonas das árvores indicam que tanto as alturas como as direcções são eficazes na distribuição do inseto em julho e agosto, mas não são eficazes em novembro. No entanto, a população mais elevada tende a acumular-se nas zonas mais altas e soalheiras das árvores, ao passo que a população mais baixa se concentra quase nas cavernas centrais das árvores, sendo esta distribuição principalmente uma resposta fótica. O limiar económico de *C. floridensis* foi determinado durante 3 picos de infestação do inseto. A densidade populacional que causa o limiar de danos foi de cerca de 24,4, 26,6-28,4 e 25,1-27 escamas por galho em junho, outubro e dezembro, respetivamente (Salem e Zaki, 1984-1985).

Helmy *et al.* (1986) confirmaram os resultados obtidos na literatura mencionada. Registaram 3 picos de *C. floridensis,* em meados de abril, finais de junho e meados de novembro, em tangerineiras. El-Shouny (1987) relatou que *S. coffeae* tinha 3-4 picos anuais em goiabeiras de março a novembro. *P. psidii* teve dois picos e três quedas em *Araliapapyrifera.* A população adulta foi comparativamente mais baixa do que a abundância de ninfas durante as estações. Durante o seu estudo sobre o efeito dos factores meteorológicos na densidade populacional de *C. psidii,* afirmaram que o complexo de factores meteorológicos contribuídos era mais eficaz na atividade dos insectos do que o efeito de um único fator meteorológico (El-Borollosy *et al.* 1990). *C. floridensis* teve três picos de atividade na goiaba (Abd El- Fattah *et al.,* 1991). *C. hesperidum* teve 3-5 gerações também em goiaba em Sharqiya e os números aumentaram no verão e no outono (Shahein *et al.,* 1991). El- Agamy (1994a) registou três gerações de *S. coffeae* em goiabeiras na província de Kafr El-Sheikh em maio, agosto e outubro. Hendawy (1999) afirmou que as goiabeiras são infestadas por diferentes espécies de cochonilhas moles. Mencionou *P. psidii* ativo em novembro-dezembro e em julho-agosto; *S. coffeae* teve duas durações de atividade, a primeira de outubro a novembro, enquanto a segunda de maio a agosto, sendo de notar que os adultos (geralmente fêmeas) estão ausentes de dezembro a fevereiro; *C. floridensis* ocorre numa população elevada de setembro a janeiro, depois o número diminui. A população de insectos aumenta relativamente de junho a agosto e *C. hesperidium* foi observada em números moderados de setembro a novembro, e a população torna-se relativamente elevada em junho-julho. *C. floridensis* em *Ficus nitida* teve três gerações e *P. psidii* em *Fibenghalensis* também teve três gerações, enquanto *C. hesperidum* em *Hibiscus mutabilis* teve 4 gerações (Abd El-Razak, 2000). El-Serwy (2001) registou 8 gerações de *P. tenuvalvata* em cana-de-açúcar em Giza e mencionou que o tamanho máximo da população variava entre o final de setembro e meados de dezembro, com base nos graus de temperatura e na percentagem de humidade relativa. *S. oleae* teve duas gerações por ano em *S. oleae* em oliveiras na costa norte (Badary, 2002).

Abd-Rabou e Ahmed (2011) estudaram a abundância da cochonilha castanha macia, *S. coffeae, que* atingiu o máximo durante o mês de outubro no primeiro e segundo anos. A percentagem de parasitismo por *Metaphycus flavus atingiu o* máximo durante outubro e setembro, com taxas de parasitismo de 11,5 e 13,5 % durante o primeiro e segundo anos, respetivamente. O predador *Scymnus syriacus atingiu o* máximo durante o mês de outubro no primeiro e segundo anos. As populações da cochonilha mole do Mediterrâneo, *S.oleae, atingiram o máximo durante o mês de outubro no primeiro* e no segundo ano. A percentagem de parasitismo de *Metaphycus lounsburyi atingiu o máximo durante o mês de* outubro no primeiro e segundo anos, com uma percentagem de parasitismo de 34,2,1 e 40,1 %, respetivamente. O predador *Exochomus flavipes atingiu o máximo durante o mês* de outubro no primeiro e segundo anos. Moustafa (2012) estudou as cochonilhas moles que infestavam os citrinos e este trabalho indicou que a cochonilha dos citrinos, *Ceroplastes floridensis* Comstock, tem dois picos, o primeiro em maio e o segundo em outubro.

2.2.4. Estudos biológicos:

Habib *et al.* (1971) apresentaram algumas observações sobre a duração dos diferentes estádios de desenvolvimento. Afirmaram que as médias de duração para o primeiro e segundo instares ninfais eram de 17,8+0,18 e 24,1+1,4 dias, respetivamente. As durações médias para os períodos de pré-oviposição, oviposição e pós-oviposição foram de 26,6+1,1, 128,6+6,3 e 19,8 dias, respetivamente. A produção total de ovos mais elevada ocorreu em dezembro, com 281,5+13,1 ovos a 15,5 C e 62% de HR, enquanto a produção de ovos mais baixa ocorreu em março, com 159,9+8,2 ovos a 25C e 59% de HR.

Moursi (1974) estudou a biologia de *Coccus elongatus* e salientou que o adulto deu origem a lagartas (475,4+50,3 indivíduos/fêmea diariamente a 19,6C e 64,5% HR em frutos de abóbora). Não foram observados machos e as fêmeas reproduziram-se de forma patogénica. Serag (1998) estudou a história de vida de *C. hesperidum* em abóbora. Mencionou que os rastejantes vivem debaixo da escama-mãe para se protegerem sem se alimentarem durante 3-4 dias e que se instalam na abóbora em 1-2 dias. A maioria dos rastejantes (85%) instalou-se no 1st dia, esta praga tem dois instares ninfais. A duração média destes instares foi de 7,62 e 10,74 dias, respetivamente. Não foram encontrados machos no presente estudo. Isto significa que *C. hesperidum* é um inseto ovíparo e que as fêmeas se reproduzem patogenicamente. A duração média do período total de desenvolvimento de *C. hesperidum* foi de 41,4 dias. Isto significa que *C. hesperidum* tem um ciclo de geração curto em comparação com muitos outros coccídeos. Os períodos médios de pré-oviposição, oviposição e pós-oviposição deste inseto foram de 7,85, 5,61 e 9,59 dias. A duração total deste inseto foi de 41,4 dias. A produção diária de ovos de *C. hesperidum* (cerca de 8,6 ovos) é pequena. O ovo rebenta após um curto período e as ninfas emergem, pelo que esta espécie pode ser designada como ovovivípara. A fecundidade deste inseto foi de cerca de 47,67 ovos em cerca de 5,61 dias.

2.2.5. Gestão integrada das pragas de cochonilhas moles:
2.2.5.1. Controlo químico:

Eisa *et al.* (1991) estudaram o efeito de 7 reguladores de crescimento de insectos a concentrações de 5 e 50 ppm em *Ceroplastes floridensis* em citrinos. Os resultados observaram que havia uma diferença significativa entre o número de ovos postos pelas fêmeas nos tratamentos e no controlo e também entre as fêmeas nos diferentes reguladores de crescimento de insectos. Nada *et al.* (1990) mencionaram que a pulverização primaveril com insecticidas ou óleos de verão deu bons resultados contra *K. acuminata* e *P psidii* na manga em Sharqiya. Na representação de ninfas e fêmeas adultas de *C. hesperidum* a quatro insecticidas a três temperaturas após 1,4,7 e 10 dias de tratamentos. O fenitrotião foi o mais eficaz contra a fase ninfal, seguido do malatião e do quinalfos em óleo, enquanto o protiofós foi o menos eficaz (Helmy, 1991). Kwaiz (1999) indicou que os estádios préadultos de *Klifia acuminata* (Signoret) (Homoptera : Coccidea) eram altamente susceptíveis ao profenofos, seguidos pelo diazinão, clorpirifos-metilo, malatião, óleos KZ e Shekrona, em comparação com o estádio adulto.

Helmy (2001) testou três óleos locais miscíveis (óleos de verão), KZ, Royal Super e Misrona Super, para além de dois óleos locais de inverno, contra *Pulvinaria tenuvalvata* (Newstead) que infestava a cana-de-açúcar em Giza. A % de redução da população de insectos após três meses de pulverização variou entre 93,40 e 95,60 no caso dos óleos miscíveis e entre 84,75 e 88,00 no caso dos óleos de inverno durante o primeiro e segundo anos de investigação até três meses de pulverização. Helmy *et al.* (2001) testaram o óleo Chemi, o óleo KZ, o Admiral e o Applaud contra o inseto da cochonilha mole, *P. tenuvalvata,* que infestava a cana-de-açúcar em Qena. Todos os grupos testados deram resultados satisfatórios, sendo que os óleos de verão, quando misturados com Admiral e Applud (IGRs), deram um efeito altamente superior, seguido pelos óleos miscíveis sozinhos e pelo composto IGR sozinho, sem diferença significativa entre o primeiro e o segundo grupos. O efeito de diferentes compostos naturais em *S. oleae* na Costa Norte em oliveiras. A buprofezina foi o composto mais eficaz nos estádios de *S. oleae,* seguida de M-pede, Jojoba, NeemAzal e Biofly (Badary, 2002).

2.2.5.2. Controlo biológico:
2.2.5.2.1. Parasitóides:
P. psidii atacada pelos parasitóides *D. elegans* e *Aminellus* sp. em goiabeiras em Alexandria (Mursi, 1974). El-Minshawy e Saad (1977) mencionaram que *Scutellista cyanea* Motsch, era o inimigo mais

importante que atacava *S. coffeae* e registou 33,9, 42,0 e 30,5 durante os seus picos durante os períodos em investigação em Alexandria. Abu El-Khair (1978) afirmou que a atividade do parasitoide *S. cyanea estava* associada à ocorrência de fêmeas grávidas da primeira geração durante o período de março a maio e as da segunda geração durante outubro. A eficácia do parasitoide *S. cyaneae* sobre *S. coffeae, S. oleae* e *C. floridensis.* Este parasitoide foi prevenido sobre *S. coffeae* e *S. oleae* de agosto a novembro e sobre *C. floridensis* em março e setembro (El-Minshawi *et al.,* 1978).

Hafez *et al.* (1987) registaram quatro espécies de himenópteros parasitóides que atacam *C. floridensis,* nomeadamente *T. ceroplastae, E. citrina* (Craw), *M. flavus* e *Mi. flavus.* Abd-Rabou (1998) registou cinco espécies do género *Metaphycus,* que atacam cochonilhas moles. *Metaphycus dispar* em *Pulvinaria* sp., *M. helvolus* em *S. oleae, M. flavus* em *C. hesperidum, P. floccifera* e *S. oleae, M. lounsburyi* (Howard) em *S. oleae* e *M. zebratus* (Mercet) em *S. oleae.* Os parasitóides *Coccophagus* sp., *M. flavus* e *S. cyanea* associaram-se a diferentes espécies de cochonilhas moles em Alexandria (Abou El-Khair, 1999). Hendaway (1999) mencionou que *Encarsia* sp. parasita as ninfas de *P. psidii* entre 0,81 e 1,55% de parasitismo. Está prestes a desaparecer durante o inverno e a primavera. Acrescentou que os adultos de *P. psidii são* parasitados por *M. flavus, D. elegans, Mi. flavus* e *T. ceroplastae.* O parasitismo das quatro espécies foi de cerca de 10%. Cinco espécies de parasitóides encyrtid e um pteromalid, mais um heyperparasitóide aphelinid *S. oleae* em diferentes localidades (Abd-Rabou, 1999).

Abd-Rabou (1999b) recolheu *Coccophagus bivittatus* Compere em

Kilifia acuminata e *C. Lycimnia* Walker em *C. hesperidum*. Foram estudados os parasitóides da cochonilha castanha, *Coccus hesperiudm* (Hemiptera: Coccidae). Treze espécies de himenópteros parasitóides em três locais: 4 espécies de Aphelinidae, sete espécies de Encyrtidae, uma espécie de Mymaridae e uma espécie de Pteromalidae. Morsi (1999) registou *Habrolepis* sp., *M. helvolus, M. zebratus, M. flavus, Microtyres* sp., *Scutellista cyanea, Marietta extiosa* e *Marietta* sp. associados a *Ceroplastis rusci* em Beni-Suef. Abd-Rabou (2000b) registou *Metaphycus africans* Compere como parasitoide de *C. hesperidum* em Bombusa em Giza e *M. bartletti* Annecke e Mynhardt como parasitoide de *S. oleae* em oliveira na costa norte.

Abd El-Razak (2000) registou *Tetrasticus ceroplastae* Girault como parasitoide de *C. floridensis. Mencionou* que os estádios ninfais de *C. psidii* foram observados parasitados pelo parasitoide *M. flavus*. A maior taxa de parasitismo foi observada durante junho e julho e desapareceu durante maio e dezembro. *C. hesperidum* L, parasitado por *M. flavus* com maior percentagem 18,7 em junho, 15,2 em julho 8,3% em setembro e outubro. o parasitoide de cochonilhas moles e uma chave para estes parasitóides é estabelecida. Cada espécie destes parasitóides é definitivamente ilustrada e apresentada através de figuras pormenorizadas. É apresentada uma lista pormenorizada dos parasitóides que atacam as cochonilhas moles. (Abd-Rabou, 2001c).

Abd-Rabou (2001b) estudou a dinâmica da cochonilha hemisférica, *Saissetia coffeae* (Walker) em Alexandria. Registou que a taxa total de parasitismo atingiu 27,0%, dos quais *M. helvolus* foi responsável por 13,%%. Na região da Costa Norte, a taxa total de parasitismo atingiu 31,9%, dos quais *C. lycimnia* foi responsável por 10,6%. *M. helvolus* foi recolhido em todos os locais investigados. A abundância dos parasitóides que atacam *C. floridness. Registou* oito parasitóides primários *C. lycimnia* (Walker), *D. elegans, M. barteletti, M. flavus, M. zebratus, Microterya flavus, Scutellista cyaneae, Tetrasticus* sp. e 2 hiperparasitóides, *Cheiloneurus* sp. e *M. leopardina.* O *C. lycimnia* foi o parasitoide dominante de *C. floridensis* com taxas máximas de parasitismo de 27 e 21% em outubro e novembro em Gharbiya e Beheira. As taxas de parasitismo atingiram o máximo em outubro e novembro, com taxas de parasitismo de 49 e 48% em Gharbiya e Beheira, respetivamente. Quatro parasitóides indígenas encyrtid e pteromalid associados a *K. acuminata. Trata-se* de *D. elegans* Silvestri, *Metaphycus helvolus* (Compere), *Metaphycus* sp. e *Scutellista caerulea* (Fonscolombe). *M. helvlous* apresentou taxas de parasitismo de 17,28 e 23,0% em Beheira, Sharqiya e Ismilia, respetivamente, e esta espécie não foi recolhida em Qalyubiya.

Badary (2002) registou 12 parasitóides em *S. oleae. Estudou* a dinâmica populacional de cinco deles, nomeadamente *Metaphycus barrletti* Annecke e Mynhardt, *M. flavus* (Howard), *Microterys flavus* (Howard), *Diversinernus elegans* (Silvestri) e *Scutellista cyaneac. M. bartletti* foi o parasitoide eficaz de *S. oleae* nas oliveiras, com uma taxa máxima de parasitismo de 22,7 e 24,5% durante os dois anos de investigação.

Aly (2015) afirmou que os afelinídeos (Hymenoptera : Aphelinidae) são os parasitoides mais importantes de cochonilhas moles (Hemiptera: Coccoidea). O presente trabalho debruçou-se sobre o diagnóstico, a abundância e o papel deste grupo no controlo das cochonilhas moles. Os resultados indicaram que estas espécies parasitóides e hiperparasitóides foram recolhidas em 5 províncias

(Alexandria, Assuit, Ismailia, Fayoum e Matruh). A taxa máxima de parasitismo dos parasitóides de cochonilhas moles variou entre 13 e 28% durante os dois anos em análise, respetivamente. Este resultado indica que alguns parasitóides da cochonilha mole são eficazes no seu controlo. Abd-Rabou e Evans (2016) estudaram as espécies da família Signiphoridae (Chalcidoidea) que são principalmente hiperparasitóides associados a cochonilhas moles; no entanto, certas espécies são parasitóides primários destes hospedeiros. Recolhas recentes e uma revisão da literatura indicam que as cinco espécies seguintes da família Signiphoridae são conhecidas no Egipto: *Chartocerus niger* (Ashmead), *Chartocerus subaeneus* (Forster), *Signiphora fax* Girault, *Thysanus* sp. e *Signiphora flavella* Girault, esta última registada recentemente no Egipto e na região paleártica. É incluída uma chave para as espécies de signiforídeos egípcios. Abd-Rabou (2017) estudou a avaliação do potencial de controlo biológico de *Scutellista caerulea* (Fonscolombe) (Hymenoptera: Pteromalidae) contra a cochonilha hemisférica, *Saissetia coffeae* (Walker) (Hemiptera: Coccomorpha: Coccidae) na oliveira (*Olea europaea* L.) através da criação em massa e libertações suplementares deste inimigo natural durante um estudo de campo a longo prazo no Egipto. Esta espécie foi criada em massa e foram efectuadas libertações mensais em campos de oliveiras durante cada um dos 11 anos consecutivos (2001-2011). *S. caerulea* foi libertada em grande número (cerca de 676 000) em campos em El-Arish e na costa norte do Egipto em oliveiras, que eram naturalmente infestadas por *S. coffeae*. As populações do inimigo natural e o parasitismo foram muito mais elevados nas parcelas de campo onde foram libertadas, em comparação com as parcelas de controlo. A taxa máxima de parasitismo atingiu 87,5% (84,5% por *S. caerulea*) no tratamento de campo onde foram feitas libertações, enquanto que nas parcelas de controlo o parasitismo atingiu um pico de 46,2%. A população de *S. caerulea* foi significativamente correlacionada com a população do coccídeo durante o campo

estação. O parasitismo adicional foi efectuado por infestações naturais através de taxas de parasitismo de *Coccophagus scutellaris* (Dalman) (Hymenoptera: Aphelinidae), *Microterys flavus* (Howard) em El-Arish e *Metaphycus helvolus* (Compere) e *M. lounsburyi* (Howard) na Costa Norte (Hymenoptera: Encyrtidae). Estas observações aumentam a compreensão da utilidade deste inimigo natural após o seu aumento no campo.

2.2.5.2.2. Predadores:

Abd Allah (1988) registou que os coleópteros predadores de insectos que se alimentam de cochonilhas moles que infestam as plantas de citrinos, mangas e bordos na região de Mansoura são *Cydonia vicina isis Cr., C. v. nilotica* Muls., *Coccinella septempunctata* L., *C. undecimpunctata, Scymnus interruptus* Goez, *S. cyriacus, Exochomus flavipes* Thunb. e *Paederus alfierii* Koch. Acrescentou dois predadores neuropetrosos, *Chrysopa carnea* Steph. e *C. septempunctata* Wesm.; dois predadores hemípteros, *Orius laevigatus* Fieb. e *O. albidipennis* e dois predadores dípteros, *Metasyrphus corollae* Fab. e *Paragus compeaitus* Wied. Os predadores *C. bipustulatus, S. syriacus, Pharaoscymnus* Varius Kirsch e *R. cardinalis* alimentam-se de algumas cochonilhas moles e as larvas *de Chrysop* sp. são predadores muito comuns e polífagos que se alimentam de muitas cochonilhas moles (Hamed e Hassanein, 1991). *C. bipustulatus, S. syriacus, C. carnea, C.*

septempunctata e *Orius laevigatus* Fab. foram registados associados a diferentes espécies de cochonilhas moles em Kafr El-Sheikh (El-Agamy *et al.,* 1994).

El-Batan (1997b) investigou o comportamento de busca de larvas de *Exochomus flavipes* e *Chrysoperla carnea* por *Coccus hesperidum.* *Verificou* que as larvas de *C. carnea* e os primeiros instares (1st e 2nd) de *E. flavipesi* mostravam igual capacidade de procura de *C. hesperidum* colocado nas superfícies superior e inferior de placas de vidro. Os instares larvares 3rd e 4th de *E. flavipes mostraram* uma preferência por presas fixadas na superfície inferior. Antes de entrar em contacto com a presa, as larvas de 3rd instares de *C. carnea* e de 4th instares de *E. flavipes* procuraram com relativa rapidez e com uma baixa velocidade de rotação. Após o contacto com a presa, a velocidade de procura diminuiu e a velocidade de rotação aumentou cerca de duas vezes.

Hendawy (1999) mencionou que o pico mais elevado de cochonilhas foi detectado em novembro, o que coincidiu com o pico mais elevado de predadores. Depois, a população de predadores diminuiu gradualmente e atingiu o pico em maio, antes do pico de cochonilhas. No entanto, o último pico dos predadores ocorreu em agosto, diretamente após um pico de cochonilhas. Concluiu que os picos de cochonilhas e de predadores eram coincidentes. *Scymnus syriacus* como predador de *C. rusci* (Morsi, 1999). Badary (2002) registou 19 predadores de *S. oleae* e estudou a dinâmica populacional de seis deles. Estes são *C. bipustulatus, Chrysoperla carneae* (Stephens), *C. undecimpunctata* (L.), *E. flavipes, Orius* sp. e *Scymnus syriacus.* Foram registados dois picos anuais para *C. bipustulatus* e *C. undecimpunctata,* enquanto um pico no caso de *C. carnae* e *S. syriacus, E. flavipes* e *Orius* sp. registou uma população baixa ao longo dos dois anos em análise.

2.2.5.3. Controlo cultural:

Abdel Rassoul e Abou-El-Fatth (1993) mostraram que trinta variações de cana-de-açúcar foram agrupadas em três, de acordo com os graus de infestação pela cochonilha: muito preferível (capacidade média de preferência de 50,7%); preferível (capacidade média de preferência de 33,2%) e a menos preferível (capacidade média de preferência de 8,1%).

2.3. Cochonilhas (Coccoidae :Monophlebidae)

2.3.1. Planta hospedeira:

Esta família compreende 4 espécies (Abd-Rabou,2012). Enquanto os monoflebídeos, *I. purchasi* em diferentes espécies de plantas ornamentais e *I. seychellarum* em Dahlia Nour El-Dine e Rizkallah (1970). Nada *et al.* (1999) registaram 3 monoflebídeos a atacar as mangueiras. A gama de plantas hospedeiras do monoflebídeo *I. seychellarum* inclui 44 espécies de plantas hospedeiras (Shadia *et al.,* 1991). Os monoflebídeos *I. aegyptiaca atacam as tamareiras* nos oásis de Bahria (Ali e Hussain, 1995). Os monoflebídeos *I. aegyptiaca* e *I. purchasi* atacam plantas ornamentais em algumas estufas. As espécies atacaram mais do que a planta hospedeira. O grau de infestação varia consideravelmente consoante a época do ano (Nada, 1986). Nada (1990) registou 3 monoflebídeos a atacar as árvores de citrinos. Os monoflebídeos, *I. eagyptiaca* em *F. benghalensis, M. pictum; I. purchasi* em *Ficus* spp. e *I. seychellarum* em *Ficus* spp. e *Lantania commersoni.*

2.3.2. Estudos ecológicos:

Mangoud (2000) verificou que os monoflebídeos, *I. sechellarum* tem dois picos de criação (período de atividade)/ano, em ramos durante duas estações. A primeira ninhada continha dois picos em meados e final de novembro e a segunda ninhada também continha dois picos em primeiro e final de junho. Nas folhas teve dois picos/ano em meados de dezembro e finais de junho. Enquanto na segunda estação, encontrou duas ninhadas/ano em ramos, a primeira ninhada continha dois picos em finais de novembro e meados de dezembro e a ninhada foi notada no início de julho. Nas folhas foram encontradas três ninhadas, a primeira ninhada continha dois picos no final de outubro e meados de novembro, a segunda ninhada continha um pico foi notada em meados de dezembro e a terceira ninhada continha um pico no início de julho. Também estudou a distribuição do margarodídeo *I. seychellarum* nas macieiras. 61,9% dos margarodídeos estavam concentrados em ramos velhos, 31,7% em ramos novos, 4,2% em folhas velhas e 2,2% em folhas novas (média das duas épocas, 1994/1995 e 1995/1996). Moustafa (2012) afirmou que a cochonilha seychellarum, *Icerya seychellarum* (Westwood) infestava as árvores de citrinos em Demmyat e tinha dois picos anuais, um em junho e outro em novembro.

2.3.3. Controlo químico:

O efeito de diferentes compostos contra os monoflebídeos, *I. seychellarum,* em condições laboratoriais e de campo. Em condições laboratoriais, verificou que o prefenofos era o mais potente contra todas as fases (ninfas, fêmeas não ovipositando e ovipositando e também contra os ovos no ovisaco). Seguiram-se o diazinão, o malatião, o primifos-metilo e o protiofos. Os compostos menos eficazes foram o fenitrotião e o formotião quando tratados em folhas e ramos (método de exposição indireta). Em condições de campo, foram efectuados dois ensaios de pulverização em macieiras (pulverização orientada e pulverização de toda a árvore). No ensaio de pulverização orientada, apenas os ramos infestados foram pulverizados. Verificou que profenofis, fentrithion, malathion, primiphos-methyl e diazinon deram 89,7, 85,1, 85,0, 83,9 e 81,7% de redução média%, respetivamente, enquanto formothion e pyrproxfen deram 66,0 e 58,5% de redução média%, respetivamente, contra ninfas. Por outro lado, o Profenphos proporcionou 83,9% de redução média contra fêmeas adultas (ovipositando e não ovipositando) e os demais compostos (profenophis, fentrithion, malathion, primiphos-methyl, formothion e pyrproxfen) reduziram o número de fêmeas adultas em menos de 80% nesta trilha. Na pulverização de toda a árvore, a solução de pulverização cobria toda a árvore. Verificou que os resultados obtidos no rasto de pulverização orientada eram semelhantes aos resultados obtidos no rasto de pulverização de toda a árvore (Mangoud 1994). Barakat *et al.* (1994) estudaram a penetração de insecticidas organofosforados no margarodídeo *I. seychellarum* em condições laboratoriais. Verificaram que os depósitos iniciais totais nas fêmeas ovipositoras (cera, ovisaco e corpo das fêmeas) foram de 54,99, 74,03 e 88,49 ppm para profenofos, fenitrotião e primifos-metilo, respetivamente. Após 24 horas de pós-tratamento (método de imersão), o primifos-metilo desapareceu rapidamente, seguido do fenitrotião e depois do profenofos. As diferenças na taxa de desaparecimento podem dever-se à rapidez de solubilidade do inseticida na camada cerosa ou à estabilidade relativa do composto. Os insecticidas desapareceram gradualmente da cera e dos ovisacos e translocaram-se para os corpos das fêmeas.

Negm *et al.* (2001) fizeram uma tentativa de testar dois óleos minerais locais (óleo KZ e Capl- 2) contra o margarodídeo *I. seychellarum* com o pulverizador Arimitsu em comparação com um dos insecticidas recomendados (Cidial), com duas taxas de aplicação 420, 630 litros/alimentação. O melhor resultado (90,8%) foi obtido com o inseticida Cidial, utilizando o caudal de 420 litros/alimentação. A taxa de aplicação mais elevada (630 litros /fed) deu o próximo nível de controlo (77,2%) seguido pelo óleo KZ que deu 76,5%; 72,1% de redução utilizando taxas de aplicação mais baixas e mais elevadas (420 litros /fed, 630 litros /fed.), respetivamente. Uma tendência semelhante foi encontrada com o Capl-2, onde 69,6% e 63,8% foram alcançados com a aplicação de 420 litros. /fed e 630 litro. /fed, respetivamente. Hamid e Hassanian (1991) registaram *R. cardinals* associados a margarodídeos, *I. purchasi e Icerya* spp.

2.4. Cochonilhas (Coccoidea: Pseudococcidae)

No Egipto, as cochonilhas são constituídas por 41 espécies pertencentes a 29 géneros.

Abd-Rabou (2010) registou *Phenacoccus parvus* Morrison (cochonilha da *gardénia*) e *Phenacoccus solenopsis* Tinsley (cochonilha do algodão) como novos membros da fauna egípcia da família Pseudococcidae no Egipto. Mais tarde, Abd-Rabou *et al.* (2012) estudaram a identificação taxonómica das espécies de Pseudococcidae (cochonilhas), que é um problema recorrente e representa um obstáculo importante ao estabelecimento de estratégias adequadas de gestão de pragas. Combinámos a análise molecular de três marcadores de ADN (28S-D2, mcitocromo oxidase I e espaçador interno transcrito 2) com o exame morfológico, para a identificação de 176 espécimes recolhidos de 40 populações de cochonilhas que infestam várias culturas e plantas ornamentais no Egipto e em França. Esta combinação de análises de ADN e morfológicas levou à identificação de 17 espécies: sete no Egipto (*Planococcus citri* (Risso), *Planococcus ficus* (Signoret), *Maconellicoccus hirsutus* (Green), *Ferrisia virgata* (Cockerell), *Phenacoccus solenopsis* Tinsley, *Phenacoccus parvus* Morrison e

Saccharicoccus sacchari (Cockerell)] e 11 em França [*Pianococcus citri, Pseudococcus viburni* Signoret, *Pseudococcus longispinus* (Targioni-Tozzetti), *Pseudococcus comstocki* (Kuwana), *Rhizoecus amorphophalli* Betrem, *Trionymus bambusae* (Green), *Balanococcus diminutus* (Leonardi), *Phenacoccus madeirensis* Green, *Planococcus vovae* (Nasonov), *Dysmicoccus brevipes* (Cockerell) e *Phenacoccus aceris* Signoret), *Pl. citri* em ambos os países. Encontrámos também variação genética entre populações consideradas como pertencentes à mesma espécie, justificando uma investigação mais aprofundada da possível ocorrência de complexos de taxa crípticos.

2.4.1. Plantas hospedeiras:

Os pseudococcídeos, *M. hirsutus* em diferentes plantas ornamentais, *P. citri* em *Gladiolus* sp. Os Pseudococcídeos, *F. virgata*, *P. citri* e *P. longspinus* e Nada (1990) registou 5 pseudococcídeos a atacar as árvores de citrinos. Abou El-Khair (1999) registou os pseudococcídeos, *A. graminis* e *B. rehi* em *Cynodon dactylon, F. virgata* em *Mesembr\'anlhemum* sp., *M. hirsutus* em *Hibisccus* spp., *Cupressus sempervirens, P. citri* em *Myoporum pictum, Nerium oleander, Pelargonium* e *P. longispinus* em *N. oleander.* Ibrahim (2015) afirmou que a cochonilha *Phenacoccus solenopsis* Tinsley (Hemiptera:

Pseudococcidae) foi registada como uma nova praga em plantas de tomate (*Lycopersicon esculentum* Mill) que crescem no Egipto. Os espécimes de cochonilhas foram recolhidos de plantas de tomate na província de Qalyoubia durante o verão de 2014. A cochonilha foi identificada como *P. solenopsis* com base nos caracteres morfológicos e na chave taxonómica desta espécie. Este estudo representa o primeiro registo de *P. solenopsis* como um novo inseto praga que ataca plantas de tomate no Egipto.

2.4.2. Distribuição:

Os pseudococcídeos distribuem-se em diferentes locais no Egipto (Abd-Rabou, 2012).

2.4.3. Estudos ecológicos e biológicos:

A biologia e a ecologia da cochonilha pseudococcídea *F. virgata*. Que registou cinco gerações no laboratório, no espaço de um ano, o período de incubação dos ovos foi em média de 2,11-2,62 horas. A eclodibilidade dos ovos variou de 96,2 a 99,1%. A duração ninfal total das fêmeas foi, em média, de 43,2-92,6 dias, a $28,9^0$ C, $16,6^0$ C e 71 e 54,8% de HR, respetivamente. As fêmeas partenogénicas, criadas a 17,5-28,90C e 56,5-70% HR, tiveram uma longevidade média (adulta) de 50-63,6 dias nas fêmeas ovipositoras e 10,4-56,2 dias nas não ovipositoras. As fêmeas partenogénicas, ovipositando, criadas a 17,5-28,90C e 56,5-70% HR, tiveram um período médio de pré-oviposição de 27,5-43,2 dias, um período médio de oviposição de 13,7-20,9 dias e um período médio de pós-oviposição de 2,5-5,6 dias. Estas fêmeas põem em média 64,1-78 ovos, produzindo 61,6-67,6 ninfas/fêmea/vida. O número médio de ovos/fêmea/dia foi de 3,4-4,5 ovos. Esta praga teve três gerações anuais de *F. virgata que* parecem ocorrer em *arbustos de*

Acalypha em Gizé. Estas gerações começam provavelmente em 1st junho, 1st julho e 1st agosto, aumentando gradualmente o tamanho da população (Rashad, 1975).

Youssef (1994) afirmou que o pseudococcídeo *M, hirsutus* tinha três gerações anuais sobrepostas em ambos os anos, em condições de campo. A primeira geração começava no verão e durava 10-12 semanas, a segunda no final do verão e durava 14 semanas e a terceira, que começava no final do outono, os indivíduos hibernavam e atingiam a sua atividade máxima no início da primavera e duravam 22-24 semanas. Ahmed e Abd-Rabou (2010) afirmaram que as cochonilhas se alimentam de uma grande variedade de plantas, e muitas espécies de cochonilhas são consideradas pragas. O presente trabalho inclui um levantamento das cochonilhas que infestam as árvores de citrinos no Egipto, bem como a incidência de uma das pragas mais importantes, a cochonilha dos citrinos, *Pianococcus citri* (Risso) (Hemiptera: Pseudococcidae), e os seus parasitóides. Os resultados indicaram que as oliveiras foram infestadas por 22 espécies de cochonilhas, 10 espécies pertencentes à família Diaspididae, quatro espécies pertencentes à família Coccidae e três espécies da família Monophlebidae. A dinâmica de *P. citri* e dos seus inimigos naturais em árvores de citrinos foi levada a cabo na província de Gharbiya, durante 2009 e 2010. As espécies de inimigos naturais registadas neste trabalho foram os parasitóides, *Anagyrus pseudococci* (Girault), *Leptomastix dactylopii* Howard (Hymenoptera : Encyrtidae) e o predador, o predador crisopídeo, *Chrysoperla carnea* (Stephens) (Neuroptera: Chrysopidae). A análise estatística do efeito dos factores climáticos sobre a população de *P. citri* e dos seus parasitóides durante os dois anos considerados foi explicada. Conclui-se que as temperaturas máxima e mínima foram significativas na população de *P. citri* e do seu parasitoide, *Leptomastix dactylopii*, enquanto a percentagem de humidade relativa não é significativa. A tendência obtida em ambos os anos indicou a ocorrência de três gerações por ano de *P. citri* em citros neste local. Moustafa (2012) relatou que a cochonilha dos citrinos, *Planococcus citri* (Risso) tem dois picos em árvores de citrinos em Behira. Ahmed (2012) estudou a incidência da cochonilha dos citrinos, *Planococcus citri* (Risso) (Hemiptera: Pseudococcidae) e os seus inimigos naturais dos citrinos. Os resultados indicaram que os citrinos foram infestados por 22 espécies de cochonilhas, 10 espécies pertencentes à família Diaspididae, cinco espécies pertencentes à família Pseudococcidae, quatro espécies pertencentes à família Coccidae e três espécies da família Margarodidae. A dinâmica de *P. citri* e dos seus inimigos naturais em árvores de citrinos foi realizada na província de Gharbiya, de 2009 a 2011. As espécies de inimigos naturais registadas neste trabalho foram os parasitóides, *Anagyrus pseudococci* (Girault), *Leptomastix dactylopii* Howard (Hymenoptera : Encyrtidae) e o predador, *Chrysoperla carnea* (Stephens) (Neuroptera: Chrysopidae). Foi explicada a análise estatística do efeito dos factores climáticos sobre a população de *P. citri* e dos seus inimigos naturais durante os dois anos considerados. Conclui-se que as temperaturas máximas e mínimas foram significativas na população de *P.*

citri e o seu parasitoide, *Leptomastix dactylopii*, enquanto a percentagem de humidade relativa não é significativa. A tendência obtida ao longo dos dois anos indicou a ocorrência de três gerações por ano de *P. citri* em citros neste local.

2.4.4. Proteção integrada das cochonilhas:

2.4.4.1. Controlo químico:

Youssef (1994) testou a eficácia de seis insecticidas organofosforados (OP's) contra o pseudococcídeo *M. hirsutus* na vinha durante dois anos sucessivos. Os resultados mostraram que seis OP's foram bastante eficazes contra *M. hirsutus* em pulverizações de inverno ou de verão. A análise estatística mostrou que o Malathion 0,3%, o Sumithion 0,15% e o Dimetoato 0,125% foram mais eficazes, sem diferenças significativas, enquanto o Actellic 0,15%, o Anthio 0,15% e o Tokuthion 0,15% foram menos eficazes e pertencem a outro grupo separado. Concluiu que qualquer composto do primeiro grupo pode ser utilizado para controlar esta praga de insectos nas videiras. Durante as experiências de laboratório e de estufa, o regulador de crescimento de insectos, metopreno (Altosid), aplicado numa pulverização nas folhas infestadas de citrinos a 0,01 e 0,05%, suprimiu satisfatoriamente as populações da praga dos citrinos.

As concentrações de 0,1 e 0,5% do pseudococcídeo *P. citri suprimiram* 100% da praga, enquanto o tratamento a 0,001 e 0,005% foi mais eficaz contra os machos do que contra as fêmeas. As ninfas nos primeiros 2nd instares e as ninfas foram mais afectadas do que as fêmeas na fase de pré-oviposição. Não houve diferença significativa entre 0,01 e 0,05% nos tratamentos de 1 ou 2 pulverizações. Os efeitos do metopreno podem ser observados 15 dias após a pulverização inicial (Hamady, 1984). Abd-Rabou e Mangoud (2002a) avaliaram o efeito de compostos naturais no pseudococcídeo *P. ficus* da uva em Alexandria. Os resultados observaram que o óleo mineral foi o mais eficaz quando aplicado nos ovos. Quando os rastejantes foram tratados, foram impedidos de se desenvolver. O óleo mineral deu 899%, 47,1% e 69,3% contra ovos, ninfas e adultos, respetivamente. O NeemAzal e o M-pede foram seguidos pelo óleo mineral com reduções médias de 63,9 e 58,1%, respetivamente (Abd-Rabou *et al.* 2002). estudaram a eficácia de diferentes compostos naturais e da Buprofezina no pseudococcídeo *M. hirsutus*. Os resultados indicaram que o óleo de Masrona foi o composto mais eficaz contra esta praga, seguido de M-pede, NeemAzal e Buprofezin, com uma redução média de 72,5, 62,1, 53,2 e 44,1, respetivamente.

El-Zahi *et al.* (2016) afirmaram que a cochonilha do algodão, *Phenacoccus solenopsis* Tinsley (Hemiptera: Pseudococcidae) é um inseto polífago sugador de seiva com uma vasta gama geográfica e de hospedeiros, causando graves perdas em culturas economicamente importantes. Este estudo representa o primeiro registo de *P. solenopsis* como um novo inseto que ataca plantas de algodão (*Gossypium barbadense* var. Giza 86) na província de Kafr El-Sheikh, Egipto. O inseto foi observado em plantas de algodão pela primeira vez durante a estação de crescimento de 2014. Os espécimes de cochonilhas foram recolhidos de plantas de algodão infestadas e identificados como *P. solenopsis*. Numa tentativa de controlar esta praga, oito materiais tóxicos, nomeadamente imidaclopride, tiametoxame, flonicamida, benzoato de emamectina, clorpirifos, metomil, deltametrina e óleo mineral (óleo KZ), pertencentes a diferentes grupos químicos, foram testados quanto à sua influência contra *P. solenopsis* no algodão em condições de campo. Methomyl, imidacloprid, thiamethoxam e chlorpyrifos mostraram a maior eficácia contra *P. solenopsis*, registando uma redução de 92,3 a 80,4% da população de insectos. O flonicamide, o benzoato de emamectina e o óleo KZ não conseguiram controlar suficientemente a *P. solenopsis.*

2.4.4.2. Controlo biológico:
2.4.4.2.1. Parasitóides:

Leptomastix sp.*nr. abyssineium, Tetrastichus* sp *nr. principiae* Dom e *T.* sp. *n. semponius* associados ao pseudococcídeo *F. virgata* (Awadallah *et al.* 1979). Os parasitóides *Anagryus shahidi* Hayat e *Rhous nigriclavus* foram registados associados aos pseudococcídeos *A. graminis* e *B. rehi* (L.), respetivamente (Karam e Abou ElKair, 1996) Alia (1997). Em 1999, Abou-Elkair registou os parasitóides *A. shahidi, Anagyrus* sp. *nr. impar* Noyes e Hayat associados ao pseudococcídeo *A. graminis.* O pseudococcídeo *B. rehi* associado a *R. nigriclavus* e o pseudococcídeo *M. hirsutus* parasitados por *Anagrus kamali* Moursi, *A. aegyptiacus* Moursi, *Aprostocetus* sp. e *Signiphora* sp. bem como o pseudococcídeo *P. longispins* associado a *Gyranusoidea litura* Prinsloo. Os parasitóides e hiperparasitóides, *A. eagyptiacus* (Moursi), *A. kamali, A. pseudococci* (Girault), *Allotrop* sp., *Gyranusoidea indica* Shafee *et al, Leptomastix nigrocoxalis* Compare e *R. nigrielanus* e os hiperparasitóides *Chartocerus subaeneus* (Foerster), *Marietta leopardina* (Mot.), *Prochiloneurus aegyptiacus* (Mercet), *P. annulatus* (Ferriere) e *P. gavanicus* (Ferriere) registados associados ao Pseudococcídeo *M. hirsutus.* O parasitoide *A. kamali* foi a espécie mais abundante de *M. hirsutus* com taxas de parasitismo de 34% em agosto no Cairo (Abd-Rabou, 2001d). O mesmo autor (2000) registou nove parasitóides e hiperparasitóides que atacam o Pseudococcídeo *Saccharicoccus sacchari* (Cockerell). Estes são: *Anagyrus greeni* Howard, *A. pseudococci, C. subanus, Leptomastix abnormis* (Girault),

Microterys sp., *Paraphenaodicus* sp., *Prochiloneurus* sp., *R. nigriclavus* e *Rhopus* sp. *L. abnormis* foi o parasitoide dominante, apresentando taxas máximas de parasitismo de 14 e 21% durante o mês de outubro nas províncias de Assiut e Qena, respetivamente. Abd-Rabou (2001a,d) construiu chaves para 26 espécies de himenópteros parasitóides que atacam vinte espécies de cochonilhas. Mencionou que vinte e cinco espécies de cochonilhas não têm registos de parasitóides.

Ahmed (2012) estudou a dinâmica dos parasitoides de *P. citri* em árvores de citrinos na província de Gharbiya, de 2009 a 2011. Os parasitóides são *Anagyrus pseudococci* (Girault), *Leptomastix dactylopii* Howard (Hymenoptera : Encyrtidae). Conclui-se que as temperaturas máxima e mínima foram significativas na população do parasitoide *P. citri, Leptomastix dactylopii*, enquanto a percentagem de humidade relativa não é significativa.

Adly *et al.* (2016) estudaram a abundância sazonal de espécies de parasitoides de cochonilhas em goiabeiras na província de Giza, Egito, durante dois anos (janeiro de 2014 a dezembro de 2015). Quinze plantas foram escolhidas aleatoriamente e cinco folhas/planta foram coletadas quinzenalmente, uma das quatro direções cardeais e o meio das árvores inspecionadas. Foram registadas quatro cochonilhas, 8 espécies de parasitóides primários (seis parasitóides sobre cochonilhas) e um hiperparasitóide. As espécies de insectos mais dominantes foram; a cochonilha *Ferrisia virgata* (Ckll.), o parasitoide primário das cochonilhas, *Gyranusoidea indica* Shafee, Alam e Agarwal em 2014, *Leptomastix dactylopii* Howard em 2015, e o hiperparasitóide, *Chartocerus subaeneus* (Foerester). *F. virgata* é o primeiro registo em goiabeiras no Egipto e o parasitoide primário *Aenasius* sp. foi registado pela primeira vez na fauna egípcia.

2.4.4.2.3. Predadores:

Pharoscymnus varius como predador de *Pseudococcus* sp. (Tawfik *et al.* 1970). Osman (1972) registou *Rodalia cardinals* Muls como predador do margarodídeo *I. purchasi*. Os predadores, *Scymnus includens* Kirch, *Cryptolaemus montrouzieri* Muls, *Chrysopa carnae* Schm. *Sympherobius amicus* Navas e *Hyperaspis vincigurrae* associados ao pseudococcídeo *F. virgata* (Rashad, 1975). Os predadores *Scymnus interruptus* Goez. e *P. varius* foram registados associados ao *Pseudococcus* sp. (Osman, 1977). Hamid e Hassanian (1991) registaram *S. interruptus* associado ao pseudococcídeo, *S. sacchari*. Ahmed (2012) estudou a dinâmica do predador *P. citri* em árvores de citrinos na província de Gharbiya, de 2009 a 2011. Foi registado o predador *Chrysoperla carnea* (Stephens) (Neuroptera: Chrysopidae). Adly *et al.* (2016) estudaram a abundância sazonal de espécies predadoras de cochonilhas em goiabeiras na província de Giza, Egipto, durante dois anos (janeiro de 2014 a dezembro de 2015). Quinze plantas foram

escolhidas aleatoriamente e cinco folhas/planta foram recolhidas quinzenalmente, uma nas quatro direcções cardeais e no meio das árvores inspeccionadas. Foram registadas quatro cochonilhas, 6 espécies predadoras (duas sobre coccinelídeos). As espécies de insectos mais dominantes foram: a cochonilha *Ferrisia virgata* (Ckll.), o predador *Scymnus syriacus* (Mars.), o parasitoide que atacou os coccinelídeos *Homalotylus vicinus* Silvestri.

2.4.4.3. Controlo cultural:

O nivelamento da terra conseguido pelo método laser afectou a população do pseudococcídeo, *S. sacchari, uma* vez que foi baixa após o nivelamento da terra devido ao nivelamento por laser e que foi seguido pela aplicação de uma boa irrigação (Abd-Rabou e Mangoud, 2002b).

2. 5. Cochonilha (Hemiptera: Coccoidea: Asteroleacaniidae):

As cochonilhas (Asterolecaniidae) instalam-se nos caules, nos rebentos verdes, nos talos das folhas, nas nervuras centrais e, por vezes, nos frutos. Quando se instalam num rebento verde ou no caule ou na nervura média de uma folha, começam a sugar os sucos da planta e, assim, a planta enfraquece, podendo mesmo morrer em caso de infestação intensa e fazendo com que a camada epidérmica inche, formando uma espécie de taça, à volta do inseto. Esta família é representada no Egipto por quatro espécies: a cochonilha verde da tamareira, *Avidovaspis phoenicis* Gerson & Davidson; a cochonilha do bambu, *Bambusaspis bambusae* (Boisduval), a cochonilha do figo, *Russellaspis pustulans* (Cockerell) e a cochonilha ornamentada da oliveira, *Pollinia pollini* (Costa) (Abd-Rabou,2012).

Hammad e Moussa (1973) registaram *A. pustulans* em *Acacia* sp., *Cassia* sp., *Bouhinia* sp., *Ceratonia* sp., *N. oleander, J. ovalifolia, Jasminium* sp. e *Erytherina numeana*. *A. phoenicis* ataca principalmente folhas e frutos de palmeiras em Mallawy e Qalyubiya (Ezz, 1975). *R. pustulans* ataca mangueiras (Nada *et al.* 1998) e macieiras (Mangoud, 1994). Moustafa (1995) estudou a distribuição e as plantas hospedeiras das espécies da família Asterolacanidae. Registou *B. bambusae* em *Thuja orientalis, Acalypha marginata, Dendrocalamus giganteus* nas províncias de Daqahliya, Beheira, Giza e Fayium e *A. phoneicis* em *Phonix dactylifera* em Qalyubiya e

Ismailia, bem como *R. pustulans* que ataca dez espécies de plantas hospedeiras em nove províncias. Duas espécies da família Asterolicanidae foram registadas em plantas hospedeiras ornamentais (Serage, 1998). Abd El-Razak (2000) registou a cochonilha da figueira, *R. pustulans,* em *Bougainvillea* sp. El-Minshawy *et al.* (1971) estudaram a biologia da cochonilha da figueira, *R. pustulans,* criada em figueiras e pessegueiros no distrito de Alexandria. Verificaram que, no inverno, a fêmea punha uma média de 113,13 ovos em ramos de pessegueiro e cerca de 90,33 ovos em figueiras. No verão, o número médio de ovos produzidos nas figueiras foi de 194,73. Mostraram também que, em condições naturais, a duração de todo o ciclo de vida era de 250,4 dias na fase de invernada, ao passo que era de 105,4 dias na fase de verão. Foram registadas duas gerações anuais para a cochonilha do figo, a primeira durou de outubro a maio e a segunda começou em junho e dura até outubro. O inseto passa o inverno como uma fêmea não grávida. Além disso, discutiram a abundância sazonal dos diferentes estádios do inseto no campo das figueiras. Gomma *et al.* (1991) afirmaram que a cochonilha da figueira, *R. pustulans,* é considerada uma praga-chave dos ramos da figueira em sistema de regadio na zona de Bur El-Arab (50 kms a oeste de Alexandria). Um grande número de cochonilhas pode ser facilmente observado nos ramos durante os meses de maio e novembro. No início do inverno, a densidade populacional da cochonilha do figo diminui abruptamente devido às condições desfavoráveis. O estádio imaturo atingiu o seu máximo durante o mês de agosto; as fêmeas não grávidas foram encontradas em grande número durante os meses de janeiro e maio; as fêmeas grávidas durante todo o ano, com a fração mais elevada durante os meses de junho e julho. As escamas parasitadas com espécies de apheilinídeos foram observadas durante os meses de dezembro, fevereiro e março. Registaram também duas gerações sobrepostas nas figueiras, a primeira de janeiro a maio e a segunda de julho a novembro.

Ali (1993) estudou a bionomia de *R. pustulans*. *Ali* registou 58 espécies pertencentes a 27 famílias de plantas hospedeiras de *R. pustulans* em 13 províncias e registou seis espécies de parasitóides e predadores associados a esta praga. Este inseto da cochonilha teve dois períodos principais de abundância sazonal nas figueiras, nas condições locais de Qalyubiya. O primeiro período foi no verão e o segundo no outono. O efeito de compostos organofosforados (Basudin, Malathion, Sumithion e Tokuthion), IGR (Pyriproxyfen) e lilás indiano (*Melia azedarah*), observou que os insecticidas organofosforados foram os mais eficazes contra todas as fases de *R. pustulans* e que o IGR e o lilás indiano foram menos tóxicos do que os compostos supramencionados. Mangoud (2001) estudou a distribuição da cochonilha do figo, *Russellaspis pustulans,* em várias partes de macieiras. Verificou que 51,6 e 46,6% dos adultos e ninfas, respetivamente, estavam concentrados nos troncos, enquanto 48,4 e 53,4%, respetivamente, estavam distribuídos entre os ramos principais (ramos novos e pecíolos de folhas novas). Também se verificou que a cochonilha do figo se concentrava na direção do cano de água em terrenos novos recuperados. Mangoud (1994) estudou a eficácia de diferentes agentes de controlo contra a cochonilha do figo, *Russellaspis pustulans,* em macieiras. Verificou que o protiofos, o malatião, o diazinão e o óleo de Shecrona reduziram o número de ninfas em 92-96%. Verificou também que o fenitotião e a buprofezina reduziram a infestação em 72 e 71%. Os insecticidas testados tiveram menos efeito contra as fêmeas grávidas. A percentagem de redução da infestação não excedeu 81% no caso das fêmeas não grávidas. O efeito sobre os ovos das fêmeas grávidas variou entre 19 e 48% de redução. Mangoud (2000) estudou o efeito de diferentes compostos contra a cochonilha do figo, *Russellaspis pustulans* (Cockerell), através de dois tipos de pulverização (orientada e em toda a árvore) em condições de campo. Ele constatou que o óleo leve + enxofre, o óleo leve sozinho e o óleo leve + malathion proporcionaram uma redução média de 97,4, 96,6 e 95,1% no método de pulverização orientada (pulverização de ramos infestados) antes da poda e o custo médio foi de

40.75. LE/feddan. O óleo + enxofre e o óleo sozinho deram uma redução média de 96,1 e 94,2%. Óleo + malathion deu 88,6% (após a poda) e o custo médio foi de 34,3 LE/feddan. Por outro lado, a pulverização de toda a árvore deu os mesmos resultados que foram obtidos com a pulverização orientada, exceto que o custo antes da poda foi de 135 LE/feddan e 120 LE/feddan (após a poda).

Ahmed (2012) afirmou que *Pollinia pollini* (Costa) (Hemiptera: Asterolecanidea) é considerada uma das pragas mais importantes que infestam a oliveira no Egipto. O objetivo deste trabalho é estudar o levantamento das plantas hospedeiras, a distribuição geográfica e os inimigos naturais no Egipto, bem como a dinâmica de *P. pollini* na oliveira em Alexandria. Os resultados obtidos indicam que *P. pollini* infestou apenas oliveiras e distribuiu-se em duas províncias. Estas são Alexandria e Fayoum. Não foram recolhidas e registadas quaisquer espécies de parasitóides no presente trabalho. Foram registadas três espécies de predadores que atacaram *P. pollini* no Egipto. Trata-se dos coccinelídeos, *Coccinella undecimpunctata, Scymnus seriacus* Mars. e a espécie de Neuroptera, *Chrysoperlla carnae* Steph. O presente trabalho também inclui a dinâmica de e seus predadores. A dinâmica de *P. pollini* e dos seus predadores em oliveiras foi realizada em Alexandria, província, durante 2010 e 2011. Foi feita uma análise estatística do efeito dos factores climáticos na população de *P. pollini* e dos seus predadores durante os dois anos considerados. Conclui-se que as temperaturas máxima e mínima foram significativas para a população de *P. pollini e dos seus predadores*, ao passo que a percentagem de humidade relativa não é significativa. A tendência obtida nos dois anos indica a ocorrência de duas gerações por ano de *P. pollini* na oliveira em Alexandria.

2.6. Escama de feltro (Hemiptera : Coccoidea : Eriococcidae)

A família Eriococcidae caracteriza-se por produzir uma grande quantidade de melada e está frequentemente associada ao desenvolvimento de bolor fuliginoso (Hodgson e

Henderson, 1996). Estes coccóides causam deformações irregulares, bolsas ou buracos pouco profundos nos caules ou nas folhas até estruturas fechadas complexas.

Esta família está representada no Egipto por uma espécie. Trata-se da cochonilha da *Araucária, Eriococcus araucariae* Maskell (Abd-Rabou, 2000a). Mostafa (1995) recolheu *E. araucariae* em *Cerus peruvianus* e *Arcorig excelsa* em Giza. *E. araucariae* ataca *Araucaria* sp. em Alexandria (Abou-Elkhair, 1999). Abd El-Razak, (2000) mencionou que *E. araucariae* causou danos económicos em *A. excelsa* no jardim de Montazaha. O número de insectos foi relativamente baixo nos meses de outono e inverno. O seu número aumenta em maio, junho, julho e agosto. O estádio imaturo apresentou a percentagem máxima em junho, janeiro, abril e maio, enquanto as fêmeas adultas apareceram em outubro, novembro e fevereiro. Os machos adultos foram observados três vezes, em junho, janeiro e finais de março. O número total de insectos foi elevado durante os meses de verão, enquanto que o número mais baixo foi registado durante os meses de outono. Os dados indicaram uma relação positiva e significativa entre a população total de *E. araucariae* e a temperatura média diária, a velocidade do vento e a luz do dia, enquanto que esta relação foi negativa e significativa com a humidade relativa.

2.7.   Phoenicococcidae (Hemiptera: Coccoidea):

Os Phoenicococcidae atacam plantas ornamentais e tamareiras e a sua distribuição em diferentes locais do mundo. Esta família está representada no Egipto por uma espécie, a cochonilha vermelha da tamareira, *Phoenicococcus marlatti* Cockerell (Abd-Rabou, 2000a). *P. marlatti* foi registada em *P. dactylifera* de Daqyhliya, Giza, Ismailia e Sinai do Norte (El-Arish) (Mostafa, 1995). Abou-Elkhair (1999) registou *P. marlatti a* atacar *P. dactylifera* e *Washingtonia fili.* Abd El-Razzik (2000) registou que *P. marlatti ataca* a tamareira no Norte do Sinai (El-Arish).

Moustafa (2015) afirmou que, recentemente, a cochonilha vermelha da tâmara, *P. marlatti* Cockerell (Hemiptera:Phoenicococcidae), foi registada como uma praga económica da *tamareira* no Egipto. Os resultados do presente trabalho indicaram que *P. marlatti* infestou apenas *Phoenix dactylifera* e *Washingtonia filifera* de tamareiras e está distribuída em 5 províncias, Alexandria, Daqahilyia, El-Arish, Giza e Ismailyia. Além disso, os resultados indicaram que foram registadas duas espécies de predadores que atacaram *P. marlatti.* Estas espécies pertencem à Ordem: Coleoptera, Família Coccinellidae, *Pharoscymnus varius* (Kirsch) e *Scymnus punetillum* Weise . Os resultados da dinâmica populacional de *P. marlatti* nas tamareiras no primeiro ano, 2009-2010, indicaram que a densidade de ovos atingiu o seu máximo e o seu mínimo em 1 de maio[st] , 2010, e 15 de fevereiro[th] 2011, respetivamente. A densidade de pré-adultos atingiu o seu máximo e o seu mínimo em 15 de maio[th] , 2010, e 15 de janeiro[th] . Enquanto que a densidade dos adultos foi máxima e mínima em 15 de maio[th] , 2010 e 15 de janeiro[th] , 2010 . No segundo ano (2010-2011), a densidade de ovos atingiu o seu máximo e o seu mínimo em 1 de maio[st] ,2011 e 1 de setembro[st] 2010. A densidade de adultos atingiu o seu máximo e o seu mínimo em 15 de maio[th] ,2011 e 15 de outubro[th] 2010 A densidade de adultos foi máxima e mínima em 1 de maio[st] e janeiro. 1st , 2011. O predador registado neste trabalho na região de El-Arish foi *P. varius* . Durante o primeiro ano (2009-2010) não se registou a ocorrência de predadores de 15 de outubro[th] 2009 a 15 de fevereiro[th] 2010. A população atingiu o seu número máximo de indivíduos 62 indivíduos por amostra. Durante o segundo ano (2010-2011), não se registou qualquer ocorrência de predadores de 1 de novembro[st] a 15 de fevereiro[th] 2011. A população atingiu o número máximo de indivíduos 58 indivíduos por amostra .

2.8. Cochonilhas do papel (Hemiptera : Coccoidea: Lecanodiaspididae):

Esta família caracteriza-se por produzir secreções de papel ou de cera diferentes das outras espécies de cocóides. Esta família está representada no Egipto por uma espécie, a cochonilha *africana, O.*

africana Newstead (Abd-Rabou, 2000a). Temerak (1981) registou o parasitoide *Protyndarichus coccidiphagus* Mercet associado a *L. africana.* Os parasitóides *H. aspidioti, M. flavus, Cheiloneurus* sp., *A. pseudococci, Allotropa kamburovi* e o predador *S. syriacus* foram registados a atacar *L. africana* em Beni-Suef (Morsi, 1999). Abd-Rabou e Evans (2017) registaram um parasitoide, *Mesopeltita truncatipennis* (Waterston) (Pteromalidae) da cochonilha lecanodiaspid, *Lecanodiaspis africana* (Newstead) (Hemiptera: Lecanodiaspididae) em *Ficus* sp.

2.9. Insectos cochonilhas (Hemiptera : Coccoidea: Dactylopiidae):

Os membros do género *Dactylopius* Costa atraíram a atenção humana durante séculos devido ao belo corante carmim, chamado cochonilha, que pode ser extraído dos seus corpos e utilizado para colorir têxteis e alguns alimentos (Gullan e Cock, 1999). Esta família é representada no Egipto por duas espécies. Trata-se da cochonilha do pinheiro, *Dactylopius coccus* (Costa) e da cochonilha do figo da Barbária, *Dactylopius confusus* (Cockerell) (Abd-Rabou, 2000a).

Nada e Mohammad (1993) registaram duas espécies da família Dactylopiidae. Trata-se de Dactylopiidae coccus (Costa), registada como droga e perfume no distrito de El-Hussein, no Cairo, e a segunda espécie, *D. cofusus,* foi recolhida em *Opuntia* sp. plantada em Gizé, no Instituto de Investigação Hortícola.

2.10. Halimococcidae (Hemiptera : Coccoidea: Dactylopiidae):

Esta família está representada no Egipto por uma espécie, a cochonilha thebaica, *Halimococcus thebaicae* Hall (Abd-Rabou,

2000a). Esta espécie foi registada na planta *Hyphaene thebaica* (Dom) do Alto Egipto (Luxor).

2.111. Ortheziidae (Hemiptera : Coccoidea)

Esta família está representada no Egipto por uma espécie. Trata-se da cochonilha Insignis, *Orthezia insignis* Douglas (Abd-Rabou, 2000a) e Abou-Elkair (1999) registou esta espécie a atacar *Coleus* sp. e *L. camara.*

2.12. Cochonilha da grama (Hemiptera : Coccoidea: Aclerdidae):

Os membros desta família são largamente confirmados para a família Graminiae, que inclui algumas das culturas agrícolas mais importantes. As infestações na cana-de-açúcar são registadas com mais frequência do que em qualquer outra cultura. Outras culturas comerciais infestadas por representantes da família são vários bambus, erva-limão, gramíneas, halfa e orquídeas.

Esta família está representada no Egipto por duas espécies (Abd-Rabou, 2012). A cochonilha do pinheiro, *Aclerdapanici* Hall, e a cochonilha da cana-de-açúcar, *Aclerda takahashii* (Kuwana), sendo esta última espécie registada na cana-de-açúcar no Alto Egipto (Maarage *et al.,* 1992).

Capítulo 4

IV.Moscas brancas

A família Aleyrodidae tem uma distribuição mundial e inclui cerca de 1556 espécies em 161 géneros (Martin e Mound, 2007). Destas, 25 espécies foram registadas no Egipto (Abd-Rabou, 2016). No Egipto, as espécies de mosca branca foram analisadas por Abd-Rabou (2001) e Abd-Rabou e Simmons (2012).

1 Lista de moscas brancas (Coccoidea) no Egipto (segundo Abd-Rabou,2016):

1.1. *Acaudaleyrodes rachipora* (Singh) (O aleurodídeo preto).

1.2. *Aleuroclava jasmini* (Takahashi) (mosca branca do jasmim).

1.3. *Aleuroclavapsidii* (Singh) (mosca branca do Psidium).

1.4. *Aleuroclavaporosus* (Priesner & Hosny) (mosca branca de Nabk).

1.5. *Aleurocanthus ziziphi* Priesner & Hosny (mosca branca da jujuba).

1.6. *Aleuromarginatus tephrosiae* Corbett (mosca branca da tefrosia).

1.7. *Aleurolobus marlatti* (Quaintance) (mosca branca da mignonette).

1.8. *Aleurolobus niloticus* Priesner e Hosny (Quando infestado com *Ziziphus spina-christi)* (mosca branca de Ziziphi).

1.9. *Aleurolobus olivinus (*Silvestri) (mosca branca da oliveira).

1.10. *Aleuroplatus acaciae* Bink-Moenen (mosca branca das acácias).

1.11. *Aleuroplatus cadabae* Priesner & Hosny (mosca branca comestível).

1.12. *Aleuroviggianus adrianae* Iaccarino (mosca branca dos carvalhos).

1.13. *Aleyrodesproletella* (Linnaeus) (mosca branca das couves).

1.14. *Bemisia afer* Priesner & Hosny (mosca branca do plátano).

1.15. *Bemisia formosana* Takahashi (mosca branca da cana-de-açúcar).

1.16. *Bemisia tabaci* (Gennadius) (mosca branca do algodão).

1.17. *Dialeurodes citri* (Ashmead) (mosca branca dos citrinos).

1.18. *Dialeurodes kirkaldyi* (Kotinsky) (mosca branca total).

1.19. *Parabemisia myricae* (Kuwana) (mosca branca da baga do louro japonês).

1.20. *Pealius mori* (Takahashi), (Mosca branca da amoreira).

1.21. *Ramsesseus follioti* Zahradnik (mosca branca do Egipto).

1.22. *Singhiella elbaensis* (Priesner e Hosny) (mosca-branca-dos-campos).

1.23. *Siphoninus phillyreae* (Haliday) (mosca branca da romã).

1.24. *Tetraleurodes leguminicola* Bink-Moenen (mosca branca das leguminosas).

1.25. *Trialeurodes ricini* (Misra) (mosca branca da mamona).

2 . Identificação, biótipos e raças:

De um modo geral, os biótipos e/ou espécies irmãs de insectos de importância agrícola foram descritos com base em diferenças na planta hospedeira, no grau de sintomas fitotóxicos, na indução de resistência a insecticidas, na morfologia e/ou em aspectos comportamentais.

Recentemente, foram reconhecidas diferenças entre populações de *B. tabaci, por exemplo,* a mosca branca da batata-doce representa o biótipo diferente "B" de *B. tabaci,* um membro do complexo de espécies. A sua forte resistência aos pesticidas organofosforados e carbamatos, o aumento da fecundidade e a adaptação a uma vasta gama de hospedeiros, a capacidade de induzir perturbações fitotóxicas em certas espécies de plantas e os padrões distintos de bandas de esterase caracterizam o biótipo "B".

Abd-Rabou (1999a) recolheu amostras de *B. tabaci* em plantas de algodão na província de Demiyetta. Estas amostras foram enviadas à Dra. Gina Banks (John Innes Center UK), que registou a capacidade de induzir a formação de folhas prateadas nas folhas de abóbora, confirmando que se trata do biótipo "B" de *B. tabaci.* O biótipo B de *B. tabaci* foi registado pela primeira vez no Egipto por Abd-Rabou (1999a). Abd-Rabou *et al.* (2001) estudaram a identificação de estirpes de *B. tabaci* no Egipto utilizando a capacidade de induzir a formação de folhas prateadas em folhas de abóbora, a análise de esterase por eletroforese em gel de poliacrilamida nativa e a análise de ADN por RAPD-PCR. Homam *et al.* (2005) recolheram amostras de adultos de *Bemisia tabaci* (também designada mosca branca do algodão), que infestam couves, em cinco províncias (Fayoum, Beheria, Gharbia, Ismailia e Beni- Suef) no Egipto. Os dados relativos às impressões digitais de ADN das amostras de *B. tabaci* foram apresentados como coeficiente de semelhança. São ilustrados os padrões característicos dos padrões de PCR amplificados utilizando os iniciadores OPA-2 e -20. Em geral, as impressões digitais de ADN geradas pelo iniciador OPA-2 apresentaram perfis únicos para cada uma das amostras em termos do número e da migração das bandas RAPD. O marcador RAPD utilizando o iniciador OPA-2 foi caracterizado por um baixo coeficiente de semelhança entre as 5 amostras, sendo o coeficiente de semelhança dos marcadores RAPD entre (Beheira e Gharbia) e (Gharbia e Ismailia) igual a zero. Por outro lado, os valores mais elevados do coeficiente de semelhança (0,46 e 0,40) foram registados entre as amostras de Ismailia e Beni-Suef) e as amostras de Fayoum e Gharbia, respetivamente.

Amostras de indivíduos de *B. tabaci* provenientes de algodão infestado em Mansoura (província de Daqhilyia) foram genotipadas com seis loci de microssatélites, nomeadamente, Bem11, Bem12, Bem25, Bem31, Bem37 e Bem40, de acordo com as condições de PCR indicadas em De Barro *et al.* (2003). A variação do comprimento destes loci foi detectada através da utilização de um primer com etiqueta fluorescente para cada par de primers. Os produtos de amplificação foram separados utilizando um sistema de sequenciação automática de alta resolução (ABI PRISM 310). Os resultados indicaram que o biótipo B da população de *Bemisia* no Egipto mostrava evidências de um estrangulamento recente nos três modelos de evolução de microssatélites testados e apresentava um excesso de heterozigotia como resultado de eventos de estrangulamento (Simon *et al.*, 2007). De Barro *et al.* (2000) registaram o biótipo Q pela primeira vez no Egipto. Mais tarde, Ahmed *et al.* (2009) afirmaram que, na árvore filogenética das sequências COI de *B. tabaci*, as populações do biótipo Q do Egipto estavam mais próximas das populações do biótipo Q da China do que das da Síria. Abd-Rabou e Ghahari (2006a) analisaram toda a literatura relativa às estirpes biológicas no Egipto. A influência de seis plantas hospedeiras utilizadas pela espécie nas diferenças populacionais a nível molecular foi tentada utilizando marcadores de ADN polimórfico amplificado aleatório (RAPD). Sete iniciadores RAPD analisados produziram 232 fragmentos de ADN; 223 destes fragmentos eram polimórficos. Os outros nove fragmentos detectados eram comuns entre as seis populações de *B. tabaci* testadas. O número total de bandas obtidas de cada iniciador variou de 23 a 44, com uma média de 33,14 bandas por iniciador. As relações filogenéticas entre as populações estudadas utilizando esta técnica separaram claramente estas seis populações em dois grupos principais com uma percentagem de matriz de semelhança de 88% e 64%. Estes resultados indicam que *B. tabaci* pode ter genótipos diferentes em termos de adaptação a determinadas espécies de plantas hospedeiras no Egipto (Helmi, 2010b).

Abd-Rabu e Simmons (2012) afirmaram que *a B. tabaci* é geralmente considerada como um grupo ou complexo de espécies que contém um certo número de biótipos e variantes genéticas (haplótipos). O estatuto taxonómico do complexo *B. tabaci* é explicado como uma espécie críptica para a qual a variação genética pode ser demonstrada na ausência de variação morfológica; essas variantes genéticas podem ser diferenciadas através da utilização de marcadores moleculares (Perring, 2001).

Fahmy e Abou-Ali (2015) estudaram *Bemisia tabaci* (Gennadius) (Hemiptera, Aleyrodidae) é considerada uma das pragas mais prejudiciais na agricultura, causando graves perdas nas culturas em todo o mundo, afectando as regiões tropicais e subtropicais. A reação em cadeia da polimerase do ADN polimórfico amplificado aleatório (RAPD-PCR) foi utilizada para avaliar a diversidade genética entre diferentes isolados recolhidos em diferentes regiões do Egipto, em comparação com alguns outros isolados mundiais desta praga de insectos. Dos 12 iniciadores, 8 iniciadores da tecnologia Operon mostraram diferenciar 13 amostras de B. tabaci colhidas em todo o Egipto e algumas outras amostras colhidas em diferentes países, tendo sido utilizadas duas outras populações representativas dos biótipos A e B colhidas nos EUA para a demarcação dos biótipos. Utilizando 13 amostras de insectos, a análise RAPD produziu um número total de 72 marcadores; foram revelados cerca de 68 marcadores polimórficos. O número total de bandas obtidas para cada iniciador variou de 4 a 14, com uma média de 9 bandas por iniciador. Da combinação de pares entre quinze populações, a população de Ismailia apresentou o índice de semelhança mais elevado (0,947), enquanto o biótipo A dos EUA registou o índice de semelhança mais baixo (0,326). Foram formados dois grupos principais a partir do dendrograma UPGMA, que foi construído com base no coeficiente de semelhança de Dice. O rastreio RAPD-PCR demarcou a população de mosca branca com base nas espécies hospedeiras e nos biótipos genéticos. Foram revelados dois grupos principais como A e B com dois outros grupos secundários A1, A2, e B1, B2. A maior parte das amostras recolhidas no Egipto foram agrupadas num agrupamento menor denominado A1. O grupo A1 está dividido em dois subgrupos. A1a inclui as populações de Beni-Sweif no Alto Egipto, Ismailia, Kalyobia, El-Fayoum, Tanta, Kafr El-Sheikh, Alexandria, e A1b inclui Espanha e Sudão. O grupo A1a está agrupado com base no seu hospedeiro, que pertence à família Cucurbitaceae, enquanto Alexandria foi separada individualmente com base no seu hospedeiro, que é a couve-flor. Através da matriz de semelhança, foi possível concluir que as populações de Beni-Sweif, Ismailia, Kalyobia, El-Fayoum, Tanta, Kafr El-Sheikh tinham 80-90% de semelhança, enquanto o isolado de Banha tinha 30-40% de semelhança.

Abd-Rabou e Evans(2009) afirmaram que, recentemente, o autor sénior descobriu a presença de uma mosca branca na cana-de-açúcar, *Saccharum officinalis* , em Qena, Egipto, e enviou espécimes ao autor júnior que a identificou como *Bemisia formosana* Takahashi (Homoptera: Alyerodidae). Uma vez que este é o primeiro relato da ocorrência desta espécie em cana-de-açúcar, uma cultura económica, e o primeiro registo da sua distribuição no Egipto e na região mediterrânica, considerámos oportuno divulgar a informação para alertar os trabalhadores da região para a sua presença. Abd-Rabou e Evans (2013) afirmaram que durante uma investigação da fauna de moscas brancas no Egipto, *Pealius mori* (Takahashi) foi descoberto a infestar *Euphorbia* sp. em Giza, Egipto. Este é o primeiro registo da presença desta espécie de mosca branca no Egipto e nesta planta hospedeira. São apresentados a taxonomia, a distribuição, as plantas hospedeiras, os parasitóides, bem como comentários sobre esta espécie de mosca branca. Palavras-chave: Aleyrodidae, mosca-branca, novo registo, Euphorbiaceae e Egipto. Abd-Rabou e Evans (2013) Foram recolhidos espécimes de mosca branca de diferentes plantas hospedeiras infestadas em diferentes localidades do Egipto. Em 14 de fevereiro de 2013, foram recolhidas amostras de *Euphorbia* sp. infestadas por uma espécie de mosca branca em Giza, Dokki, Egipto.

As amostras foram preparadas para exame e montadas em lâminas para identificação. Os resultados indicam que a espécie de mosca branca recolhida encontrada em *Euphorbia* sp. é Pealius.

Abd-Rabou e Evans (1014) afirmaram que Nos últimos anos, *Aleuroclava psidii* (Singh) (Hemiptera: Aleyrodidae) tem vindo a alargar a sua área geográfica devido ao movimento internacional de material vegetal. Em outubro de 2013, foi descoberta em Psidium sp. (Myrtaceae) no Egipto e representa o primeiro registo desta espécie no Egipto e na região do Paleártico Ocidental.

3 Plantas hospedeiras e distribuição :

Priesner e Hosny (1934) descreveram os casos de pupas de *Dialeurodes kirkaldyi* (Kotinsky) em várias plantas ornamentais, *Aleurocanthus zizyphi,* Priesner e Hosny (1934) em *Zizphus spinachristi, Aleuroplatus cadabae* Priesner e Hosny em *Cadaba rotindifolia, Bemisia lingispina* Priesner e Hosny (1934) em goiaba, *Aleurolobus niloticus* Priesner e Hosny em várias plantas hospedeiras, *Bemisia afer* (Priesner e Hosny) em *Lawsonia alba* e *Ficus sycmorus, Aleurotrachelus alhagii* Priesner e Hosny em várias leguminosas, *Dialeurodes elbaensis* Priesner e Hosny em *Ficus salicifolia* e *Siphoninus phillyreae* (Haliday) está registado em pereira, macieira e romãzeira (*Punica granatum*).

Priesner e Hosny (1932) descreveram *Trialeurodes porosus* como sp.n. em *Zizyphus spinachristi.* Azab *et al.* (1970) estudaram a taxonomia de *Bemisia tabaci* (Gennadius) no Egipto e indicaram uma relação entre a forma da pupa e o número de espinhos dorsais. Habib e Farag (1970) descreveram nove espécies de Aleyrodidae que são comuns no Egipto, com notas sobre as suas plantas hospedeiras e distribuição local. El-Helaly *et al.* (1972) descreveram os estádios imaturos e os adultos de *Aleyrodesproletella* (Linnaeus). Herakly (1973) descreveu diferentes casos de pupas de *Bemisia tabaci* (Gennadius), criadas no Egipto em diferentes plantas hospedeiras. Posteriormente, Bink-Moenen (1983) afirmou que *Aleurocanthus hansfordi* Corbett é uma sinonímia de *Aleurocanthus zizyphi* Priesner e Hosny e *Bemisia hancocki* Corbett é uma sinonímia de *Bemisia afer* (Priesner e Hosny) e registou duas novas espécies do Egipto *Aleuroplatus acaciae* Bink-Moenen e *Tetraleurodes leguminicola* Bink-Moenen.

Abd-Rabou (1996) acrescentou seis espécies recentemente registadas às moscas brancas egípcias: *Aleuromarginatus tephrosiae* Corbett, *Aleuroviggianus adriane* Iaccarino, *Dialeurodes citri* (Ashmead), *Parabemisia myricae* (Kuwana) e

Trialeurodes vaporariorum (Westwood). Recentemente, Abd-Rabou (2000) rectificou a espécie *Trialurodes vaporariourm* como *T. ricini* (Misra) utilizando técnicas de RAPD-PCR. Abd-Rabou e Simmons (2014) fizeram um estudo de campo sobre as espécies de plantas hospedeiras reprodutivas do complexo *Bemisia tabaci* (Gennadius) em todo o Egipto. As plantas infestadas foram recolhidas durante cada mês do ano. *A Bemisia tabaci* completou o seu desenvolvimento em 118 espécies de plantas em 79 géneros pertencentes a 28 famílias. A família Asteraceae (= Compositae) incluiu 23 espécies de plantas hospedeiras (20% do total) pertencentes a 16 géneros, enquanto a família Fabaceae (= Leguminosae) incluiu 17 espécies de plantas hospedeiras pertencentes a 13 géneros. O estudo revelou seis novas plantas hospedeiras reprodutivas, constituídas por cinco espécies e uma subespécie nas famílias Asteraceae, Fabaceae, Piperaceae, Plantaginaceae e Portulacaceae. Cerca de 70% das plantas hospedeiras são novos registos de hospedeiros para o Egipto. Vários estudos recentes citaram erroneamente uma lista anterior de hospedeiros de *B. tabaci* no Egipto, referindo-se erroneamente a uma lista de hospedeiros mundial antiga como sendo uma lista de hospedeiros no Egipto. Os resultados deste estudo têm implicações na ecologia e gestão da mosca branca.

Vários investigadores apresentaram relatórios sobre hospedeiros de *B. tabaci* no Egipto. Priesner e Hosny (1934) descreveram o caso pupal de *Bemisia lingispina* Priesner e Hosny (um sinónimo de *B. tabaci*) em goiaba (*Psidium guajava*), enquanto Azab *et al.* (1970a) estudaram a taxonomia de *B. tabaci* no Egipto, indicando uma relação entre a forma da pupa e o número de espinhos dorsais. Habib e Farag (1970) descreveram nove espécies de Aleyrodidae que são comuns no Egipto, com notas sobre as suas plantas hospedeiras e distribuição local, incluindo *B. tabaci*. Azab *et al.* (1970b) referiram 42 espécies de plantas hospedeiras de *B. tabaci* em 16 famílias de plantas no Egipto. Herakly (1973) descreveu diferentes casos de pupas de *B. tabaci* criadas no Egipto em diferentes plantas hospedeiras. Abd-Rabou (1997b, 2007) estudou plantas hospedeiras de *B. tabaci*. Elnagar *et al.* (2000) registaram as plantas infestantes associadas a *B. tabaci*. Abd-Rabou (2007) registou *B. tabaci* a atacar *Ziziphus spina-christi* na província de Sharqiya, enquanto Abd-Rabou e Shalaby (2008) registaram *B. tabaci* a infestar a cana-de-açúcar

(*Saccharum officinarum* L.) no Egipto. Foram analisados os padrões electroforéticos de duas isozimas (naftil acetato esterase e malato desidrogenase) para determinar as variações entre populações de *Bemisia tabaci* (Genn.) recolhidas em nove plantas hospedeiras diferentes na província de Qalyubiya e aleatoriamente em seis províncias do Egipto. As duas isozimas analisadas mostraram sucessivamente variações polimórficas entre as populações estudadas. As relações filogenéticas entre as populações estudadas foram estabelecidas de acordo com os padrões destas duas isozimas. Os resultados revelaram que as espécies de *B. tabaci* podem ter genótipos diferentes de acordo com diferentes localidades e hospedeiros no Egipto (Helmi, 2010 a). Abd-Rabou e Simmons (2011) realizaram um estudo exaustivo em 28 províncias do Egipto sobre os hospedeiros reprodutivos de *B. tabaci*. No seu estudo, 118 espécies de plantas em 79 géneros pertencentes a 28 famílias serviram como hospedeiros reprodutivos de *B. tabaci*. Cerca de 70% das plantas hospedeiras no seu estudo foram consideradas novos registos de hospedeiros para *B. tabaci* no Egipto e seis foram novos registos mundiais de hospedeiros para este inseto. A distribuição de *B. tabaci* no Egipto foi estudada por Doss (1968), Shaheen (1983), Nada *et al.* (1991), Abd-Rabou (1997a, 2007), Hussin (1997) e Abd-Rabou e Shalaby (2008). De acordo com Abd-Rabou (2011), *B. tabaci* está distribuída no Egipto em todas as províncias egípcias.

4 Estudos ecológicos :

Os estudos ecológicos de moscas brancas realizados no Egipto foram, na sua maioria, de análise e revisão. Muito menos estudos sobre: *Bemisia tabaci* (Genn.), *Dialeurodes citri* (Ashmead), *Parabemisia myricae* (Kuwana), *Siphoninusphillyreae* (Hal.), e *Trialeurodes ricini* (Misra) também foram considerados.

4.1. *Bemisia tabaci:*

Priesner e Hosny (1932) referiram que, no Egipto, a mosca branca do algodão, *B. tabaci,* era numerosa em locais sombrios e húmidos, enquanto os pomares secos podiam estar completamente livres de infestação. Assim, a humidade parece ser um fator importante que influencia a ocorrência da praga. Os autores relataram que o estádio imaturo ocorreu pela primeira vez em agosto e que a população aumentou durante o outono, mas diminuiu novamente quando começou a queda das folhas. Acreditavam que o inseto sobrevivia ao inverno na fase adulta e que se completavam 2-3 gerações por ano. Registaram *B. tabaci* a infestar folhas de goiabeiras (Priesner e Hosny, 1934). Samy (1963) relatou que *B. tabaci* não estava presente no algodão em abril, era raro em maio, mas aumentou ligeiramente em junho e atingiu a densidade máxima entre julho e meados de agosto. A população começou a diminuir em setembro e desapareceu completamente em outubro. Foi relatado que diferentes variedades de cucurbitáceas, melancia e batata têm o mesmo grau de suscetibilidade à infestação, Abdel-Salam *et al.* (1972) e Yossef (1976). O ciclo de vida de *B. tabaci* em plantas de batata-doce durou 17-81 dias em insectários, em condições ambientais mais ou menos normais (dezembro/março) (Azab *et al.* 1972). El-Sayed (1981) estudou as densidades populacionais de *B. tabaci* em três infestantes de inverno, cinco de verão e uma infestante perene que crescia em campos de tomate em Shebin El-Kom. O pico geral de abundância em todas as infestantes ocorreu em setembro-novembro, e os números mais baixos foram registados em fevereiro. A erva daninha *Convolvulus arvensis* foi mais densamente infestada por estádios imaturos do aleyrodídeo do que as ervas daninhas de inverno ou de verão. As infestantes perenes e de verão revelaram-se os hospedeiros mais adequados para a formação de grandes populações de *B. tabaci* e actuaram como fonte direta de infestação do tomateiro. A maior atividade do inseto no outono, que ocorreu nas infestantes de verão em geral e em *Euphorbia prunifolia* e *C. arvensis* em particular, coincidiu com a maior infestação das plantações de tomate no final do verão. As infestantes de inverno, como *Sonchus oleraceus*, nas quais os estádios imaturos podiam continuar o seu desenvolvimento, foram também importantes para permitir a sobrevivência da população de mosca branca ao longo do ano. Estes resultados sublinharam a importância de uma cultura limpa de ervas daninhas nos campos de cultivo para minimizar a população de *B. tabaci*. El-Sayed (1981) avaliou a suscetibilidade de quatro variedades de tomate à infestação de *B. tabaci* durante quatro plantações: início do verão, verão, fim do verão e inverno. A infestação variou significativamente consoante a variedade e a data de transplante. As comparações baseadas nos estádios imaturos totais revelaram que as variedades Super Marmand e Marmand Extra eram mais susceptíveis do que as variedades Pritchard e Ace à infestação por *B. tabaci*.

Doss e El-Bogdady (1982) avaliaram a suscetibilidade de 21 variedades de tomate à infestação por *B. tabaci* na província de Qalyubiya. As variedades de tomate testadas variavam quanto à taxa de infestação de mosca branca. A análise estatística mostrou diferenças significativas entre as variedades de tomate e os períodos de inspeção. O número médio de ovos por 10 folíolos, em ambas as superfícies, nos períodos de amostragem, variou entre 0,1-2,47 ovos.

A densidade populacional de ovos e pupas começou a aumentar em setembro e voltou a diminuir em novembro. Shanab e Awadallah (1982) mencionaram que a população de *B. tabaci* em plantas de tomate apareceu pela primeira vez em maio e tornou-se maior de julho a outubro, quando a temperatura média diária era de 20,8627,58^0 C e a humidade relativa de 58,90-66,66%, atingindo o número máximo em setembro. O efeito da temperatura média diária sobre as populações no verão foi insignificantemente negativo em 1978 e significativamente positivo em 1979, enquanto no outono foi altamente positivo em ambos os anos. O efeito da humidade relativa média diária no verão foi altamente positivo em ambos os anos, enquanto no outono foi insignificantemente negativo em ambos os anos. Shaheen (1983) referiu que *B. tabaci* ataca as plantas de tomate de abril a novembro, atingindo o pico de infestação de agosto a outubro. As primeiras plantações de fevereiro raramente foram infestadas e, consequentemente, não houve perda de colheita. As plantações de tomate em abril foram gradualmente infectadas pelo vírus do enrolamento das folhas durante as fases seguintes e de frutificação, resultando numa perda de 40% da colheita. Nas plantações de outono, em agosto, verificou-se uma infeção grave a partir da fase de plântula, resultando numa perda total da colheita. O pepino foi a planta de alimentação mais infestada por *B. tabaci* em todas as estações (início do verão, verão e inverno), seguido das couves-galegas no verão e no inverno e das beringelas no início do verão. As infestações mais graves registaram-se geralmente nas culturas de verão (El-Sayed *et al.*, 1991).

El-Khayat *et al.* (1994) efectuaram estudos de campo em dois locais na província de Qalyubiya (Moshtohor e El-Kanater El-Khaireia), durante dois anos sucessivos (1991-1993), e relataram a densidade populacional relativa de *B. tabaci* nas folhas de cinco culturas hortícolas de verão e cinco culturas hortícolas de inverno. Entre as plantas hospedeiras de verão, o pepino foi de longe a cultura mais infestada, enquanto o quiabo foi a cultura menos infestada. Nas culturas de inverno, a couve-galega e a ervilha foram os hospedeiros mais e menos preferidos, respetivamente. Observaram-se taxas de infestação mais elevadas nas culturas de verão durante o mês de maio e, por vezes, em julho ou agosto, mas ocorreram taxas de infestação consideráveis durante os restantes meses da estação. No entanto, nas culturas de inverno, os níveis de infestação mais elevados foram detectados durante o mês de novembro, seguido de dezembro, tendo depois as taxas de infestação diminuído acentuadamente durante janeiro e fevereiro, devido principalmente à forte descida da temperatura. Em geral, as taxas de infestação foram muito mais elevadas nas folhas das culturas de inverno do que nas culturas de verão. Embora Moshtohor Moshotor e El-Kanater El-Khairia se situem a apenas 35 km de distância, com condições climáticas quase idênticas, as taxas de infestação foram geralmente mais elevadas no primeiro distrito. Isto indica que os factores climáticos não são os únicos factores limitantes. Assim, factores como as culturas próximas, as ervas daninhas, a diversidade e abundância de inimigos naturais e a aplicação de pesticidas também podem afetar a taxa de infestação (Abd-Rabou, 1998f, Abdallah *et al.*, 2003, Simmons e Abd-Rabou, 2009).

A relação entre três factores meteorológicos (temperatura diurna, temperatura nocturna e humidade relativa) e as contagens de diferentes estádios de *B. tabaci* em produtos hortícolas de verão e de inverno nos distritos de Moshtohor Moshotor e El-Kanater El-Khairia, no Egipto, foi investigada durante 1991-1993 (El-Sayed *et al.*, 1994). As relações foram, na maioria dos casos, significativamente positivas ou negativas, indicando valores de correlação simples entre as duas plantações. A maior influência nas populações de mosca branca foi a da temperatura diurna ou nocturna, mas variou com as plantas hospedeiras e a época de plantação. A influência da temperatura diurna foi mais pronunciada no inverno do que nos meses de verão, enquanto o efeito da temperatura nocturna não foi evidente no verão, mas foi pronunciado nos meses de inverno (El-Sayed *et al.,* 1994). El-Sayed (1986) apresentou um relatório sobre a dinâmica populacional relativa de *B. tabaci* em 12 culturas hortícolas [três pepinos e medula vegetal (Cucurbitaceae), tomate, beringela, batata e pimento (Solanaceae), soja, feijão, feijão-frade, fava e ervilha (Leguminosae), couve e couve-flor (Cruciferae) e algodão e quiabo (Malvaceae)].

O ciclo de vida total de *B. tabaci* foi registado como sendo de 17-27 dias 30± a2^0 C e 60 ± 5% RH em plantas de tomate (Hendi *et al.,* 1984). A abundância sazonal de *B. tabaci* em 12 ervas daninhas de inverno e 5 ervas daninhas de verão, revelou um pico deste inseto em setembro e novembro (Abdel-Fattah *et al.* 1984). Ahmed (1994) estudou a flutuação populacional dos estádios de *B. tabaci* em cinco plantas hortícolas de verão (beringela, tomate, quiabo, feijão e pepino) e em cinco culturas hortícolas de inverno [couve, tomate, ervilha, feijão e abóbora]. Shalaby *et al.* (1994) estudaram a correlação entre a taxa de infestação com estádios imaturos de *B. tabaci* em sete culturas hortícolas e algumas propriedades físicas e fitoquímicas das folhas do hospedeiro. Amostras de folhas foram colhidas aleatoriamente um mês após a sementeira e depois a intervalos regulares para estimar o número médio de ovos, ninfas e pupas de *B*. tabaci/10 cm^2 de folhas. O número médio de pêlos nas folhas/cm^2 e algumas propriedades fitoquímicas também foram determinadas. Os dados mostraram que a densidade de pêlos da superfície inferior da folha não foi um fator principal que afetou a seleção para o desenvolvimento de estágios imaturos de *B. tabaci*. Não foi possível detetar uma correlação clara entre o nível de pH na seiva da folha (o pH variou entre 5,1-5,9) ou as percentagens de açúcar não reduzido nas folhas do hospedeiro e a taxa de infestação. Por outro lado, foi detectada uma correlação positiva entre a percentagem de açúcares reduzidos e também de hidratos de carbono totais e a taxa de infestação. No entanto, a relação entre o teor de proteínas totais e o índice de infestação com imaturos de B. *tabaci* foi negativa. El-Rafi (1995) efectuou estudos ecológicos sobre a mosca branca *B. tabaci* em diferentes plantas hospedeiras. Esse trabalho mostrou que a abundância de ovos na população era maior do que a abundância de ninfas, seguida pelos adultos. Durante o verão, a abóbora parecia ser a planta hospedeira mais suscetível, seguida do pepino, da soja, do feijão, da batata e do tomate.

Foram determinadas estatísticas térmicas, parâmetros de crescimento e associações de plantas alimentares para populações de *B. tabaci* em legumes e algodão no Egipto durante 1994-1995 (Gergis e Adam, 1996). A monitorização das populações com base em parâmetros térmicos e de crescimento revelou uma mistura de biótipos em várias plantas alimentares e em diferentes locais. Sugere-se que estas populações são de dois grupos recentemente derivados da mesma fonte. A ocorrência de *B. tabaci* no Médio Egipto foi confirmada (Gergis e Adam, 1996). Num estudo realizado numa estufa de plástico em 1991-1993 no Egipto, as populações de *B. tabaci* e de um dos seus parasitóides, *Eretmocerus mundus*, em pepino (*Cucumis sativus*) cv. Rawa foram examinadas durante o outono e a primavera. Uma infestação elevada (429,75 ovos/20 folhas) ocorreu durante o outono de 1993, com um pico de 79,25 ovos/20 folhas em plantas com 55 dias. Registaram-se 302,00 ninfas/20 folhas e 321,25 adultos/20 folhas, com um pico de 77,50 adultos/20 folhas em plantas com 95 dias de idade. A baixa infestação ocorreu em culturas de primavera que receberam um número relativamente baixo de ovos, ninfas e adultos com picos populacionais atrasados. Foram observadas correlações positivas significativas entre a temperatura e a humidade relativa e as populações de *Bemisia* em casas de plástico, e correlações negativas entre os mesmos factores e a taxa de parasitismo por *Er. mundus* (Adam *et al.* 1997). Num estudo de campo realizado em 1995-1996 na província de Giza, Egipto, com tomates cultivados durante todo o ano, foi examinada a dinâmica da população de *B. tabaci*. A temperatura teve um efeito significativo nas populações de ovos e de ninfas, enquanto a humidade relativa não teve qualquer efeito significativo (Abdel-Megeed *et al.* 1998).

A densidade populacional de *B. tabaci* foi estudada em soja em relação a predadores associados comuns (*Paederus alfierii, Chrysoperla carnea, Coccinella undecimpunctata* e *Scymnus* spp.) e alguns factores climáticos predominantes (temperatura, humidade relativa e velocidade do vento) durante 1992 e 1993 na província de Kafr El-Sheikh, Egipto (El-Khouly *et al.* 1998). Os resultados deste estudo indicaram que as populações destes insectos pragas e predadores eram mais elevadas no segundo ano do que no primeiro. A mosca branca teve uma geração. A população dos predadores associados atingiu um pico duas vezes por ano. O primeiro pico surgiu na segunda quinzena de julho para as duas estações, enquanto o segundo pico surgiu no final de setembro para a estação de 1992 e no início de setembro para a estação de 1993. O efeito combinado da média semanal das populações de predadores, da temperatura média diária, da humidade relativa e da velocidade do vento foi responsável por 69% das alterações nas populações de mosca branca na primeira estação, e por 66% na segunda estação (El-Khouly *et al.*, 1998).

Hassan (1999) mencionou que os resultados dos estudos de densidade populacional de *B. tabaci* mostraram uma infestação grave durante agosto, setembro e outubro, enquanto a infestação começou baixa durante janeiro e fevereiro e aumentou gradualmente até atingir o máximo em agosto. No entanto, as condições óptimas de atividade da mosca branca foram, em média, $31,94^0$ C para a temperatura máxima diurna, e uma média de $20,26^0$ C para a temperatura mínima nocturna, e uma média de 6397% de humidade relativa para o dia durante os meses sucessivos (agosto, setembro e outubro) dos anos 1989, 1990 e 1991. Hussin (1997) estudou a abundância sazonal de cinco espécies de moscas brancas em plantas silvestres. Foi mencionado nesse relatório que *a B. tabaci* ocorria durante todo o ano nas ervas daninhas, estando presentes em grande número de agosto a novembro. A elevada abundância do inseto foi registada em ervas daninhas perenes, de inverno e de verão. Abdel-Wahab (1998) estudou a flutuação da população de *B. tabaci* em plantas de algodão.

O primeiro pequeno pico em 1994 ocorreu durante a 3rd semana de maio com uma média de 6,5 insectos/folha, a população mostrou uma redução óbvia com números muito baixos até à 2nd semana de julho, onde começou a aumentar gradualmente até à 3rd semana de setembro. Os principais picos deste período de atividade surgiram nas semanas 2nd , 3rd e 4th de agosto e nas semanas 2nd e 3rd de setembro. Em 1995, a densidade populacional da mosca branca aumentou para uma densidade mais elevada do que na primeira época com dois períodos de atividade. O pico do 1st período apareceu na 1st semana de junho com uma média de 54,0 insectos/folha. O período de atividade 2nd estendeu-se entre a semana 3rd de junho e a semana 1st de agosto, tendo o seu pico surgido na semana 1st de agosto, com uma média de 82,7 insectos/folha. Abd-Rabou (1998e e 1999b) registou o efeito positivo dos factores climáticos sobre *B. tabaci* com métodos de amostragem especiais.

Foram calculadas unidades de calor para *B. tabaci* durante duas épocas de cultivo de tomate no Egipto, em 1996 e 1997. Os resultados desse estudo sugeriram que o modelo de unidades de calor e as populações de adultos de *B. tabaci* estavam altamente correlacionados. O valor de regressão (b) indicava que por cada aumento de 0,5-0,6° C em graus-dia, em média, havia um aumento de 1% no nível de infestação de adultos de *B. tabaci* (El-Rafie *et al.* 1999).

Sewify *et al.* (1999) e Abd-Rabou (2002a) relataram a abundância sazonal de *B. tabaci* em 16 espécies de infestantes [4 perenes (*Convolvulus arvensis, Conyza dioscoridis, Lantana camara, Withania somnifera*), 9 de inverno (*Ageratum conyzoides, Amaranthus cruentus, Bidens bipinnata, Chenopodium murale, Gynandropsis gynandra, Plantago major, Sonchus oleraceus, Cichorium endivia, Sinapis arvensis*) e 3 de verão (*Euphorbia geniculata, Portulaca grandiflora, Solanum nigrm*)]. Os resultados mostraram que *B. tabaci* ocorreu durante todo o ano, atingindo a sua maior abundância durante o período de agosto a novembro em infestantes perenes, de inverno e de verão. A planta de quiabo infestada por *B. tabaci* em Qena está associada ao parasitoide *Er. mundus* (Abd-Rabou, 2002b). Abd-Rabou (2004b) registou *B. tabaci* como uma praga grave do tomateiro em Aswan. Este relatório indicou que *E. lutea* é um parasitoide eficaz desta praga. A dinâmica populacional, a associação de plantas hospedeiras e os padrões de distribuição de *B. tabaci* foram estudados em algodão, pepino, melão e tomate no Médio Egipto (Foda, 2000). Algumas plantas hospedeiras (pepino e melão) aumentaram o desenvolvimento da mosca branca mais do que as outras (algodão e tomate). Também foram construídos modelos de previsão para simular a relação temperatura-desenvolvimento nas plantas hospedeiras testadas. As comparações de respostas de oviposição e alimentação para *B. tabaci* foram testadas numa situação de escolha múltipla, enquanto as relações de desempenho de preferência também foram estudadas numa situação de não escolha (Foda, 2000). As moscas brancas preferiram o algodão e o tomate para a alimentação dos adultos e o pepino e o melão para a oviposição e alimentação dos imaturos. Verificou-se um efeito pronunciado das plantas hospedeiras em diferentes estatísticas de desenvolvimento individual e crescimento populacional. As características de distribuição da mosca branca também foram estudadas e utilizadas para desenvolver um procedimento de amostragem de presença-ausência como um método simples e rápido para determinar as alterações da população ao longo da estação (Foda, 2000). Foram realizadas experiências de campo para determinar as populações de pragas na policultura de couve-flor/feijão [*Phaseolus vulgaris*] em 1998, no Egipto. Além disso, foram aplicados nestas plantas o biocida *Beauveria bassiana* e insecticidas químicos (imidaclopride e piridaben). Os resultados mostraram uma diversidade de pragas e o seu número nas plantas. As populações da mosca branca, *B. tabaci,* são flutuantes na couve-flor/feijão, dando as médias de 267 e 362 adultos/planta, respetivamente. As ninfas de *B. tabaci* foram registadas no feijão com uma média de 60d7,7 indivíduos/planta. Relativamente a *B. tabaci,* o imidaclopride resultou na maior redução dos estádios adultos e ninfais (Farrag e Zakzouk, 2000). Além disso, foram contadas as densidades de insectos na monocultura da couve-flor durante outubro-dezembro. Os resultados indicam que as infestações mais elevadas com *B. tabaci* também foram estimadas (Farrag e Zakzouk, 2000).

A flutuação da população de *B. tabaci* nas culturas de verão de melão foi estudada na aldeia de El-Manawat, na província de Giza, durante 1995 e 1996 (Kamel *et al.*, 2000). As plantas de melão foram sujeitas a infestação com *B. tabaci* desde a germinação até à colheita (maio-julho). A infestação de mosca branca aumentou progressivamente de meados de junho até ao fim de julho. Foram registados três picos de tripes no final de maio e início de junho, na segunda metade de junho e na segunda ou terceira semana de julho. Os picos de mosca branca ocorreram durante a 4ª semana de maio, 3ª semana de junho e 3ª semana de julho (Kamel *et al.,* 2000).

Hegab *et al.* (2002) avaliaram o desempenho de 24 novos

híbridos de tomate sob infestação por *B. tabaci* e infeção pelo tomato yellow leaf curl virus. O rendimento mais elevado foi obtido com os seguintes TY 70/70, TY 70/84, E 448 e TY 20. As melhores características dos frutos foram observadas nas cultivares Super Strain B1, Toma Nour, Baraka e 5656. A menor suscetibilidade a pragas foi observada nas seguintes cultivares: TY 70/84, E 448 e TY 20. Os genótipos mais resistentes à infeção viral foram TY 70/84, Denise, TY 84/84 e E 448. Abdallah *et al.* (2003) realizaram experiências de campo durante abril de 1999 e 2000 em Qalyubyia, Sharkia e Dakahlia, em algodão cv. Giza 85 para monitorizar as alterações na densidade populacional da mosca branca do algodão (*B. tabaci*). Mikhael (2004) avaliou as flutuações populacionais de *B. tabaci* em quatro culturas hortícolas (pimento, quiabo, beringela e couve) como afectadas por três factores meteorológicos (temperatura média diária, temperatura média nocturna e humidade relativa média diária) e avaliou estes hospedeiros para a infestação de *B. tabaci* ao longo de duas épocas de verão sucessivas de 2001 e 2002 na província de Qalyubyia. As populações de ovos e ninfas de *B. tabaci* foram grandemente afectadas pela planta hospedeira, bem como pela ação combinada dos três factores meteorológicos, em vez do efeito isolado de cada fator. O pimento foi a planta menos infestada (8,43 e 11,25 ovos/10 insectos e 5,28 e 10,55 ninfas/10 insectos em 2001 e 2002, respetivamente). A infestação foi maior na couve (94,25 e 100,53 ovos/10 insectos e 80,75 e 88,53 ninfas/10 insectos em 2001 e 2002, respetivamente). O quiabo albergou 21,4 e 25,4 ovos/10 insectos e 15,05 e 23,1 ninfas/10 insectos, enquanto a beringela albergou 81,58 e 78,85 ovos/10 insectos e 62,23 e 69,43 ninfas/10 insectos em 2001 e 2002, respetivamente. Abdel-Khalek (2005) relatou a abundância sazonal e a distribuição de *B. tabaci* em plantas de pepino (cv. Primo) cultivadas num terreno recentemente recuperado na província de Alexandria, Egipto, durante 2002 e 2003. A população de *B. tabaci* era baixa no início de setembro e aumentou mais de 40 vezes até ao final de outubro em 2002 e 2003. Posteriormente, a população diminuiu gradualmente até ao final da época de cultivo dos pepinos, no início a meados de dezembro de 2002 e 2003. *A B. tabaci* foi mais ativa em 2003 do que em 2002, mas o período de atividade foi mais longo em 2002 do que em 2003, com uma duração de 2 semanas. Em ambas as estações, a população de larvas foi mais elevada nas folhas da parte inferior das plantas, intermédia nas folhas da parte média das plantas e mais baixa nas folhas da parte superior das plantas. A direção cardeal teve efeitos significativos sobre a população de larvas nas folhas. A população de larvas foi mais elevada nas folhas das plantas cultivadas na direção norte, intermédia nas folhas das plantas cultivadas no centro do campo e mais baixa nas folhas das plantas cultivadas na direção sul.

El-Khawas e Salwa (2010) estudaram as abundâncias populacionais de ninfas de *B. tabaci* nas colheitas de feijão de 2008 e 2009 na província de Qalyubyia. Além disso, foi estudada a percentagem de parasitismo de *B. tabaci*. A percentagem de parasitismo em indivíduos *de B. tabaci* correspondeu à infestação de plantas de feijão por *B. tabaci*. Verificou-se *uma* correlação *positiva* entre o parasitoide *Er. mundus* e *B. tabaci*.

4.2. *Dialeroudes citri:*

Nas plantas de citrinos, *Dialeroudes citri* teve 3 gerações por ano, a primeira durante fevereiro/maio, a segunda junho/agosto, a terceira durante setembro/dezembro (Abd-Rabou,2012).

4.3. *Parabemisia myricae:*

A Parabemisia myricae foi descoberta em citrinos no Egipto em 1988. Esta espécie tem duas gerações, a primeira no final de abril e a segunda entre julho e setembro (Abd-Rabou, 1996).

4.4. *Siphoninus phillyreae:*

Siphoninus phillyreae é a praga mais importante das romãzeiras no Egipto. A abundância máxima de todos os estádios de *S. phillyreae* registou-se entre meados de agosto e meados de novembro. É possível a ocorrência anual de quatro a cinco gerações sucessivas que se sobrepõem. Os tamanhos relativos das diferentes gerações foram aproximados. Os estádios imaturo e maduro ocorreram nas folhas localizadas em qualquer parte da romãzeira. Todos os estádios se concentraram principalmente no terço inferior da árvore (47-52%), enquanto o terço médio e superior da árvore receberam 3235% e 14-19%, respetivamente.

Abd-Rabou e Ahmed (2011): estudaram a abundância da mosca branca, *S. phillyreae, que* atingiu o máximo durante o mês de outubro no primeiro e segundo anos, respetivamente. A percentagem de parasitismo atingiu o máximo durante o mês de outubro no primeiro e segundo anos, com uma percentagem de parasitismo de 1,8 e 2,9%, respetivamente.

4.5. *Trialeurodes ricini:*

Trialeurodes ricini foi registada pela primeira vez no Egipto em rícino, *Ricinus communis* Abd-Rabou (1999a). A população mais elevada desta infestante perene, das infestantes anuais de inverno (*Ageratum conyzoides, Amaranthus cruentus, Bidens bipinnata,*

Chenopodium album, Cichorium endivia, Sonchus oleraceus), das infestantes anuais de verão (*Datura stramonium, Solanum nigrum*) ocorreu entre setembro e dezembro (Abd-Rabou *et al.* 2000).

5.Estudos biológicos :

O ciclo de vida da maioria das moscas brancas compreende seis fases: Ovo, três estádios imaturos (instares ninfais ou larvares), quarto estádio imaturo (instar pupal ou caso pupal) e adulto. O primeiro estádio imaturo ou instar é móvel (rasteja sobre a superfície da folha onde foi posto como ovo até encontrar um local adequado para se instalar e alimentar). O segundo, terceiro e quarto instares são sésseis. O adulto pode deslocar-se a curta distância (alguns metros). As moscas brancas ocorrem normalmente na copa das plantas e em plantas vizinhas. Pode ser dispersa por longas distâncias se for transportada por correntes de ar e ventos.

5.1.*Bemisia tabaci*

O ciclo de vida da maioria das moscas brancas compreende seis formas: Ovo, três instares ninfais (também designados por larvas), um quarto instar ninfal (= fase de pupa) e adulto. O primeiro instar é móvel; é também designado por rastejante porque se desloca ativamente sobre a folha até encontrar um local adequado para se instalar e alimentar. O segundo, terceiro e quarto instares são todos sésseis. O adulto desloca-se geralmente a curta distância (alguns metros). As moscas brancas ocorrem normalmente no interior da copa das plantas e nas plantas vizinhas. Pode ser dispersa por longas distâncias se for transportada por correntes de ar e ventos. Azab *et al.* (1972) observaram que a *B. tabaci* pode ser criada com sucesso em plantas de batata-doce. Observaram ainda que podiam ser criadas 11 gerações por ano. Azab *et al.* (1972) mencionaram que a taxa de desenvolvimento está positivamente correlacionada com as temperaturas. O período necessário para completar uma geração variou de 17-81 dias, consoante a estação do ano (Azab *et al.*, 1972). A longevidade dos adultos variou de 2 a 47 dias para os machos e de 8 a 60 dias para as fêmeas. El-Helaly *et al.* (1971a) mencionaram que, em condições laboratoriais, os ovos de *B. tabaci* eclodiram após 10,7, 7,1 e 5,9 dias em folhas de batata a 22,3, 28,0 e 31,0^0 C, respetivamente. Enquanto que na batata-doce os três instares ninfais e a fase de pupa duraram em média 4,5, 2,7, 2,6 e 6,2 dias, respetivamente, a 25,4 °C e humidade elevada (El-Helaly *et al.*, 1971a). A duração dos estádios imaturos não foi afetada pelas plantas hospedeiras testadas. El-Helaly *et al.* (1977c) concluíram que o fotoperíodo diário de 16 e 18 horas, em condições laboratoriais (28 + 1 oc, 80-90 % HR), e uma intensidade luminosa de 12 H-candles) afectaram a duração dos estádios larvares e pupais de *B. tabaci* em plântulas de couve-flor. Nesse estudo, a duração do desenvolvimento de machos e fêmeas foi semelhante, e os que estavam sob o ciclo de luz mais longo precisaram de menos tempo para se desenvolver do que os que estavam sob o ciclo de luz mais curto. El-Helaly *et al.* (1981) estudaram a fototaxia de adultos de *B. tabaci* à luz visível. Os efeitos da intensidade da luz e do sexo na resposta a vários comprimentos de onda do espetro luminoso em laboratório. Verificaram que existia uma relação regressiva significativa entre as percentagens de resposta cumulativa e a intensidade da luz, independentemente do sexo ou da proporção entre os sexos. As fêmeas tinham uma preferência significativa pela luz amarela, seguida do verde, do azul branco e do vermelho; os machos brancos não tinham preferência significativa por nenhuma das cores quando os machos e as fêmeas eram testados separadamente. A mediana das intensidades luminosas de atração (AI_{50} s) das fêmeas e dos machos, em períodos de exposição de 20 minutos, foi de 11,0 e 12,5 pés-velas, respetivamente. El-Sayed (1981) criou *B. tabaci* em condições laboratoriais de 30±2 oc e 60 ± 5% RH em plantas de tomate. Os períodos de pré-oviposição ocuparam 1-2 e 7-36 dias, respetivamente. A fecundidade por fêmea variou de 50-304 ovos com uma média de 203,1 ± 23,3 ovos e o período de incubação foi de 6,2±0,2(5-9) dias. As durações médias dos três

Os instares larvares e a pupa foram de 2,2 +0,1, 2,3+0,1, 3,1+0,1 e 6,0 ±0,1 dias, respetivamente. A duração do ciclo de vida foi de 17-27 dias nas condições anteriores e a longevidade adulta de machos e fêmeas foi, em média, de 5,3 ± 0,9 (3-13) e 23,9 ± 2,5 (8-41) dias, respetivamente.

Hendi *et al.* (1984) mencionaram que o ciclo de vida de *B. tabaci* era de 17-27 dias a 30 ±2⁰ C e 60±5 R.H. em plantas de tomate. El-Sayed *et al.* (1989) estudaram a biologia de *B. tabaci* em 10 espécies de plantas hospedeiras em condições exteriores em gaiolas cobertas. O período de incubação dos ovos variou, em média, de 6,7 dias em pepino, soja e algodão a 7,7 dias em feijão-frade. A fase de ninfa no algodão durou de 9,5 a 11 dias. A duração da fase de pupa foi de 6,9 e 8 dias na soja e no feijão-frade, respetivamente. O período de desenvolvimento mais curto (23,1 dias) foi estimado em soja e algodão, enquanto o mais longo (26,3 dias) foi obtido em plantas de pimenta. A fecundidade variou de acordo com a planta hospedeira, sendo a mais elevada (216 ovos/fêmea) no pepino, que foi associada ao período de oviposição mais longo (16,6 dias), seguida da abóbora, com 202,9 ovos/fêmea durante 15 dias. A fecundidade mais baixa ocorreu no pimento e no feijão-frade (38,2 e 49,6 ovos/fêmea) com os períodos de oviposição mais curtos (6,5 e 8,8 dias, respetivamente). As restantes plantas hospedeiras foram ordenadas por ordem decrescente de fecundidade (beringela, soja, tomate, feijão, algodão e quiabo). A longevidade das fêmeas adultas foi, em média, de 18,3, 17,1, 16,7, 16, 15,8 e 15,6 dias em pepino, abóbora, feijão, tomate, beringela e soja, respetivamente, enquanto a fecundidade foi mais curta no pimento (9,1 dias). Abd-Rabou (1994) criou *B. tabaci* com sucesso em *L. camara* cultivada em vasos de barro mantidos num insectário de aço e arame. A duração da fase de ovo, do primeiro instar, do segundo instar, do terceiro instar, da fase de pupa e de todo o período de imaturidade foi de $7 \pm 0,5$, $2,1 \pm 0,1$, $4,1 \pm 0,3$, $3,3 \pm 0,2$, $7,8 \pm 2$ e $22,6 \pm 0,5$ dias, respetivamente, a $27 \pm 2\ ^{\circ}C$ e $62 \pm 2\%$ de HR. El-Helaly *et al.* (1981) estudaram o olfato e a sensibilidade à cor. Relataram que os comprimentos de onda curtos (azul-UV) podem desempenhar um papel na migração

enquanto a atração por comprimentos de onda mais longos pode facilitar a localização da planta hospedeira. *A B. tabaci parece* ser atraída pelo UV amarelo ou azul, mas não por ambos ao mesmo tempo.

O desenvolvimento de diferentes fases da mosca branca *B. tabaci* foi investigado a quatro temperaturas constantes para determinar o seu limiar de desenvolvimento, requisitos térmicos e número teórico de gerações. As temperaturas de 25° C e 30° C foram consideradas as mais favoráveis para o desenvolvimento das fases de ovo e ninfa. Foram calculadas temperaturas-limite de 10,52° , 4,59° e 7,06° C para o desenvolvimento das fases de ovo, ninfa e de ovo a adulto, respetivamente. Com base nestes limiares, as fases necessitaram, respetivamente, de cerca de 81,5, 371,7 e 426,7 graus-dia para completar o seu desenvolvimento. Foram calculadas cerca de 12 gerações teóricas da praga por ano sob temperaturas de Assiut, e 7 gerações poderiam desenvolver-se durante a época de cultivo do algodão (Darwish *et al.*, 2000).

1.2. *Siphoninus phillyreae*:

A história de vida de *S. phillyreae* em condições laboratoriais durante três gerações sucessivas. Mencionou que os ovos eram postos em pequenos lotes nas superfícies inferiores das folhas. O período de incubação variou entre 5-11 dias, a larva tem 3 instares que duram 1-2, 3-8 e 3-9 dias, respetivamente; o período larvar total variou entre 8-17 dias; o período pupal ocupou 5-12 dias; os períodos de pré-oviposição, oviposição e pós-oviposição foram 1-3, 1-5 e 1-2 dias, respetivamente, e a longevidade dos adultos variou entre 5-9 dias; a capacidade de postura de ovos variou entre 3-26 ovos, com uma média de 15,8 ovos/fêmea e o ciclo de vida total foi completado em 24-48 dias.

1.3. *Dialeurodes citri*

Hussin (1992) estudou a história de vida de *Dialeurodes citri* (Ashmead) em condições laboratoriais controladas (16 h fotoperíodo/dia) durante duas gerações sucessivas. Os ovos foram colocados individualmente e ao acaso na superfície inferior dos citrinos

folhas. O período de incubação variou de 14 a 18 e de 14 a 22 dias a

22 e 26⁰ C, respetivamente. As larvas têm quatro instares que duraram

8-16, 8-10, 8-12 e 30-56 dias a 22 0C com fotoperíodo de 16 horas; 8-

16, 6-12, 6-10 e 28-52 dias a 26 0C. O período larvar total durou 54-

94 dias a 22 0C e 48-90 dias a 26 0C e a longevidade dos adultos

fêmea 19,1 e macho 9,13 a 220C, fêmea 15,6 e macho 4,22 a 26 0C

com fotoperíodo de 16 horas. O ciclo de vida total foi completado em

91-158 e 71-137 dias a 22 0C e 26 0C, respetivamente.

6. Comportamento:

O estudo do comportamento da mosca branca é essencial para o

desenvolvimento de novas estratégias de controlo ou para a melhoria

dos métodos existentes. Por exemplo, a cor na seleção da planta

hospedeira, a seleção dos locais de oviposição e o crescimento, a

imigração, o clima, os pêlos das folhas e a seleção da planta

hospedeira e a temperatura.

Kalifa e El-Khidir (1965) estudaram a relação entre a densidade de *B.

tabaci* e a pilosidade. Encontraram muito mais indivíduos de mosca

branca em folhas peludas do que em algodão liso. Referiram que é

mais frequente na extremidade norte dos campos de algodão no verão,

quando o vento vem do sul, e na extremidade sul no inverno, quando o

vento vem do norte. Também mencionaram que a precipitação reduz

substancialmente as populações de *B. tabaci*. Azab *et al.* (1972)

mencionaram que a taxa de desenvolvimento está positivamente

correlacionada com as temperaturas. El-Helaly *et al.* (1981) estudaram

o olfato e a sensibilidade à cor. Afirmaram que os comprimentos de onda curtos (azul-UV) podem desempenhar um papel no comportamento de migração, enquanto a atração por comprimentos de onda mais longos pode facilitar a localização da planta hospedeira. *A B. tabaci* parece ser atraída quer pelo amarelo quer pelo azul-UV, mas não por ambos ao mesmo tempo.

Abd-Rabou *et al.* (2017) afirmaram que a mosca branca da amoreira (*Pealius mori* Takashashi) está a causar mais preocupação na agricultura à medida que a distribuição desta praga se expande. No Egipto, a recente invasão e expansão populacional da mosca branca da amoreira

A mosca branca tem causado especial preocupação na indústria sericícola. O bicho-da-seda (*Bombyx mori* L.) (também chamado bicho-da-seda da amoreira ou bicho-da-seda chinês) é a fonte mais importante para a produção de seda natural. Foi efectuado um estudo para examinar qualquer interferência da mosca branca da amoreira no desenvolvimento da população do bicho-da-seda. As folhas de amoreira branca (*Morus alba* L.) foram obtidas de árvores mantidas no campo com diferentes níveis de infestações naturais de mosca branca (*P. mori*), e foram dadas aos bichos-da-seda no laboratório. Independentemente do instar, todas as lagartas do bicho-da-seda que se alimentaram e desenvolveram em folhas de amoreira branca moderadamente infestadas com moscas brancas (350-450 ninfas por folha) ou fortemente infestadas com moscas brancas (1650-1750 ninfas por folha) não conseguiram passar para o instar seguinte ou não conseguiram pupar. Em comparação, 88-95% das lagartas que foram alimentadas com folhas de amoreira não infestadas fizeram a muda e tornaram-se pupas. Este estudo demonstra que a infestação da amoreira pela mosca branca da amoreira pode ter um impacto negativo significativo no desenvolvimento dos bichos-da-seda. Estes resultados têm grandes implicações económicas para a indústria da sericultura.

7. Controlo natural:

7.1. Parasitóides

O controlo biológico aplicado por parasitóides tem sido eficaz e altamente desejável. A utilização de parasitóides constitui um meio barato e não perigoso de reduzir as populações de pragas e de as manter, frequentemente de forma permanente, abaixo dos seus limiares económicos.

O controlo biológico aplicado por parasitóides pode ser eficaz e altamente desejável. A utilização de parasitóides pode constituir um meio barato e não perigoso de reduzir as populações de pragas e de as manter, muitas vezes permanentemente, abaixo dos seus limiares económicos. Priesner e Hosny (1940) registaram *Encarsia inaron* (Walker) e *Eretmocerus corni* Haldeman como parasitóides de ninfas e pupas de *B. tabaci*. Azab *et al.* (1969) relataram que *Encarsia* sp. e *Eretmocerus* sp. foram coletados de pupas de *B. tabaci* coletadas em *Lantana camara*. As pupas parasitadas podem ser apresentadas durante todo o ano, mas apenas alguns números foram encontrados entre fevereiro e junho. A percentagem de parasitismo foi mais elevada (61,68%) em dezembro e mais baixa (1,92%) em abril. El-Helaly *et al.* (1971a) relataram *Eretmocerus* sp. como um parasitoide no terceiro instar ninfal e na fase de pupa de *B. tabaci*. Também mencionaram que o parasitoide pode ovipositar indiferentemente dentro de uma exúvia pupal após a emergência do adulto ou de uma pupa já parasitada. Tawfik *et al.* (1979) relataram a biologia de *Er. mundus,* um parasitoide de *B. tabaci* em laboratório. Foram dados pormenores sobre o seu ciclo de vida, oviposição, fecundidade e comportamento de acasalamento, bem como sobre a interação entre o hospedeiro e o parasita. Hafez *et al.* (1979a) apresentaram uma lista de parasitóides de *B. tabaci* de todo o mundo (a partir de uma pesquisa bibliográfica). Relataram que estes parasitóides pertencem a três géneros de afelinídeos: *Encarsia, Eretmocerus* e *Prospaltella.* No entanto, o género *Prospaltella* foi entretanto reclassificado como sendo sinónimo de *Encarsia.* Forneceram também algumas informações sobre *Er. mundus* e referiram-no como um parasitoide de *B. tabaci* no Egipto. Observaram ainda que este parasitoide é comum em quase todas as províncias do Egipto. A taxa de parasitismo foi periodicamente determinada em populações de *B. tabaci infestando* algodão e couve no Baixo e Alto Egipto e comparada com o parasitismo de *B. tabaci* infestando *Lantana camara* em Giza. Hafez *et al.* (1979b) afirmaram que *Er. mundus* é um fator importante que afecta as densidades populacionais de *B. tabaci.* Estes investigadores referiram mais tarde que o parasitismo de *Er. mundus* em pupas de *B. tabaci* variava entre 42 e 46% no Baixo Egipto e entre 31 e 71% no Alto Egipto (Hafez *et al.* 1979c). A ocorrência mínima de parasitismo durante o mês de agosto pode dever-se à utilização intensiva de pesticidas durante essa altura da estação de crescimento. El-

Sayed (1981) registou três parasitóides afilinídeos de *B. tabaci* na província de Shebin El-Kom: *En. lutea* (referido como *Prospaltella lutea*), *Er. mundus* e *Encarsia* sp. As duas primeiras espécies revelaram-se as mais comuns e eficientes sobre *B. tabaci*, enquanto se obtiveram números escassos de *Encarsia* sp. De acordo com estes resultados, concluiu-se que o papel da planta hospedeira parece ser de menor importância na limitação das diferentes taxas de parasitismo, onde o pico mais elevado ocorreu na couve-flor, seguido do tomate, algodão e soja, respetivamente. Abdel-Fattah *et al.* (1985) estimaram o parasitismo de *B. tabaci* atacando várias culturas. Os maiores níveis de parasitismo foram 83,6, 78,4, 73,5 e 65,0% em couve-flor, tomate, algodão e soja, respetivamente. Concluíram também que *En. lutea* e *Er. mundus* foram os agentes biológicos mais eficazes sobre as populações de mosca branca, causando uma elevada taxa de mortalidade da praga. Abdel-Gawaad *et al.* (1990) registaram o parasitismo médio em *B. tabaci* como 20,72-33,75% nas ninfas e 44,23-60,06 nas pupas. Estudaram o papel de *Er. mundus* e *En. lutea* na supressão da população de *B. tabaci* em 15 plantas hospedeiras. As percentagens mais elevadas de parasitismo ocorreram um ou dois meses antes da colheita das culturas de verão, 20,7 e 33,8% nas larvas e 44,2 e 60% nas pupas durante dois anos de estudo. O *En. lutea* foi mais abundante nas culturas de início de verão, enquanto o *Er. mundus* foi mais abundante nas culturas de inverno. Houve correlações positivas entre o parasitismo e as densidades populacionais de larvas e pupas de *B. tabaci*. As percentagens mais elevadas de parasitismo ocorreram no algodão não tratado e na beringela em agosto. As percentagens de parasitismo variaram em diferentes plantas hospedeiras. Além disso, discutiram o papel natural de *Er. mundus* na supressão da população de *B. tabaci* no Egipto. Verificaram que o controlo de *B. tabaci* era mais evidente por parte dos parasitóides em agosto, setembro e outubro. Badary (1997) estudou a eficiência de *Er. mundus* e calculou a sua capacidade de suprimir a população de *B. tabaci*. O parasitoide reduziu o número de moscas brancas e foi encontrada uma correlação entre a densidade de hospedeiros e a percentagem de parasitismo. Abd-Rabou (1997c, 1998a, b e Abd- Rabou *et al.*, 2002) registou os parasitóides associados a *B. tabaci*, bem como o diagnóstico, a mosca branca hospedeira, a distribuição e a abundância. O papel dos membros do género *Encarsia* Foester (Hymenoptera: Aphelinidae) no controlo de *B. tabaci* no Egipto foi referido por Abd-Rabou (1999e).

Polaszek *et al.* (1999) reviram as espécies de *Encarsia* associadas a *B. tabaci* no Egipto. Mesbah (1999) estudou a dinâmica populacional dos parasitóides de *B. tabaci*. Nesse estudo, foi mencionado que a população dos parasitóides *Er. mundus* excedeu largamente a população de *En. lutea* em todas as plantas hospedeiras consideradas (algodão, beringela, erva daninha e lantana). A ocorrência de *Er. mundus* em diferentes plantas hospedeiras variou entre 72,3 e 86,1%, enquanto a de *En. lutea* variou entre 13,9 e 27,7%. Estudos realizados durante 1997-1998 em 16 localidades do Egipto revelaram que *Encarsia inaron* (Walker) é um parasitoide importante associado a cinco espécies de moscas brancas, incluindo *B. tabaci*. A eficácia de *E. inaron* foi considerada maior em *B. tabaci* (Abd-Rabou, 2000a). Abd-Rabou e Evans (2002) estudaram a taxonomia e a ecologia e forneceram uma chave para as fêmeas e os machos de sete *espécies de Eretmocerus* registadas no Egipto. Uma espécie recentemente descrita, *E. aegypticus* Evans e Abd-Rabou, foi criada a partir do *complexo B. tabaci*. Um paraitóide relacionado, *En. parasiphonini* Evans e Abd-Rabou, foi também descrito, mas o seu hospedeiro foi criado a partir de

Aleurolobus niloticus, e não se sabe se parasita *B. tabaci.* Foram também comunicados três novos registos de distribuição de espécies de *Eretmocerus* no Egipto. O género *Eretmocerus* (Haldman) é um dos parasitóides mais eficazes no ataque a *B. tabaci* no Egipto (Abd-Rabou, 2000b). As taxas médias de parasitismo variaram entre 8-20%. O hospedeiro eficaz da mosca branca é importante para o desenvolvimento deste género (Abd-Rabou, 2000b). Abd-Rabou (2002c) determinou as fontes, recursos e localizações dos parasitóides que atacam as moscas brancas, incluindo *B.tabaci.* Abd-Rabou e Ghahari (2006c) registaram os parasitóides de *B. tabaci* dos géneros *Encarsia* e *Eretmocerus.* Simmons e Abd-Rabou (2007a) registaram 10 parasitóides associados a *B. tabaci* em 10 culturas hortícolas. Os parasitóides consistiam em quatro espécies de *Encarsia* e seis espécies de *Eretmocerus,* que representavam 71% das espécies de parasitóides afelinídeos de *B. tabaci* conhecidas no Egipto. *Eretmocerus aegypticus* Evans e Abd-Rabou foi a espécie de parasitoide mais frequentemente encontrada, tendo sido detectada em cinco das culturas. Abd-Rabou e Ghahari (2007) construíram uma chave para os

Espécies de *Encarsia* e *Eretmocerus.* Parasitóides de *B. tabaci.* A abundância e o estabelecimento de parasitóides do biótipo B de B. *tabaci* foram testados com plantas taxonomicamente diversas (16 espécies) no campo, no Egipto. A libertação inundativa de parasitóides criados em laboratório, *Er. mundus,* em culturas de campo aumentou as taxas de parasitismo em todas as culturas testadas. Algumas culturas (por exemplo, duas espécies de *Brassica* e *V. unguiculata*) foram mais propícias ao parasitismo de B. tabaci do que outras culturas (por exemplo, *Cucumis sativus* L. e *Lycopersicon esculentum* Miller). Os resultados desta investigação podem ser úteis para a melhoria e conservação de parasitóides de *Bemisia* (Simmons *et al.*, 2002). Aly (2015) afirmou que os afelinídeos (Hymenoptera : Aphelinidae) são os parasitoides mais importantes de moscas brancas (Hemiptera: Alyerodoidea). O presente trabalho debruçou-se sobre o diagnóstico, a abundância e o papel deste grupo no controlo das moscas brancas. Os resultados indicaram que estas espécies parasitóides e hiperparasitóides foram recolhidas em 5 províncias (Alexandria, Assuit, Ismailia, Fayoum e Matruh). A taxa máxima de parasitismo dos parasitóides da mosca branca variou entre 39-58%, durante os dois anos em análise, respetivamente. Este resultado indica que alguns parasitóides da mosca branca foram eficazes no seu controlo.

Abd-Rabou e Evans (2017) criaram *Encarsia cibcensis* Lopez-Avila (Aphelinidae) a partir de *Aleuroclava psidii* (Singh) (Hemiptera: Aleyrodidae), uma mosca branca invasora encontrada em *Ficus* sp. no Egipto.

7.2. Predadores

Os predadores são alimentadores polifágicos, no entanto, são frequentemente capazes de consumir grandes quantidades de moscas brancas. Além disso, são considerados como o principal meio de conservação dos artrópodes entomófagos que ocorrem naturalmente. A redução da utilização de pesticidas convencionais tem como principal objetivo a conservação destes artrópodes.

Os predadores são alimentadores polífagos, no entanto, são frequentemente capazes de consumir grandes quantidades de moscas brancas. Além disso, são considerados como o principal meio de conservação dos artrópodes entomófagos que ocorrem naturalmente. A redução da utilização de pesticidas convencionais tem como principal objetivo a conservação destes artrópodes. El-Helaly *et al.* (1971a) referiram que *Chrysopa* sp.*,* um predador de mirídeos (Tribophyllinae) e um ácaro não identificado foram encontrados a predar pupas de *B. tabaci*. Hafez *et al.* (1979a) observaram que as espécies predadoras de *B. tabaci* registadas no mundo eram muito escassas. *Chrysopa carnae* Steph., *Orius* sp. e *Scymnus syriacus* Mars foram encontrados em associação com *B. tabaci*. El-Sayed (1981) observou alguns predadores que se alimentam de ovos, larvas e pupas de *B. tabaci*. *Verificou-se* que *Chrysopa* sp. se alimentava destes estádios, enquanto *Coccinella undecimpunctata* L. e *Scymnus syriacus* Mars. preferiam o estádio de ninfa, e *Phaenobremia aphidivora* Rubsqmen alimentava-se de ninfas e pupas.

Foi realizado um estudo sobre o predador de *B. tabaci* no Egipto em 1983-1995. Verificou-se que *Amblyseius gossipi* (=Euseius *gossipi*) se alimenta dos estádios imaturos de *B. tabaci* no algodão, quiabo, feijão e soja. Ocorreram mais frequentemente em agosto e setembro. Verificou-se que *Coccinella undecimpunctata se alimenta* dos estádios imaturos em algodão, quiabo, tomate, beringela, abóbora e pepino, com um pico populacional em maio e setembro. As larvas de *Chrysoperla carnea* (publicado como *Chrysopa carnea*) alimentaram-se especialmente de pupas de *B. tabaci* em várias plantas hospedeiras no final do ano. *Phaenobremia aphidivora* (*Aphidoletes aphidimyza*) foi observada a alimentar-se de pupas de *B. tabaci* de julho a outubro, em abóbora e pepino. Os predadores desempenharam um papel eficaz, reduzindo 7,26-13,1% das ninfas de mosca branca e 12,10-15,70% das pupas de mosca branca (Abdel-Gawaad *et al.,* 1990).

Abd-Rabou (2000) registou sete espécies de predadores associados a *B. tabaci* Biótipo "B" e concluiu que *C. carnae* era o predador mais abundante que actuava sobre *Bemisia*. Também importou, criou e libertou dois predadores (*Delphastuspusillus* e *Macrophillus caliginosus*) para controlar esta espécie. Os resultados indicaram que os predadores aumentaram em número, enquanto a população de mosca branca diminuiu em comparação com os homólogos de controlo.

Mesbah (1999) estudou a dinâmica populacional dos predadores de *B. tabaci*. As conclusões do estudo foram que *Scymnus interruptus* foi o predador mais abundante no algodão (41,5% do total de predadores) e na beringela (68,0%), *Orius* sp. foi dominante na *lantana* (59,7%) e na beringela (34,7%). *Paederus alfierii* ocorreu no algodão e na berinjela em taxas de 28,8 e 11,6% (do total de predadores), respetivamente. *Typhlodromuspsidium* sp. nov. foi encontrado associado a *B. tabaci* infestando goiabeiras, *Psidium guajava*, na província de Sharkia (Basha *et al.,* 2004). Simmons e Abd-Rabou (2007a) registaram cinco espécies de predadores [*Coccinella septempunctata* L., *Chrysoperla carnea* (Stephens), *Deraeocoris* sp., *Orius* sp. e *Geocoris* sp.] associados a *B. tabaci* em 10 culturas hortícolas no Egipto. Nesse estudo, *C.septempunctata* foi o predador mais comum, tendo sido encontrado em quatro das culturas. Segue-se uma chave para alguns dos predadores de *B. tabaci* no Egipto.

8. Controlo da cultura:

Em estudos de parcelas de campo realizados, a cobertura completa das camas de sementes de tomate com tecido de musselina branca protegeu as plântulas das infestações do aleyrodídeo *B. tabaci* e, consequentemente, reduziu a transmissão do tomato yellow leaf curl geminivirus e do tomato leaf curl virus em 5-15 e 3-10%, respetivamente, em comparação com 61-80 e 1628%, respetivamente, para camas de sementes não protegidas. A produção de frutos foi positivamente correlacionada com o número de *B. tabaci* na data de transplante e a percentagem de infeção por vírus 60 dias após o transplante. Obtiveram-se aproximadamente 10,6-13,4 e 1,8-2,6 toneladas de frutos/feddan em sementeiras cobertas e não cobertas, respetivamente. A cobertura das sementeiras aumentou o rendimento em 413-490% (Haydar *et al.* 1990). Foram testados métodos de controlo dos vectores de *B. tabaci* para a produção de plântulas de tomateiro isentas de tomato yellow leaf curl bigeminivirus. De 6 métodos testados, 2 reduziram a percentagem de plantas infectadas precocemente durante a plantação da estação outonal. Cobrir a sementeira com um pano de rede de musselina à prova de insectos deu o melhor resultado, seguido da utilização de armadilhas amarelas pegajosas colocadas à volta do viveiro não coberto. A pulverização do viveiro com insecticidas aumentou a infeção pelo vírus, especialmente no viveiro descoberto ou sem a utilização de armadilhas pegajosas amarelas. Estes métodos não aumentaram suficientemente o rendimento das cultivares UC 97-3 ou Castle Rock. A utilização de armadilhas amarelas pegajosas foi acompanhada por um aumento significativo do rendimento da cultivar LC 53 e aumentou significativamente o peso dos frutos de tomate das cultivares testadas. A incidência da doença TYLCV foi muito pequena na plantação de verão, e não se encontrou nenhuma diferença entre os 6 métodos na percentagem de infeção ou no rendimento do tomate (Moustafa *et al.* 1991). Dezassete cultivares resistentes ao TYLCV (yellow leaf curl bigeminivirus), 4 híbridos tolerantes recentemente lançados e o controlo local Castlerock foram avaliados quanto à resistência ao TYLCV, rendimento e qualidade em Kalubiah, durante o verão e o outono de 1991-92. A infeção natural através de vectores de mosca branca [*Bemisia tabaci*] foi encorajada pela não aplicação de inseticida durante 2 meses após a transplantação. Os 4 híbridos (Typhoon, TY20, BB234 e BB235) tiveram um rendimento significativamente mais elevado do que o controlo (35-42 contra 27 kg/9 msuperscript 2 plot) em 1992 e também mostraram uma melhor resistência ao vírus. Os seus frutos eram também maiores, particularmente quando a infeção por TYLCV foi grave no ensaio de outono de 1991, invulgarmente frio. As 17 cultivares de reprodução verdadeira eram, em geral, semelhantes ao controlo para todos os caracteres, embora a T22 fosse promissora, tendo um bom rendimento (12,5 contra 1,2 kg/9 msuperscript 2 para o controlo) e resistência a vírus no outono de 1991, o que indicava um elevado nível de tolerância ao frio. O teor de sólidos solúveis totais não foi significativamente diferente entre as cultivares. Os 4 híbridos são recomendados para a plantação no outono, quando a infeção por TYLCV é normalmente grave (Moustafa e Hassan, 1993). A suscetibilidade relativa das cultivares de tomate a *B. tabaci*, afídeos e ao vírus TYLCV [tomato yellow leaf curl bigeminivirus] foi investigada em 1987 na província de Fayoum. As variedades Pritchard, Colombia, Ace, Castlroch e Strain B tinham 4705,72, 4063,30, 2689,01, 2476,24 e 1713,13 *B. tabaci/100* folhas de plantas, respetivamente. A população de aleyrodídeos era composta principalmente de ovos e adultos. As infecções por vírus um mês após o transplante foram de 47,75%, 44,75%, 44,50%, 33,25% e 28,50% para Pritchard, Ace, Colombia, Castlroch e Strain B, resp. Aos 2 meses após o transplante as infecções por vírus foram de 62,87%, 54,75%, 50,50%, 40,13% e 32,00%, resp. (Zidan *et al.* 1993). A eficácia das armadilhas adesivas amarelas na deteção e monitorização de *B. tabaci* no pepino foi avaliada durante o outono de 1993. O tipo de autocolante utilizado foi importante para a captura dos aleyrodídeos. As armadilhas revestidas com vaselina foram superiores, seguidas de óleo de motor ou de um autocolante de plástico. Tendo em conta a altura da armadilha, o maior número de *B. tabaci* foi apanhado com armadilhas adesivas amarelas a 0,5 m acima do solo. As armadilhas adesivas colocadas na extremidade norte de uma estufa capturaram o maior número de adultos, seguidas das localizadas nas zonas sul e central, respetivamente (Abdel-Megeed *et al.* 1994). Em ensaios de campo realizados no Egipto em 1993-94, investigou-se a suscetibilidade de 6 cultivares de pepino à infestação por *B. tabaci*. A cultivar Sweet Crunch FITI Sakata foi a mais resistente à praga estudada. A análise química das folhas de ambas as cultivares mostrou maior teor de proteínas totais e aminoácidos para a cultivar mais suscetível. Sugere-se que a resistência pode ser atribuída ao baixo teor de proteínas e aminoácidos das folhas, que proporcionam uma dieta menos nutritiva para as pragas (Ahmed, 1994).

Foram realizadas experiências durante 1992-93 na Universidade de Assiut, Egipto, para avaliar a suscetibilidade relativa de 23 acessos de feijão mungo (*Vigna radiata*) à mosca branca natural e para determinar os efeitos da infestação na fixação das sementes e no rendimento em condições de campo. Com base no número de ovos de ácaros e nas fases móveis, 5 acessos (VC 2768 A, VC 2778 A, KPS2, VC 3061 A e UTT) foram tolerantes aos ácaros durante as 2 épocas, enquanto VC 3061 A, KPS2, VC 2755 A, VC 2764 A e UT1 foram tolerantes à infestação de mosca branca. Os acessos VC 2764 A, VC 2768 B e V 2272 foram os mais susceptíveis à infestação de mosca branca e ácaros. Em 1992, embora as maiores densidades de mosca branca e ácaros tenham sido registadas nos acessos VC 2711 A, VC 2750 A, VC 2754 A e VC 3061, estes apresentaram um elevado peso seco de sementes. Em 1993, os acessos VC 2771 A, VC 2750 A e VC 3061 A produziram um elevado rendimento de sementes e albergaram o menor número de mosca branca e ácaros, enquanto os acessos V 6017, VC 1628 A, V 3726 e V 2984 apresentaram o menor rendimento de sementes e albergaram o maior número de pragas (Ali *et al.* 1996). Adam (1997) realizou experiências de campo em Tamia, Fayoum, Egipto, durante as estações de cultivo de 1993-95 para avaliar a suscetibilidade relativa de oito cultivares de tomateiro à infestação pela mosca branca do tomateiro, *B. tabaci*. A percentagem de infeção por vírus e o rendimento de cada cultivar também foram determinados. Os resultados mostraram que as cultivares Jakal, Feona, Serria e Facolta foram ligeiramente infestadas com adultos e estágios imaturos de *B. tabaci*, mas White Mader, Neema 1400, Dora e Castle Rock foram altamente infestadas. Foi detectada uma baixa percentagem de infeção com tomato yellow leaf curl bigeminivirus nas folhas de Jakal, Feona, Serria e Facolta, enquanto Mader, Neema 1400, Dora e Castle Rock estavam altamente infectadas. As cultivares de maior rendimento foram Jakal, Feona, Facolta e Serria, seguidas de Mader, Neema 1400, Dora e Castle Rock.

A suscetibilidade de três cultivares de soja, nomeadamente Cutter, Crawford e Clark, à infestação por *B. tabaci*, foi avaliada na província de Kafr El-Sheikh, Egipto, em 1993. Foi também determinado o efeito de alguns factores climáticos (temperatura, humidade relativa e velocidade do vento) sobre o inseto. As três cultivares registaram populações elevadas de moscas brancas relativamente moderadas. As populações totais de *B. tabaci* correlacionaram-se de forma insignificante e negativa com os três factores climáticos (El-Khouly *et al.*, 1998). Foi avaliada a suscetibilidade de cultivares de abóbora comummente cultivadas (Eskandarani, Zucchini e Arlika) e de cultivares de pepino (Alegi, Sliberti e Sweet Kransh) à infestação por *B. tabaci*. As experiências foram realizadas na província de Beni-Suef, Egipto, em 1996 e 1997. As diferenças entre os números médios de adultos por folha e de juvenis (ovos, larvas e pupas) por polegada quadrada em cultivares de abóbora e de pepino foram significativas, durante as duas épocas. Os híbridos de abóbora Zucchini e Arlika foram os menos susceptíveis, enquanto a variedade Eskandarani foi a mais suscetível. A cultivar de pepino Sliberti foi a menos suscetível, seguida da Sweet Kransh e da Alegi (Dawood, 1999). Oito variedades de tomate foram avaliadas quanto à sua suscetibilidade a *B. tabaci*. A infeção das plantas com o vírus do enrolamento amarelo das folhas do tomateiro (TYLCV) foi determinada ao mesmo tempo, assim como o rendimento. As experiências foram realizadas no distrito de Nobareia, Egipto, em 1995 e 1996. Os híbridos de tomate Dora, Jakal e Facolta foram os menos susceptíveis a *B. tabaci*, sendo as variedades TY-20 e Sheva mais susceptíveis. As variedades mais susceptíveis foram as variedades Strain-B, Edkawy e Castle Rock. À medida que o número de insectos aumentava nas plantas, também aumentava a infeção por TYLCV. Os rendimentos mais elevados foram observados nas parcelas que apresentavam o menor número de insectos (e infeção por TYLCV) (Dawood *et al.* 1999). Foram realizadas experiências de campo durante 1996 e 1997, na província de Qalubia, Egipto, para avaliar a suscetibilidade das cultivares de feijão Bronco, Swiss Blane e Giza 3 à mosca branca (*B. tabaci*). As sementes destas cultivares foram semeadas a 1 de março e a infestação de insectos foi avaliada a intervalos semanais, a partir de 3 semanas após a sementeira até à colheita. Em geral, Bronco foi a cultivar de feijão mais suscetível, seguida de Swiss Blane e depois de Giza 3. A população de mosca branca foi positivamente correlacionada com os teores de açúcar e hidratos de carbono nas folhas. Além disso, a população de mosca branca foi correlacionada com a estrutura anatómica da folha, ou seja, as infestações mais baixas ocorreram em folhas com tecidos esponjosos mais espessos. Giza 3 produziu o maior rendimento de sementes, seguido por Swiss Blane e depois Bronco (El-Lakwa *et al.* 1999). A relação entre os principais nutrientes das plantas (N, P e K) e as suas combinações na infestação do tomateiro com *B. tabaci* foi estudada no distrito de Imbaba, província de Giza, em 1995-96. As plantas tratadas com níveis elevados de N (sulfato de amónio, 21% N) tiveram um aumento do número de *B. tabaci* e uma diminuição da produção. Uma mistura de níveis moderados de N com sulfato de potássio e fósforo resultou em baixas populações de *B. tabaci* e aumentou os rendimentos (El-Rafie, 1999). O efeito de plantas de abóbora (*Cucurbita* sp.) como armadilhas para plantas na densidade populacional de *B. tabaci* em campos de tomate foi estudado em experiências de campo realizadas na Estação Experimental da Faculdade de Agricultura, Shoubra El-Kheima, durante 1995-96. As plantas de abóbora cultivadas como armadilhas à volta das plantas de tomate provocaram uma redução da população de mosca branca de 32,98 e 30,95%, durante a primavera e o outono, respetivamente. A densidade populacional de adultos de mosca branca foi mais elevada no outono do que na primavera. Na primavera, os adultos de B. tabaci apresentaram um pico de atividade de 8/4/95 a 24/6/95; enquanto no outono, foram observados três picos entre 9/9/96 e 13/11/96. O pico mais elevado ocorreu em 9/9/1996 (1291 insectos/10 folhas). Não se observou qualquer correlação entre a temperatura e a humidade e o número de moscas brancas em ambas as estações. O número mais elevado de moscas brancas adultas apanhadas nas armadilhas pegajosas amarelas verificou-se nas armadilhas viradas para norte (858 insectos) durante 26/4/95 a 24/6/95. O menor número foi apanhado nas armadilhas viradas para sul (273 insectos) (Emam, 1999). Numa experiência de campo realizada em 1995-96 no Egipto, o feijão-miúdo [*Phaseolus vulgaris*] foi semeado em março, abril, maio ou junho. A população dos estádios imaturos de *Bemisia tabaci* foi mais baixa nas culturas semeadas em março (Metwally, 1999).

A avaliação de três cultivares de feijão-de-corda [*Phaseolus vulgaris*] Giza 3, Giza 6 e Bronco quanto à infestação por *B. tabaci* foi efectuada na exploração experimental de Kaha e Kanater, província de Qalyobia, durante as estações de outono de 1997 e 1998. As três cultivares foram plantadas em três condições: (1) Entre as estirpes susceptíveis e resistentes, a estirpe Tavera RS foi a menos infestada, com 0,12 ovos/cm e 1,50 ninfas/cm, e a Bel-Jersey RR-3 foi a mais infestada, com 7,48 ovos/cm e 6,86 ninfas/cm. Giza 3, Giza 6 e Bronco, apresentaram 3,61, 2,83 e 7,64 ovos/cm e 6,41, 4,73 e 12,31 ninfas/cm, respetivamente. (2) Em duas datas de plantação: 7 e 28 de setembro de 1997, e 6 e 27 de setembro de 1998. As três cultivares albergaram 11,42,

7,67 e 14,62 ovos/cm e 19,28, 27,75 e 26,67 ninfas/cm para a 1ª data de plantação e 5,95, 4,26 e 8,42 ovos/cm e 4,79, 1,36 e 14,19 ninfas/cm para a 2ª data de plantação, (época de 1997), respetivamente. (3) Entre as cultivares amplamente cultivadas com características de planta semelhantes, as três cultivares albergaram 15,39, 15,34 e 16,45 ovos/cm e 16,15, 9,86 e 16,93 ninfas/cm, respetivamente. Concluiu-se que o cultivo de cultivares testadas entre estirpes, servindo como pontos quentes para a praga, foi a prática mais adequada e a infestação foi a mais baixa (Bachatly, 2000). A densidade populacional da mosca branca (*B. tabaci*) em áreas cultivadas com pepino (cv. Madina) sozinho ou intercalado com algodão (cv. Giza 85) ou feijão *Phaseolus vulgaris* (cv. Narina) foi estudada em Fayoum, Egipto, durante 1996 e 1997. Nas parcelas de pepino, a população de mosca branca atingiu o seu pico a 28 de março (9,68) e 9 de maio (6,6) em 1996. O número médio de moscas brancas no pepino isolado (5,9 em 1996 e 4,58 em 1997) foi quase o dobro quando consorciado com feijão comum (10,79 em 1996 e 8,12 em 1997). A cultura intercalar de pepino com algodão não teve um efeito significativo na população de mosca branca (Gabr e Sourial, 2001). A eficácia do Bemistop-98402 aplicado a

200, 300 e 400 ml/100 litros de água contra a mosca branca, *B. tabaci*, na beringela foi avaliada numa experiência realizada em Shabrakhit, Behera Governorate 1999. A aplicação de Bemistop resultou numa redução de 65,2, 73,2 e 85,3, respetivamente, nos estádios imaturos de *B. tabaci* em todos os níveis da copa (superior, médio, inferior e planta inteira) da planta tratada. A dose mais eficaz (400 ml/100 litros de água) foi escolhida para avaliar a eficiência do Bemistop em larga escala em comparação com a dose recomendada de óleo KZ (1 litro/100 litros de água) em condições de campo, usando pulverizadores Arimitsu e Prototype. O Bemistop aplicado a 400 ml/100 litros de água induziu altas porcentagens de redução na densidade populacional dos estágios imaturos de *B. tabaci* após 2 dias em todos os níveis de copa tratados da berinjela do que o óleo KZ após sua aplicação com o pulverizador Arimitsu. O Bemistop resultou em percentagens de redução de 86,9, 82,9, 81,4 e 82,3, respetivamente, em cada nível da copa da beringela, em comparação com 83,6, 81,4, 75,0 e 78,3, respetivamente, na aplicação de óleo KZ pelo mesmo pulverizador. O efeito residual do Bemistop após 5-14 dias de pulverização com Arimitsu foi maior do que o efeito residual do óleo KZ. A eficiência destes dois produtos químicos aumentou ainda mais após a aplicação com o pulverizador Prototype, o que pode ser atribuído à sua boa qualidade de pulverização (Negm, 2001).

A densidade populacional da mosca branca (*B. tabaci*) num sistema de cultivo intercalar de tomate simples (cv. GS 21) ou tomate/abóbora (cv. Eskandrani) foi estudada na província de Sharkia, Egipto. Foram utilizados dois métodos para determinar a densidade populacional da mosca branca: (1) o número de adultos de mosca branca foi contado em 10 folhas de tomate ou numa folha de abóbora, e (2) foram instaladas armadilhas adesivas amarelas (com cada armadilha cobrindo uma área de 225 cm sup 2 /sup), e foi determinado o número de moscas brancas capturadas numa área de 10 cm sup 2 /sup em cada armadilha. Obteve-se uma redução significativa do número de adultos de mosca branca (73-90%) e do número de plantas infectadas por vírus (38% no sistema de cultura intercalar vs. 88% em tomate isolado) através da cultura intercalar de tomate com abóbora. Os resultados indicaram que as plantas de abóbora podem proteger as plantas de tomate da infeção viral (reduzindo a população de mosca branca) pelo menos durante os primeiros 45 dias após o transplante das plântulas de tomate. (Youssef *et al.* 2001).

As cultivares de soja Giza111, Giza35, Giza21, Giza82, Clark e Crawford foram testadas quanto à infestação com a mosca branca do algodão *B. tabaci* na Estação de Investigação de Shandweel, Governadoria de Sohag, Egipto, durante 1999 e 2000. A abundância sazonal da mosca branca foi moderadamente baixa durante o mês de julho, atingiu o pico em agosto e depois diminuiu para o nível mais baixo em setembro. A análise estatística mostrou que havia diferenças significativas entre as cultivares e a infestação da praga. Giza35 e Crawford eram susceptíveis, enquanto Giza111, Giza21, Giza82, e Clark tinham baixa resistência (Salman *et al.* 2002).

Abd-Rabou (2003b) mencionou que as práticas agrícolas e mecânicas têm um bom papel no controlo de *B. tabaci* e têm um papel positivo nos inimigos naturais associados a esta praga. O efeito das práticas culturais na população da mosca branca biótipo B da batata-doce, *B. tabaci,* é apenas parcialmente compreendido. Foi realizado um estudo para examinar o efeito de diferentes taxas de fertilizantes comuns contendo enxofre (sulfato de amónio, sulfato de potássio e superfosfato) na população de *B. tabaci* em 10 culturas hortícolas. Foram testadas no campo três taxas diferentes para cada fertilizante, mas as taxas específicas foram variadas entre as culturas para refletir a utilização geral pelos produtores em comparação com taxas mais altas e mais baixas. As contagens de ovos, ninfas e adultos de mosca branca foram geralmente elevadas com o aumento das taxas de sulfato de amónio ou diminuídas com o aumento das taxas de sulfato de potássio. Por outro lado, os dados de campo e de laboratório sugeriram uma redução nas contagens de mosca branca na couve e no pepino em resposta ao aumento das taxas de sulfato de amónio. No entanto, as populações de mosca branca nas culturas foram geralmente as mesmas, independentemente da taxa de superfosfato. Embora cada um dos três fertilizantes forneça mais do que um nutriente essencial, o papel individual do enxofre, ou de qualquer outro nutriente, na população de moscas brancas não foi identificado. No entanto, os resultados deste estudo sustentam que, em certos fertilizantes contendo enxofre, as populações da mosca branca da batata-doce podem ser afectadas em várias culturas hortícolas (Simmons e Abd-Rabou, 2006b, 2007b, 2009a). Dez cultivares de algodão egípcio foram avaliadas quanto à sua suscetibilidade à infestação pela mosca branca, *B. tabaci*, em condições de campo em Sakha, Egipto, durante as estações sucessivas de 1997, 1998 e 1999. 'Giza 89' teve a maior taxa de infestação de adultos (729, 484 e 501,6 adultos por 9 folhas) e estágios imaturos (110,9, 130,9 e 156,9 indivíduos por 9 in sup 2 /sup) durante as estações de 1997, 1998 e 1999, respetivamente. Por outro lado, a 'Giza 45' foi a menos infestada, com médias de 177,0 e 304,2 adultos por 9 folhas durante 1997 e 1999, respetivamente, enquanto a Giza 88 teve a menor infestação (157,2 adultos por 9 folhas) durante 1998. Quanto aos estágios imaturos, o menor nível de infestação foi encontrado no caso da 'Giza 45' (18,9 indivíduos por 9 em 2/sup) para a primeira e segunda temporadas (Metwally *et al.* 2005). Três e duas cultivares de soja foram plantadas num ecossistema agro-desértico isolado e fechado, respetivamente, em El-Dakhla Oases, New Valley Governorate, Egipto. Os resultados indicaram uma compatibilidade distinta entre a incidência de ninfas e o grau de resistência. Embora as cultivares testadas tenham apresentado diferentes graus de resistência, a cultivar S5 recentemente produzida apareceu como uma cultivar resistente contra a infestação de *B. tabaci* (Amro *et al.* 2009).

Patogenicidade de dois isolados de fungos entomopatogénicos. *Verticillium lecanii* e *Beauvena bassiana* para a mosca branca, *B. tabaci* em condições laboratoriais e também o efeito de diferentes taxas de fertilização no seu controlo pelos dois fungos na cultura da batata na província de El-Behira, para as duas épocas sucessivas de batata 2006 e 2007 foram estudados. Foram utilizadas três concentrações (2,5x10 sup 5 /sup, 2,5x10 sup 6/sup e 2,5x10sup7/sup conídios/ml.). Em condiçõcs dc laboratório, os rcsultados mostraram quc *V. lecanii* c *B. bassiana induziram* a morte após o 4° dia de tratamento. A porcentagem máxima de mortalidade (100%) ocorreu após o 7° dia pós-tratamento com a terceira concentração (2,5x10 sup 7 /sup conídios/ml.) em ambos os isolados. A terceira concentração foi a altamente tóxica para os adultos de *B. tabaci* em comparação com as outras duas concentrações. Em condições de campo, a terceira concentração (2,5x10 sup 7 /sup) foi também a concentração mais eficaz contra a mosca-branca após o terceiro tratamento por *V. lecanii* e *B. bassiana.* A percentagem de redução variou entre 55,8 e 100% em todas as concentrações. *V. lecanii* foi ligeiramente mais eficaz do que B. bassiana contra B. tabaci. Não houve efeitos directos ou indirectos das taxas de fertilização na percentagem de infestação por B. tabaci e também no seu controlo por *V. lecanii* e *B. bassiana* em ambas as estações. Estes resultados confirmaram que os isolados de *V. lecanii* e *B. bassiana* são agentes promissores para o controlo da mosca branca no campo (Abdel-Raheem *et al.* 2010).

Idriss *et al.* (2013) afirmaram que, até à data, não existem meios fiáveis para controlar a mosca branca do algodão *Bemisia tabaci*, uma vez que esta tem uma elevada capacidade de desenvolver resistência a todas as classes de insecticidas. A fim de evitar mais riscos ambientais resultantes do uso extensivo de pesticidas químicos, devem ser avaliadas estratégias alternativas através de programas adequados e bem-sucedidos de manejo integrado de pragas (MIP). Durante o presente estudo, o campo geomagnético da Terra, o tropismo de cores e as armadilhas para plantas hospedeiras foram avaliados separadamente ou em combinação como componentes de um programa de GIP para *B. tabaci* em condições de estufa. A direção cardinal mais atractiva para a *B. tabaci* foi o leste (atraiu 39,4% das moscas brancas), seguida do sul, do norte e do oeste (9,1%). As quatro direcções intermédias foram mais eficazes no comportamento de voo horizontal de *B. tabaci* do que as direcções cardinais. Cerca de 53,1% dos adultos de *B. tabaci* foram significativamente atraídos pela direção sudeste, seguida de nordeste, sudoeste e noroeste (7,2%). Quando se investigou o tropismo de cor, as folhas adesivas amarelas atraíram significativamente cerca de 44,16% dos adultos de B. tabaci, seguidas do verde brilhante (18,36%) e depois do laranja (14,48%). O efeito combinado do campo geomagnético e do tropismo de cor mostrou que a combinação de armadilhas amarelas com um comprimento de onda de 590 nm na direção sudeste atraiu cerca de 17,75% dos adultos de *B. tabaci*, seguido de verde brilhante (530 nm) a sudeste (10,98%). Quando se investigou a preferência da planta hospedeira, não se registaram diferenças significativas entre a atração de tomate, pepino ou abóbora por *B. tabaci*. O cardo-santo (*Sonchus oleraceus* L.), como planta silvestre, foi a planta preferida pela mosca-branca do algodão, pois atraiu significativamente cerca de 29,24% dos adultos de B. tabaci. O efeito combinado mais atrativo do campo geomagnético e das plantas hospedeiras foi *S. oleraceus* na direção sudeste (atraiu 14,18% de B. tabaci), seguido de tomate a sudeste (9,25%) e pepino a sudeste (8,36%). Foi estudado o efeito combinado do tropismo de cor, armadilhas para plantas e campo geomagnético na população de *B. tabaci* em condições de estufa. Quando folhas adesivas amarelas e *S. oleraceus* como planta armadilha foram direccionadas para sudeste, o número de plantas de tomate infestadas por *B. tabaci* foi drasticamente reduzido de 8,1±0,13 para 0,57±0,05 adultos/cm2 numa semana.

Idriss *et al.* (2015) estudaram a aplicação de nutrientes no solo para aumentar o crescimento das plantas e, assim, melhorar o rendimento das culturas. No entanto, a melhoria do crescimento vegetativo torna as plantas mais atraentes para os insectos fitófagos. O presente estudo foi conduzido para avaliar o efeito do fornecimento de plantas de tomate com diferentes níveis de fertilizante NPK (nitrato de amónio, superfosfato e sulfato de potássio) na densidade populacional de adultos de *Bemisia tabaci*, teor de proteína total (TPC) de adultos emergidos, área de superfície das exúvias pupais (SAPE), preferência das fêmeas de B. tabaci para a postura de ovos e espessura da folha de tomate em condições de estufa. Os dados obtidos provaram que houve uma correlação positiva entre as concentrações de NPK adicionadas às plantas de tomate e a percentagem de adultos de *B. tabaci* atraídos. A adição de dosagens sub-recomendadas (0 ou 0,5X) de NPK diminuiu as percentagens da densidade populacional de *B. tabaci* em cerca de

48,30% ou 38,09%, respetivamente, em comparação com a registada após a adição da dosagem recomendada; enquanto a adição de dosagem sobre-recomendada (2X) de NPK aumentou a densidade populacional de B. tabaci em cerca de 26,53%. Foi registada uma correlação positiva significativa entre o teor total de proteínas dos adultos de mosca branca e os diferentes níveis de fertilização NPK das plantas de tomate. O TPC médio de adultos de *B. tabaci* emergidos de estádios imaturos criados em plantas de tomate não fertilizadas foi de 0,0219±4,8-4 mg/inseto, enquanto o TCP médio de adultos de mosca branca emergidos de estádios imaturos criados em plantas de tomate fornecidas com um nível duplo recomendado de fertilizante NPK foi de 0,038±8,3-4 mg/inseto. Por outro lado, as exúvias pupais de B. tabaci desenvolvidas em diferentes plantas de tomate fertilizadas com NPK eram maiores do que as criadas em plantas não fertilizadas. O SAPE médio das moscas brancas criadas em tomateiros fertilizados com o dobro da dose recomendada de NPK foi de 0,41±0,01mm2 , enquanto o SAPE médio das criadas em plantas não fertilizadas foi de 0,31±0,01mm2 . Diferentes níveis de fertilizante NPK aumentaram a espessura das folhas dos tomateiros. A espessura média das folhas dos tomateiros que receberam o dobro da dose recomendada de NPK aumentou em cerca de 216,66% mais do que a dos tomateiros não fertilizados. Foram estudados os efeitos de diferentes níveis de fertilização NPK na fecundidade das fêmeas de mosca branca e na eclodibilidade dos ovos. O número médio de ovos postos diariamente por fêmeas de *B. tabaci* *alimentadas* em plantas de tomate fornecidas com uma dose dupla recomendada de NPK foi significativamente aumentado em cerca de 244,44% mais do que o número médio de ovos postos diariamente por fêmeas de mosca branca alimentadas em plantas não fertilizadas. Por outro lado, os diferentes níveis de fertilização NPK não afectaram a eclodibilidade. Os resultados obtidos mostraram que a adição da dose recomendada de NPK às plantas de tomate é uma questão obrigatória para minimizar a infestação com a mosca branca do algodão B. tabaci.

9.Controlo químico:

O controlo químico é normalmente o principal método de controlo das moscas brancas. No entanto, o desenvolvimento de resistência contra todos os grupos de pesticidas conhecidos agravou o problema da mosca branca nos últimos anos. Assim, é importante utilizar o controlo químico com muita cautela, especialmente no caso de uma infestação elevada de moscas brancas.

O controlo químico é normalmente o principal método de controlo das moscas brancas. No entanto, o desenvolvimento de resistência contra todos os grupos de pesticidas conhecidos agravou o problema da mosca branca nos últimos anos. Assim, é importante utilizar o controlo químico com precaução, especialmente no caso de uma infestação elevada de moscas brancas. Abdel-Salam *et al.* (1971) avaliaram a eficiência de carbaril (Sevin), triclorfos (Dipterex), dimetoato (Roxion), formiotão (Anthio), fentião (Lebaycid), carbofenotão (Trithion), fosalona (Zolone), azinfosmetil (Guthion), malatião e ometoato (Folimate) como pulverizações para o controlo de *B. tabaci* e outras pragas do tomateiro. O ometoato, o carbofenotão, o fentião, o dimetoato, o formotão e a fosalona proporcionaram um controlo eficaz. Todas as plantas tratadas produziram mais do que as plantas não tratadas, exceto no caso do tratamento com carbaryl. Abdel-Salam *et al.* (1972) avaliaram insecticidas granulados em comparação com pulverizações em emulsão para o controlo de pragas da abóbora, incluindo *B. tabaci. Relataram* que o ometoato e o formotão resultaram numa mortalidade de 96,75% e 90,25%, respetivamente, contra *B. tabaci* no pepino. Shaheen *et al.* (1973) no Alto Egipto mostraram que a pulverização de dimetoato e pirimifos-metilo (Actellic) resultou num excelente controlo de *B. tabaci* em plantas de tomate. Zidan *et al.* (1989a) estudaram o papel de diferentes regimes de insecticidas na densidade populacional de estádios maduros e imaturos de *B. tabaci* em viveiros e campos de tomateiro, com especial referência à fitotoxicidade e à infeção por vírus. Darwish e Farghal (1990) verificaram que o Marshal e o Tamaron combinados eram os menos tóxicos contra *B. tabaci* no algodão, enquanto o Ekalux e o Cyanox eram os mais tóxicos. Considerando a toxicidade relativa e o efeito residual dos insecticidas testados contra a mosca branca e os inimigos naturais associados, os insecticidas piretróides deram os melhores resultados. Radwan *et al.* (1990) referiram que vários organofosforados (acefato, sulprofos, isoxatião e clorpirifos-metilo) e os piretróides: Cialotrina, lamdaci-halotrina, fenepropatrina, betentrina e alfametrina) proporcionaram uma eficácia satisfatória contra *B. tabaci* no algodão, com uma média global de 88% de controlo. O regulador de crescimento de insectos, em geral, não mostrou efeitos estatísticos contra *B. tabaci* no algodão. No entanto, o teflubenzurão, o triflumurão e o flufenoxurão parecem ser mais eficazes do que os outros compostos. Entre as 11 combinações de insecticidas/IGR, o pirimifos-metilo/clorfluazurão, o profenofos/clorfluazurão e o clorpirifos/diflubenzurão revelaram-se superiores às outras combinações.

Darwish e Farghal (1990) realizaram estudos de campo em 1989 para determinar a eficácia de nove insecticidas no controlo de *B. tabaci* no algodão e os seus efeitos nos inimigos naturais da praga. O Bulldock (beta-ciflutrina), o Cyanox (cianofos), o EMA-2784 (de composição não especificada) e o Tamaron Combi (metamidofos + triflumurão) foram os insecticidas mais eficazes contra *B. tabaci*, enquanto o Birlane (clorfenvinfos) e o Marshal (carbosulfão) foram os menos eficazes. O metamidofos + triflumurão e o carbossulfão foram os menos tóxicos para os principais inimigos naturais de *B. tabaci* [os coccinelídeos *Coccinella septempunctata* e *Scymnus* spp, o crisopídeo *Chrysoperla carnea*, o estafilinídeo *Paederus alfierii*, o sirfídeo *Syrphus corollae* (*Eupeodes corolla*), o labidurídeo *Labidura riparia*, o liqueídeo *Geocoris* sp., o mirídeo *Phytocoris* sp. e Araneae], enquanto o Ekalux [quinalfos] e o cianofos foram os mais tóxicos. No seu estudo, a beta-ciflutrina foi considerada o inseticida mais eficaz contra *B. tabaci* e o menos tóxico para os inimigos naturais.

Em 1990, foi realizada no Egipto uma experiência de campo para estudar a eficácia de certos insecticidas contra *B. tabaci* que infestava o pepino var. Baladi

(Abdallah *et al.*, 1991). O estudo incluiu também combinações de um fungicida com cada um dos vários compostos para controlar tanto *B. tabaci* como o míldio do pepino. Os dados obtidos mostraram que o profenofos era o inseticida mais eficaz, seguido do Advantage (carbossulfão) e depois do protiofos [protiofos]. O fenitrotião pareceu ser moderadamente eficaz. A combinação com o fungicida diminuiu a atividade inseticida (Abdallah *et al.,* 1991).

Diafenthiuron (Polo-500), carbosulfan (Marshall), buprofezin (Applaud) e imidacloprid (Confidur) foram os compostos mais eficazes contra os estágios maduros e imaturos de *B. tabaci* no algodão nos testes de campo, causando 90,57, 85,86, 85,74 e 84,63% de redução, respetivamente, dos estágios maduros e imaturos. Seguiram-se o piraclofos (Tia-230), o clorfenvinfos (Birlane), o cianofos + diflubenzurão (Sumilin) e o dimetoato (Saydon), enquanto o metamidofos (Tamaron local) e o quinalfos (Ekalux-forte) foram os menos eficazes. Os insecticidas mais eficazes são os menos eficazes contra os predadores (Kandil *et al.*, 1991). Foram testados cinco insecticidas a taxas normais e reduzidas contra *B. tabaci* em pepinos no Egipto, e foram avaliados os efeitos não visados em alguns inimigos naturais. Os ovos do aleyrodídeo pareceram ser menos susceptíveis do que as larvas e as pupas, tendo sofrido uma redução máxima de 66%; as populações de ninfas e pupas foram significativamente reduzidas em todas as parcelas tratadas. Por exemplo, 10 dias após a aplicação de etiofencarbe, diafentiurão e clorpirifos-metilo, as populações de ninfas foram reduzidas a 67, 50 e 68%, respetivamente, e as populações de pupas a 68, 69 e 75%. Dois parasitóides afelinídeos, *Er. mundus* e *Prospaltella lutea* (= *E. lutea*), foram os parasitóides primários mais importantes das pupas de *B. tabaci*, e a taxa de parasitismo foi ligeiramente afetada pelas aplicações de insecticidas. No entanto, todos os insecticidas e dosagens causaram uma forte supressão do aparecimento de parasitóides adultos, e o tempo de vida dos adultos foi fortemente reduzido (El- Sayed *et al.* 1992). Halawa *et al.* (1992) relataram que Applaud confidor e

O Marchal foi o pesticida mais eficaz contra a mosca branca do algodão, enquanto o Tamaron foi o menos eficaz. Mohamed *et al.* (1992) avaliaram a eficácia de alguns insecticidas contra *B. tabaci* no algodão em ensaios de campo e de laboratório. Verificaram que Polo 500,

Marchal, Applaud e Confidor foram os compostos mais eficazes contra os estádios maduros e imaturos nos ensaios de campo do algodão, causando uma redução de 90,57, 85,86, 85,74 e 84,63% dos estádios maduros e imaturos, respetivamente. TIA-230, Birlane, Sumilin e Saydon foram os próximos em repelência, enquanto Tamaron local e Ekalux forte foram os menos eficazes.

Uma experiência de campo realizada em 1992 testou a eficácia de 8 insecticidas (3 organofosforados, 2 carbamatos, 1 tiociclame oxalato de hidrogénio e 2 misturas inseticida/benzoilfenilureia) contra uma população assíncrona de *Bemisia tabaci* em tomateiros. A mistura Karap (buprofezina + lambda-cialotrina) foi o tóxico mais eficaz. Os dados indicam que três pulverizações não são suficientes, mas que a aplicação frequente até sete pulverizações seria necessária com a maioria dos tóxicos para garantir plantas sem pragas (Sammour *et al.,* 1993). Hegab e Moawad (1994) efectuaram ensaios de campo em Kassaseen. Avaliaram abordagens convencionais e não convencionais para controlar as moscas brancas. Os resultados mostraram que o Evisect (tiociclame) foi particularmente eficaz, com uma redução de 87,3% da doença TYLCV no viveiro de tomate, enquanto que a redução foi de 82% nos campos abertos de tomate. El-Rafi (1995) estudou o efeito de insecticidas não tradicionais no controlo de *B. tabaci.* Constatou que a densidade populacional de *B. tabaci* foi consideravelmente reduzida devido aos insecticidas utilizados, mas com valores diferentes consoante as estações sucessivas estudadas, tendo-se verificado que a ação suprema do agroneem, seguido do óleo KZ, Selecron, Supermesrona, óleo Natural e Naturalis, representou uma redução de 74,05, 72,56, 72,34, 72,15, 68,00 e 62,84%, respetivamente.

Em ensaios de campo, a eficácia de 10 insecticidas pertencentes a 3 tipos diferentes de insecticidas (organofosforados, carbamatos e piretróides) foi avaliada contra populações de *B. tabaci* em *Phaseolus vulgaris* em Shibin El-Kom, Egipto, em 1992. Os compostos organofosforados fenitrotião, clorpirifos, cianofos e acefato (a 1,0, 2,4, 0,625 e 1,5 g a.i./litro, respetivamente) foram os compostos mais eficazes, resultando em 73% de controlo 7 dias após a pulverização (El-Sayed e El-Ghar, 1993). Os efeitos de dois adubos foliares [Wuxal e Zylex, ambos aplicados a 1 litro/feddan (1 feddan = 0,42 ha)] e dos insecticidas Actellic (pirimifos-metilo, aplicado a 1,5 litros/feddan) e Selecron (profenofos, aplicado a 0,75 litros/feddan) e respectivas misturas contra *B. tabaci* e efeitos secundários nos frutos de tomate foram determinados em estudos de campo. Os fertilizantes foliares tiveram pouco efeito na redução da percentagem de infestação de *B. tabaci*. O pirimifos-metilo e o profenofos resultaram num bom nível de controlo, mas quando misturados com fertilizantes foliares, o efeito foi reduzido. O Wuxal e o Xylem aumentaram o teor de ácido ascórbico e o teor de matéria seca dos frutos de tomate e diminuíram o pH do sumo de tomate. O pirimifos-metilo e o profenofos diminuíram o teor de ácido ascórbico e de matéria seca. O teor de matéria seca e o pH não foram afectados quando os insecticidas foram misturados com fertilizantes, mas o teor de ácido ascórbico diminuiu. Concluiu-se que as combinações de pirimifos-metilo e profenofos com Wuxal ou Zylex não eram adequadas para controlar *B. tabaci* no tomateiro (Edrisha e Badr, 1994). A toxicidade relativa de Marshal (carbosulfão) 25% WP, Actellic (pirimifos-metilo) 50% EC e Trebon (etofenprox) 30% EC foi avaliada em aplicações únicas, contínuas e alternadas contra adultos de *B. tabaci* em couves no Egipto. Os dados indicaram que as reduções percentuais foram de 41, 43 e 87, respetivamente, após 7 dias da 1ª aplicação. O efeito de uma segunda aplicação, alternando o uso de carbossulfão e etofenprox, ou o uso contínuo de etofenprox, também foi investigado. A *B. tabaci* foi mais suscetível ao etofenprox durante a segunda aplicação do que ao carbossulfão e ao pirimifos-metilo. A resposta de *B. tabaci* ao carbosulfan durante a 2ª aplicação diminuiu após uma 1ª aplicação de etofenprox. Não se obteve qualquer redução após 5 dias de utilização contínua de pirimifos-metilo durante a 2ª aplicação (Farrag *et al.,* 1994). A atividade bioresidual de certos insecticidas tradicionais e não tradicionais foi avaliada contra *B. tabaci* em plantas de pepino em estufas de plástico no Egipto, em novembro de 1993. O tipo de inseticida e o período pós-tratamento foram importantes para determinar a densidade populacional da mosca branca. Os insecticidas podem ser classificados em três grupos, com base na sua eficácia inicial e residual. O pirimifos-metilo (Actellic) e a meotrina [fenpropatrina] mais o piriproxifeno (Prempet) foram altamente eficazes, causando 95 e 93% de mortalidade, respetivamente, o piriproxifeno (Admiral) e o Polo (diafentiurão) resultaram em 71 e 67% de mortalidade, respetivamente, enquanto o 3º grupo incluiu o óleo vegetal com 58% de mortalidade. A eficácia do óleo vegetal e dos reguladores de crescimento de insectos aumentou com o tempo devido ao seu efeito latente (Zidan *et al.,* 1994a). Um estudo realizado na província de Fayoum, no Egipto, mostrou que uma mistura do análogo da hormona juvenil piriproxifena e do carbamato fenobucarb a 1 + 1,25 litros/feddan resultou numa redução superior da densidade populacional dos estádios imaturos de *B. tabaci* (84,4%), seguido pela taxa de 0,75 + 1,25 litros/feddan, e a hormona juvenil usada sozinha a 1,0 litros/feddan resultou em reduções de 78,12 e 74,67%, respetivamente (Zidan *et al.* ,1994a). O número de pulverizações não mostrou uma indicação clara da eficácia do inseticida. Os tratamentos causaram reduções na infeção por vírus, especialmente com a mistura de piriproxifeno e fenocarb. O número de flores e a produção de frutos também aumentaram (Zidan *et al.,* 1994b). Foi efectuado um estudo sobre os efeitos de várias práticas agrícolas na redução da densidade populacional de moscas brancas (*B. tabaci*) e pulgões (Aphididae) no tomateiro na província de Fayoum, Egipto. Práticas como a irrigação e a aplicação de fertilizantes não desempenharam um papel significativo quando integradas com insecticidas, mas o tipo de inseticida e o número de pulverizações foram importantes (Zidan *et al.,* 1994c).

Foi encontrado um elevado grau de resistência de não preferência oviposicional a *B. tabaci* na megera egípcia, *Hyoscyamus muticus* (Solanaceae), onde se verificou que o efeito tóxico estava associado ao material produzido pelos tricomas na superfície das folhas (Salem, 1995). Os exsudados tricomais pegajosos foram extraídos da superfície da folhagem de *H. muticus* por imersão em solventes orgânicos. Os resultados do estudo mostraram que um extrato de cloreto de metileno foi eficaz em causar 100% de mortalidade após 48 h quando aplicado como uma emulsão aquosa em folhas de plântulas de algodão infestadas com uma elevada população de ninfas a 0,1% concn em condições laboratoriais. Os extractos metanólico e de éter de petróleo não foram eficazes; causaram apenas 15-20% de mortalidade ninfal a uma concentração de 0,25%. A inibição da eclosão de 100% dos ovos foi observada a uma concentração de 0,05% nas soluções de pulverização do extrato de cloreto de metileno. As fêmeas adultas foram pulverizadas com o mesmo extrato a 0,05, 0,1, 0,15 e 0,2% de concentração e obteve-se 100% de mortalidade com uma concentração de 0,15% após 48 h. Em condições de campo no Egipto, uma concentração de pulverização de 0,2% resultou na supressão de aproximadamente 95% da população de aleyrodídeos após 24 h em plântulas de algodão (Salem, 1995). El-Sayed e Aboel-Ghar (1997) realizaram ensaios em pequena escala em campos de feijão, *Phaseolus vulgaris*, para avaliar os efeitos de alguns insecticidas não convencionais sobre *B. tabaci* e um dos seus parasitóides, *En. lutea* (Masi). Fenobucarb (625g a.i./feddan), diafenthiuron (150 g a.i./ feddan), pyriproxyfen (40 g a.i./feddan) e óleo mineral (3325 g a.i./ feddan), reduziram significativamente o número de ovos postos por *B.tabaci* para $\geq$ 75% até 2 semanas após o tratamento. A população adulta de *B.tabaci* também foi reduzida significativamente nas parcelas tratadas com pyriproxyfen, diafenthiuron e óleo mineral. El-Sayed *et al.* (1997) realizaram experiências de campo em 1995 e 1996 para avaliar os efeitos de diferentes pulverizadores (pulverizador hidráulico de dorso, pulverizador de compressão de pressão fixa, pulverizador hidráulico de pressão fixa, pulverizador rotativo de pressão variável, pulverizador de dorso motorizado e pulverizador motorizado convencional) na eficácia biológica de três insecticidas, a saber Actellic 50% EC (pirimifos-metilo) a 1,5 l/fedada, Naturalis-L (um micoinseticida que contém $2,3 \times 10$ sup 7/sup conídios de *Beauveria bassiana* por ml) a 400 ml/fedada de 5 em 5 dias, e Applaud 25 WP (buprofezina) a 600 ml/fedada, contra *B. tabaci* em campos densos de beringela na província de Damiatta. A aplicação do inseticida foi feita a 7 de setembro em ambos os anos. Os pulverizadores de grande volume apresentaram taxas de redução da população de *B. tabaci* quase iguais às dos pulverizadores de pequeno volume. Não foram detectadas diferenças significativas entre os pulverizadores motorizados convencionais, de dorso convencional, de dorso hidráulico e de dorso motorizado. Assim, concluíram que o uso de pulverizadores de baixo volume pode ser recomendado porque esses pulverizadores reduzem o tempo no processo de enchimento das máquinas e o tempo de pulverização. Além disso, os pulverizadores de baixo volume também garantem uma melhor cobertura da solução de pulverização nas folhas das plantas e atingem todos os estágios imaturos da praga.

Badary (1997) estudou o efeito do regulador de crescimento de insectos (buprofezina) e do extrato botânico de neem (Neemazal) na mosca branca *B. tabaci* em estufa. Os resultados indicaram que o último instar larvar, também conhecido como pupas, foi considerado o mais tolerante. Os primeiros instares foram mais sensíveis, especialmente o segundo e o terceiro instares. A fase de ovo mostrou uma sensibilidade moderada. Numa experiência de campo realizada em 1995, o controlo de *B. tabaci* no tomateiro com o inseticida fúngico Biofly (*à base de Beauveria bassiana*) foi comparado com profenofos, Osbac [fenobucarbe], imidaclopride, pirimifos-metilo e clorpirifos-metilo. Cinco pulverizações de Biofly (100 ml/100 litros de água) foram tão eficazes como os outros 5 insecticidas no controlo de *B. tabaci* (El-Bessomy *et al.*, 1997). Hindy *et al.* (1997) realizaram estudos de campo em 1994-95, no Egipto, para investigar 5 técnicas de pulverização terrestre de Actellic (pirimifos-metilo), Naturalis-L (*Beauveria bassiana*) e Applaud (buprofezina) contra *B. tabaci* em beringelas. O volume de pulverização foi de 6-233 litros/feddan. Foram utilizados colectores de pulverização a diferentes alturas para determinar a cobertura da pulverização e as perdas de pulverização. Foram determinados o número e o tamanho das folhas pulverizadas a diferentes alturas. O coeficiente de ondulação foi calculado e a taxa de desempenho dos pulverizadores foi determinada. A cobertura de pulverização foi a melhor com o pulverizador costal motorizado (Arimitsu), seguido do pulverizador hidráulico com alavanca (Solo), do pulverizador rotativo (Micro ULVA), do pulverizador com compressor hidráulico (Semco) e do pulverizador convencional. Foi encontrada uma relação positiva entre a taxa de aplicação e as perdas por pulverização. El-Sayed e Aboel-Ghar (1997) avaliaram o efeito de alguns insecticidas não convencionais na mosca branca *B. tabaci*, fenobucarb, difenthiuron, pyriproxyfen e óleo mineral. Estes insecticidas reduziram significativamente a população de mosca branca. Omar e Faris (2000) realizaram experiências de campo com cultivares de tomate Super Strain B, Castle Rock e Super Marmand durante as estações de verão, nili e inverno de 1999/2000 na província de Ismailia, para investigar os efeitos de certos insecticidas em diferentes alternâncias contra a mosca branca, *B. tabaci*. Os insecticidas testados foram o Confidor (imidaclopride), o Admiral (piriproxifena) e o Profecron (profenofos). Foi iniciado um programa de pulverização semanal 15 dias após a transplantação, que se prolongou durante 4 semanas (4 aplicações). A primeira aplicação foi efectuada em 5 de junho (verão), 3 de setembro (Nili) e 5 de novembro (inverno). A melhor alternância na redução da população de mosca branca foi Confidor-Admiral-Confidor-Admiral ou Admiral-Confidor-Admiral-Confidor, apresentando percentagens de redução de 92,8 e 90,7 no verão; 92,0 e 91,6 no Nili; e 77,6 e 83,9 na plantação de inverno, respetivamente. A aplicação de Admiral ou Profecron isoladamente apresentou as menores taxas de redução da população de ninfas de B.

tabaci, enquanto o uso de Confidor isoladamente indicou bom controle. No verão, as maiores produções de tomate foram obtidas com a sequência Confidor-Admiral- Confidor-Admiral (254 kg/parcela) e com a sequência Admiral-Confidor-Admiral- Confidor (234 kg/parcela) para a Super Estirpe B, enquanto que as menores produções (174 e 176 kg/alimentação) foram obtidas quando se utilizou apenas Admiral ou Profecron. Resultados semelhantes foram encontrados durante a plantação de Nili com Castle Rock e a plantação de inverno com Super Marmand.

Numa experiência de campo realizada em 1995 e 1996 no Egipto com tomates, a utilização de armadilhas pegajosas amarelas diminuiu a densidade de ovos de *Bemisia tabaci* em 14-29,6% e 9,9-22,5%, e a população de ninfas foi reduzida em 14,1-30% e 14,030,7%, respetivamente. A utilização de Agryl 17 (um material felpudo branco) no viveiro evitou a infestação de pragas. A aplicação foliar de cloreto de cálcio teve um efeito ligeiro na redução da infestação da praga, enquanto a aplicação de extrato de *Sensio mekanoides* (1,5%) teve efeitos moderadamente adversos nos ovos e nas fases ninfais. A aplicação de óleo mineral reduziu a densidade de ovos em 34,2-58,6% e 22,5-52% em 1995 e 1996, respetivamente (Abdel-Megeed *et al.,* 1998). Abdel-Wahab (1998) mencionou que sete insecticidas; Applaud, Admiral, Polo, Permit, Actellic, Marshal e Hostathion foram utilizados contra *B. tabaci* no algodoeiro. Marshal e Hostathion obtiveram a maior mortalidade inicial após 2 dias, enquanto Applaud, Admiral, Polo e Permit revelaram a maior atividade residual nas duas estações testadas.

Numa experiência de campo em Giza, Egipto, com tomate (*Lycopersicon esculentum*) cv. Peto 86, foi avaliado o controlo da praga

Bemisia tabaci. Dos vários métodos testados, o cultivo de tomates sob Agryl P17 (um material felpudo branco) produziu o melhor controlo de pragas e a maior produção e qualidade de frutos (Atta-Aly *et al.,* 1998).

Dois insecticidas (Somi Alpha [um piretróide] e Actelic [pirimifos-metilo]), dois reguladores de crescimento de insectos (Dimilin [diflubenzurão] e Mimic [tebufenozida]) e um óleo mineral ligeiro (Super Masrona) foram testados individualmente e em misturas para verificar a sua eficácia contra a mosca branca do tomateiro, *Bemisia tabaci,* em condições laboratoriais e de campo na província de Sharkia. Os insecticidas produziram efeitos iniciais mais satisfatórios, mas não foram eficazes durante longos períodos. O óleo mineral leve apresentou efeitos moderados, enquanto os reguladores de crescimento de insectos mostraram efeitos latentes contra a praga de insectos. Todas as misturas binárias destes compostos produziram os melhores efeitos iniciais e residuais. As misturas de tratamento também exigiram um menor número de aplicações para proteger a cultura da infeção por vírus (Youssef, 1999). Hassan (1999) avaliou certos insecticidas combinados com outras abordagens de controlo em estufas de tomate. No entanto, poderia ser recomendado que a seleção do momento e do tratamento dos insecticidas recomendados, como o Selecron (profenfous) 72% EC, Actellic (pirimiphos-meythyl) 50% EC, desempenhasse um papel importante neste contexto. Nassef (1999) realizou duas experiências de campo durante as épocas de algodão de 1996 e 1997 para avaliar a eficácia inicial e bio-residual de uma série de produtos químicos, incluindo: pyriproxyfen (um imitador da hormona juvenil), primbet (uma mistura de fenpropathrin/pyriproxyfan) e quatro óleos derivados de plantas (óleo de sementes de algodão, óleo de girassol, óleo de milho e óleo de linhaça) contra os estádios adultos e imaturos da mosca branca *B. tabaci* (Genn.). Entre os compostos mais eficazes, o primbet foi o único que induziu uma redução superior a 70% nas populações de mosca branca durante um período de duas semanas. Todos os compostos testados tiveram um efeito moderado a baixo, uma vez que os indivíduos da praga que permaneceram após a pulverização foram capazes de reinfestar rapidamente e causaram graves danos às plantas de algodão.

Abd-Rabou (2001c) realizou ensaios em pequena escala em campos de *Gossypium barbadens* (algodão), *Lantana camara*, *Lawsonia alba* e *Lycopersicum esculentum* (tomate) para avaliar o efeito do NeemAzal sobre os parasitóides de *B.* (Complexo *tabaci*) em diferentes localidades do Egipto. NeemAzal 2mL/L e 3mL/L reduziu a porcentagem de parasitismo de *Encarsia davidi* Viggiani et Mazzona (de 9,2 para 4,1 %), *E. inaron* (Walker) (21,6% para 10,5%), *E. lutea* (Masi) (28,4 para 12,1%), *E. mineoi (*11,5 a 3,4%), *Eretmocerus corni* (Haldeman) (18,7 a 10,9%), *E. diversicilatus* (Silvestri) (13,4 a 7,5%) e Er. *mundus* Mercet (37,1 a 24,5%) após uma semana de pulverização. Os resultados indicam que o NeemAzal é mais eficaz nas espécies do género *Encarsia do* que nas espécies do género *Eretmocerus*.

Bachatly *et al.* (2001) estudaram a incidência e o controlo de *B. tabaci* em híbridos de tomate em Kaha, província de Qalyobia, Egipto, durante o outono de 1997, 1998 e 1999 e o verão de 1999. Em 1997, estudou-se a infestação em Wadi Star, afetada pela mamona e pela abóbora, e em híbridos de tomate Toma Nour, TY 70/84 e Super Strain. Em 1998 e 1999 (verão), a incidência de *B. tabaci* foi avaliada em 14 híbridos. Em 1999 (outono), foi avaliada a eficácia do óleo mineral, óleo de jojoba, extrato de amêndoa de *Melia azedarach*, Biofly (esporos de *Beauveria bassiana*), malatião, pó de enxofre, M-Ped (sabão inseticida) e coberturas de Argyl na redução da população de *B. tabaci* e da incidência do Tomato yellow leaf curl virus (TYLCV), utilizando o híbrido Castle Rock. Em Wadi Star, a incidência de adultos, ovos e ninfas foi maior em 28 de setembro e 12 de outubro, respetivamente. A eclosão de adultos na mamona aumentou até setembro, enquanto que na abóbora diminuiu até 12 de outubro, o que sugere que os adultos que migram da mamona para a abóbora preferem desenvolver-se no tomateiro do que em plantas de abóbora senescentes. Ty 80/84 foi o mais infestado, seguido por Super Strain e Toma Nour. Entre os 14 híbridos, Karnak apresentou o maior número de ovos e ninfas. A densidade de pêlos foliares nestes híbridos foi fracamente correlacionada com a população de *B. tabaci*. As coberturas de argila resultaram na menor infestação de adultos (0,0/cm sup 2 /sup), seguida pelo pó de enxofre a 8,0 kg/feddan (8,85/cm sup2 /sup). As coberturas de argila e o pó de enxofre resultaram na menor infestação de ovos e ninfas, respetivamente. Todos os tratamentos reduziram significativamente a infeção por TYLC. [1 feddan=0,42 ha].

Foram realizadas experiências de campo para determinar as populações de pragas na policultura de couve-flor/feijão [*Phaseolus vulgaris*] em 1998, no Egipto. Além disso, foram aplicados nestas plantas o biocida *Beauveria bassiana* e insecticidas químicos (imidaclopride e piridabeno). Os resultados mostraram uma diversidade de pragas e o seu número nas plantas. As populações da mosca branca, *B. tabaci,* são flutuantes na couve-flor/feijão, dando as médias de 267 e 362 adultos/planta, respetivamente. As ninfas de *B. tabaci* foram registadas no feijão com uma média de 607,7 indivíduos/planta. Em relação a *B. tabaci,* o imidaclopride proporcionou a maior redução nos estágios adultos e ninfais. Além disso, foram contadas as densidades de insectos na monocultura de couve-flor durante outubro-dezembro. Os resultados indicam que as infestações mais elevadas com *B. tabaci* também foram estimadas (Farrag e Zakzouk, 2000). Uma estirpe de *B. tabaci* (biótipo "B") recolhida em culturas de algodão e de produtos hortícolas no início da estação de crescimento no Egipto apresentou uma resistência acentuada a um carbamato (carbosulfan) e uma resistência moderada a um piretróide (cipermetrina). Não apresentava resistência a um organofosforado (profenofos) ou ao neonicotinóide imidaclopride. Outra estirpe, colhida no final da estação de crescimento no mesmo local, diferiu marcadamente na sua resposta. Nesta estirpe, a resistência ao carbossulfão manteve-se elevada, mas a resistência ao profenofos e à cipermetrina aumentou. Foi detectada uma ligeira resistência ao imidaclopride. Nenhuma das estirpes apresentou resistência ao regulador de crescimento de insectos piriproxifena. Os perfis de resistência destas estirpes foram comparados com os de uma estirpe típica de Israel (biótipo "Q") e são discutidos em função da sua data de colheita e dos padrões de utilização de insecticidas nesses países. Foi examinada a capacidade de introgressão dos biótipos "B" egípcios com os biótipos "Q" israelitas, tendo sido investigadas as características de resistência da descendência resultante. São consideradas as consequências da introgressão entre biótipos coexistentes com perfis de resistência diferentes (El-Kady *et al.,* 2002).

Abd-Rabou (2002d) testou compostos não convencionais nos períodos de parasitismo da mosca branca do algodão *Bemisia* (*tabaci*

Complex) em campos de algodão. El Kady e Devine (2003) Três colecções de *Bemisia tabaci* foram retiradas de culturas de algodão e vegetais no início da estação de crescimento no Egipto. Estas colecções revelaram uma resistência acentuada aos carbamatos carbosulfan (**cerca de** 20 a 50 vezes) e aldicarbe (**cerca de** 40 a 80 vezes) e uma resistência moderada aos piretróides cipermetrina (**cerca de** 10 a 30 vezes). vezes) e à lambda-cialotrina (**cerca de** 10 a 25 vezes). Não apresentaram resistência aos organofosforados profenofos e pirimifos-metilo, nem ao imidaclopride. Uma outra população, colhida no final da estação de crescimento, diferiu marcadamente na sua resposta. Nesta população, a resistência ao carbossulfão manteve-se elevada (**cerca de** 40 vezes), a resistência ao profenofos e à cipermetrina aumentou (**cerca de** 20 e 50 vezes, respetivamente) e foi detectada uma ligeira resistência ao imidaclopride (**cerca de** 6 vezes). A resistência à cipermetrina e ao profenofos demonstrou ser semelhante entre adultos e ninfas. Independentemente da data de recolha, nenhuma das populações apresentou resistência à piriproxifena. Estas populações egípcias foram comparadas com duas populações israelitas representativas. As diferenças entre os seus perfis de resistência são discutidas em termos da sua data de recolha, da sua proximidade geográfica e dos padrões de utilização de insecticidas nos seus locais de recolha. Abdel-Baky e Abdel-Salam (2003) Cinco espécies de fungos entomopatogénicos foram testadas contra moscas brancas e afídeos.

Cladosporium spp. apresentou uma elevada incidência nas duas espécies de insectos testadas (81% do total de espécies isoladas). No entanto, *C. uridenicola* foi a espécie predominante isolada de ambas as espécies de insectos durante as duas épocas sucessivas de 1998 e 1999.

A infeção natural por *Cladosporium* variou de 18,19 a 44,38% e de 16,4 a 45,27% em 1998 e 1999, respetivamente, de acordo com a espécie de inseto e a planta hospedeira. A análise estatística revelou uma alta correlação (R = 0,8759 ±0,093) entre o total investigado e o total infetado de cada espécie de inseto durante os dois anos sucessivos do estudo. A infeção natural de *Cladosporium* nas fases de vida da mosca branca foi mais elevada nas ninfas de mosca branca (87,8%) do que nos adultos (8,08%) e nos ovos (4,15%) em 1998 e 1999. Os resultados mostraram que a distribuição sazonal de *Cladosporium* ocorreu durante todo o ano, mas as taxas foram mais elevadas durante o período de junho a novembro, que coincidiu com as populações elevadas de moscas brancas e afídeos. O clima teve um efeito significativo na infeção de insectos e não teve qualquer efeito noutras espécies de fungos. Os testes laboratoriais mostraram uma patogenicidade mais elevada do candidato em *Aphis gossypii*, *Aphis craccivora* e *Bemisia agrentifollii* do que outros fungos registados. Foram realizadas experiências de campo (no Egipto, em 2000-2001) e de laboratório para estudar o efeito do óleo de jojoba, do óleo de girassol e do óleo de milho na mosca branca (*Bemisia tabaci*) que infesta as batatas. Os testes laboratoriais mostraram que o óleo de jojoba foi o mais potente contra a mosca branca, onde o LC_{50} foi de 5,4%. Testes de campo mostraram que o óleo de jojoba é um agente molhante comprovado e danificou a cutícula da praga, resultando em dessecação e morte (Salem *et al.*, 2003).

Três colecções de *B. tabaci* foram retiradas de culturas de algodão e de produtos hortícolas no início da estação de crescimento. Estas colecções revelaram uma resistência acentuada aos carbamatos carbosulfão (cerca de 20-50 vezes) e aldicarbe (cerca de 40-80 vezes) e uma resistência moderada aos piretróides cipermetrina (cerca de 10-30 vezes) e lambada-cialotrina (cerca de 10-25 vezes). Não apresentaram resistência aos organofosforados profenofos e pirimifos-metilo, nem ao imidaclopride. Uma outra população, colhida no final da estação de crescimento, diferiu marcadamente na sua resposta. Nesta população, a resistência ao carbossulfão manteve-se elevada (cerca de 40 vezes), a resistência ao profenofos e à cipermetrina aumentou (cerca de 20 e 50 vezes, respetivamente) e foi detectada uma ligeira resistência ao imidaclopride (cerca de 6 vezes). A resistência à cipermetrina e ao profenofos demonstrou ser semelhante entre adultos e ninfas. Independentemente da data de recolha, nenhuma das populações apresentou resistência à piriproxifena. Estas populações egípcias foram comparadas com duas populações israelitas representativas. As diferenças entre os seus perfis de resistência são discutidas em termos da sua data de recolha, da sua proximidade geográfica e dos padrões de utilização de insecticidas nos seus locais de recolha (El-Kady e Devine, 2003).

Rahil *et al.* (2004) estudaram a eficácia de Actellic (pirimifos metilo), Vertimec (abamectina) e Biofly (*Beauveria bassiana*) no controlo de *Bemisia* e os efeitos destes produtos nos predadores *Euseius scutalis* (ácaro) e *Stethorus gilvifrons* (besouro joaninha) em plantações de tomate cv. Castle Rock durante a campanha de 2001/02 na província de Fayoum. As populações de pragas e predadores foram reduzidas pelos tratamentos pesticidas em comparação com o controlo não tratado. O Vertimec e o Actellic foram altamente tóxicos para as pragas e os predadores. O Vertimec foi o mais persistente de todos os produtos testados. O Biofly reduziu as populações de pragas e predadores, mas a diferença entre este tratamento e o controlo não foi significativa.

Metwally *et al.* (2004) realizaram estudos de campo em Kafr El-Sheikh, durante as épocas de cultivo de 2000 e 2001, para determinar as percentagens de parasitismo dos parasitóides afelinídeos *Er. mundus* e *En. lutea* em tomates infestados por *Bemisia tabaci*. Os tratamentos foram: óleo de jojoba; mulching; óleo de jojoba + inseticida silicron; e inseticida silicron. O óleo de jojoba apresentou a menor redução de parasitismo (26,55 e 31,75%) para *E. mundus* e (25,65 e 21,71%) para *E. lutea* durante 2000 e 2001, respetivamente. Uma mistura de óleo de jojoba e silicron diminuiu a percentagem de parasitismo dos parasitóides mais do que a cobertura do solo com polietileno amarelo, mas sem diferenças significativas. No entanto, o silicron apresentou a maior redução de parasitismo para *E. mundus* (67,64 e 68,32%) e *E. lutea* (68,23 e 58,31%) durante os anos 2000 e 2001, respetivamente. As flutuações populacionais destes afelinídeos foram marcadamente reduzidas pelos diferentes tratamentos durante as duas estações. Uma mistura de óleo de jojoba e silicron reduziu consideravelmente o número de óvulos, ninfas e adultos de *B. tabaci*, seguida da aplicação de óleo de jojoba, silicron e mulching durante as duas estações. A maior redução de ovos, ninfas e adultos foi de 28,41, 29,19 e 52,25%, respetivamente, em 2000, e de 42,69, 41,43 e 59,70% em 2001. No entanto, a redução mais baixa foi de 8,73, 15,68 e 19,42% para as 3 fases, respetivamente, durante 2000, em comparação com 14,24, 11,85 e 36,05% durante 2001.

Simmons e Abd-Rabou (2005 a e b) afirmaram que os dados sugerem que os insecticidas podem, em geral, ter tido um impacto negativo na incidência do parasitismo, uma vez que o parasitismo nos controlos não tratados se manteve relativamente elevado ao longo do tempo. No caso de vários biorracionais, o aumento das doses parece ter reduzido a taxa de parasitismo. No entanto, independentemente da taxa de aplicação do óleo KZ, o parasitismo caiu para menos de 15% após o tratamento e permaneceu baixo durante toda a experiência. Uma observação semelhante foi registada nas parcelas tratadas com buprofezina . Entre os insecticidas, o parasitismo tendeu a ser elevado nas plantas tratadas com Neemazal ou M-Pede . O Neem utilizado neste teste parece ter sido um dos dois insecticidas bioracionais testados que foram mais compatíveis com o parasitismo de *B. tabaci* por *E. sophia* e *E. mundus*. Embora os dados tenham sido consistentes em todas as culturas testadas, uma vez que o desenho experimental limitou o poder do teste, são necessários mais dados para uma melhor compreensão do impacto destes insecticidas no parasitismo de *B. tabaci*. Soad *et al.* (2005) estudaram no Egipto, em 2002 e 2003, a eficácia de determinados insecticidas (etofenprox (Trebon), imidaclopride (Admire), acetamipride (Mospilan) e tiametoxame (Actra)), utilizados quer numa única aplicação, várias vezes, quer em aplicações alternadas, contra adultos e ninfas de mosca branca, *Bemisia tabaci*, e a incidência do Tomato yellow leaf curl virus (TYLCV) no tomateiro. Etofenprox a 250 ml/fed, imidacloprid a 500 ml/fed e acetamiprid a 100 ml/fed foram usados como pulverização foliar 6 vezes em intervalos regulares de 7 dias, e 3 vezes através do programa sequencial alternativo usando pulverizador de mochila. A pulverização foi iniciada uma semana após o transplante. Thiamethoxam a 350 g/fed foi usado como drench de solo 3 vezes em 14 dias, iniciado uma semana após o transplante. O uso alternativo de etofenprox / tiametoxam, imidaclopride / tiametoxam, acetamipride / etofenprox; aplicação única contínua de etofenprox, etofenprox / imidaclopride,

O acetamipride/imidaclopride, o tiametoxame/acetamipride, o imidaclopride, o tiametoxame e o acetamipride proporcionaram uma excelente mortalidade inicial superior a 90% na fase adulta de *B. tabaci* e incidência de TYLCV sem diferenças significativas entre os tratamentos. O tiametoxame, aplicado no solo, revelou-se o mais eficaz contra as fases adulta e imatura da mosca branca, enquanto o acetamipride obteve a mortalidade mais baixa para estas duas fases, bem como uma mortalidade residual curta. A alternância de etofenprox/imidaclopride registou a mortalidade inicial mais elevada nas ninfas. Os níveis de resíduos nos frutos de tomate também foram investigados 30, 45 e 60 dias após a aplicação (DAA) dos insecticidas. Os resíduos de imidaclopride foram encontrados em quantidades quase superiores ao limite máximo de resíduos (LMR) aos 30 DAA, tendo-se degradado para quantidades inferiores ao LMR ao longo do tempo até aos 45 e 60 DAA. A aplicação de imidaclopride em programas de pulverização alternados com tiametoxame, etofenproxe e acetamipride resultou em resíduos abaixo do LMR nos três intervalos de pré-colheita. O acetamipride, quando utilizado à dose recomendada, apresentou um resíduo de 0,36 mg/kg no início da época, tendo depois diminuído para 0,08 mg/kg no final da época. A utilização alternada de acetamipride com tiametoxame, etofenproxe ou imidaclopride reduziu o LMR nos frutos de tomate. As aplicações sucessivas de etofenprox isolado à dose recomendada resultaram em resíduos acima do LMR aos 30 e 45 DAA e aproximadamente próximos do LMR aos 60 DAA. A meia taxa em uso alternativo com imidaclopride, acetamipride ou tiametoxame apresentou resíduos abaixo do LMR em todos os intervalos de amostragem. O tiametoxame, quando utilizado em aplicações únicas e sucessivas, produziu resíduos de 2,5, 1,9 e 1,5 mg/kg nos três intervalos de pré-colheita, respetivamente. O impacto do bioagente *C. carnea* e do inseticida (Cord 72%) na infeção pelo vírus do enrolamento da folha amarela do tomateiro (TYLCV), transmitido pela mosca branca *B. tabaci*, foi investigado em oito regiões localizadas no Alto Egipto durante dois anos consecutivos, 2003 e 2004. O tratamento com inseticida e as aplicações de bioagentes reduziram a incidência do vírus nas plantações de tomate para um nível inferior a 10%, em resultado da supressão da população de mosca branca. O inseticida foi ligeiramente mais eficaz do que o bio-agente na redução da transmissão do vírus (0-1,8% de incidência do TYLCV em comparação com 1,8-9,3% para o bio-agente), enquanto a incidência do TYLCV nas áreas não tratadas variou entre 37,3 e 82% (El-Tahlawy e El-Arnaouty, 2006). Os diferentes extractos de sementes e ervas de *Lipid sativum* mostraram um efeito moderado contra a mosca branca (*B. tabaci*). O lípido total das sementes e, em particular, a fração insegura mostraram uma atividade significativa contra a praga, que deu 77% de mortalidade na fase adulta (Radwan *et al.*, 2006). Os tratamentos com clorpirifos-metilo (125 ppm) e metalayl+clorpirifos-metilo (75+125 ppm, respetivamente) reduziram a população de estádios imaturos de *B. tabaci* em 65,7 e 84,0% no tomate e na beringela, respetivamente. O clorpirifos-metilo e a mistura metalaxil+clorpirifos-metilo foram mais eficazes contra *B. tabaci*, enquanto o metalaxil foi ineficaz. A população de estágios imaturos de *B. tabaci* foi reduzida de 48,00 a 64,00% no tomate e de 32,00 a 81,00% na berinjela (Karima e Sayeda, 2007). Foi efectuado o fracionamento do conteúdo de glucosinolatos das sementes e da erva fresca de *Lepidium sativum* que cresce no Egipto. O estudo do teor de glucosinolatos das sementes de *L. sativum* revelou o isolamento e a identificação de glucotropaeolina e 2-fenil etil glucosinolato, enquanto o estudo do teor de glucosinolatos da erva fresca revelou a presença de 2-etil butil glucosinolato, metil glucosinolato, butil glucosinolato e glucotropaeolina. A identificação dos glucosinolatos isolados foi comprovada através da utilização de diferentes métodos químicos (hidrólise enzimática) e determinações espectroscópicas (UV, MS e GC-MS para os isotiocianatos correspondentes). Estudos de toxicidade aguda de éter de estimação e extractos alcoólicos de partes aéreas da planta mostraram que o extrato alcoólico é mais seguro do que o extrato de éter de estimação e ambos os extractos têm uma atividade hepatoprotectora no fígado à mesma concentração (50 micro g/ml). Os diferentes extractos das sementes e ervas de Lepidium sativum mostraram um efeito potente contra a mosca branca (*B. tabaci*). O glucosinolato total e, em particular, a glucotropaeolina mostraram uma atividade significativa contra a praga, que deu uma percentagem de mortalidade mais elevada na fase adulta (Radwan *et al.*, 2007). *Neosieulus zaheri* afectou grandemente *B. tabaci* com percentagens de redução de 68,45 e 90,00% nas duas cultivares de pepino Heikal e Sahm, respetivamente, durante a época de 2004. O controlo químico com o biocida Abamectin (Vertemic) 1,8% EC e o acaricida Phenproximate (Ortus) 5% SC deu percentagens de redução de 89,73 & 58,70% para *B. tabaci*, respetivamente, na cultivar Heikal durante a época de 2004. Resultados semelhantes foram registados na cultivar Sahm (Hassan *et al.*, 2008). O extrato da planta Neem azal-S diminuiu acentuadamente os números da mosca branca, *B. tabaci* após a pulverização em couve infestada. O número do parasitoide *E. mundus* também diminuiu após a aplicação do extrato. Repetir a aplicação três vezes durante outubro, novembro e dezembro, causou uma redução severa na população da praga, bem como do parasitoide (Zaki, 2008). Kazem e Farghaly (2009) realizaram experiências de campo no Egipto para estudar o efeito da mistura de extrato aquoso botânico de capsicum + gengibre e alho + pimenta preta com óleo de linhaça fervido, preparado como concentrado emulsionável, para controlar *B. tabaci* em folhas de abóbora. A primeira fórmula de óleo de linhaça fervido continha extrato de capsicum e gengibre, a segunda continha extrato de alho e pimenta preta e a terceira era apenas óleo de linhaça fervido. Cada fórmula foi testada em concentrações de 1,5, 2,5 e 3,5%. Além disso, a concentração de 2,5% de cada fórmula foi misturada com metade da taxa recomendada de clorpirifos-metilo (CPM) Reldan 50% EC, que foi misturado com diluição de extrato botânico em água fervida. No campo, todas as formulações praticadas foram comparadas com a testemunha e com o clorpirifos-metilo nas concentrações recomendadas e em meias concentrações. Na diluição em água, 4 plantas foram fervidas em capsicum + gengibre com concentração de 1,7% p/v e misturadas com a primeira formulação no campo e a segunda diluição em água alho + pimenta-do-reino foi fervida com concentração de 1,7% p/v e misturada com a segunda formulação no campo, a terceira formulação foi misturada com água normal no campo e o inseticida na concentração total e meia foi misturado com água normal também no campo. No laboratório, foram efectuadas experiências com óvulos e estádios imaturos. Na experiência de campo realizada em novembro de 2006, foi calculado o número médio de insectos por folha para as plantas antes da pulverização e após 1, 3, 5 e 7 dias da pulverização. Todas as soluções de óleo vegetal testadas passaram com sucesso o teste de emulsibilidade. Os resultados revelaram que todos os materiais testados exibiram uma atividade inseticida razoável contra todas as fases da mosca branca. O melhor tratamento contra os óvulos da mosca branca foi 2,5% da terceira formulação + 1/2 taxa de Reldan, que registou uma redução de 93,3%. A maior percentagem de redução de ninfas de mosca branca foi registada com 2,5% da segunda formulação + 1/2 taxa de Reldan (100% de redução). O melhor tratamento contra adultos de mosca branca foi observado com 2,5% da primeira formulação combinada com 1/2 taxa de Reldan, que registou 87,0% de redução. Não se registou qualquer melhoria quando se adicionou gengibre e cola ao pimento contra a fase adulta da mosca branca em novembro de 2006, em comparação com a estação de novembro de 2005; pelo contrário, para o gengibre e a cola, registou-se uma melhoria quando se adicionou pimenta preta e cola ao alho contra a fase adulta da mosca branca em novembro de 2006, em comparação com a estação de novembro de 2005, em mais de 20%; a adição da cola ao óleo aumentou a eficiência contra a fase adulta da mosca branca em novembro de 2006, em comparação com a estação de novembro de 2005. Os dados também mostraram que o maior peso médio para 3 plantas de abóbora com frutos foi registado no tratamento de 2,5% da terceira formulação (750 g), indicando 78,6, 130,6 e 30,4% em relação ao controlo, Reldan (taxa total) e 1/2 taxa de Reldan, respetivamente, e houve uma melhoria e vantagem na cozedura de plantas com diluição de água de campo contra o estádio adulto da mosca branca. Verificou-se uma convergência entre os resultados de laboratório e de campo na maioria dos tratamentos. A taxa total de inseticida causou queimaduras nas folhas tratadas e diminuiu o crescimento, mas a meia taxa não queimou as folhas.

Abdel-Raheem *et al.* (2010) Patogenicidade de dois isolados de fungos entomopatogénicos. *Verticillium lecanii* e *Beauvena bassiana* para a mosca branca, *B. tabaci* em condições de laboratório e também o efeito de diferentes taxas de fertilização no seu controlo pelos dois fungos na cultura da batata na província de El-Behira, para as duas épocas sucessivas de batata 2006 e 2007 foram estudadas. Foram utilizadas três concentrações ($2,5 \times 10^5$, $2,5 \times 10^6$ e $2,5 \times 10^7$ conídios/ml.). Em condições de laboratório, os resultados mostraram que *V. lecanii* e *B. bassiana induziram* a morte após o 4º dia de tratamento. A porcentagem máxima de mortalidade (100%) ocorreu após o 7º dia pós-tratamento com a terceira concentração ($2,5 \times 10^7$ conídios/ml.) em ambos os isolados. A terceira concentração foi a altamente tóxica para os adultos de *B. tabaci* em comparação com as outras duas concentrações. Em condições de campo, a terceira concentração ($2,5 \times 10^7$) também foi a concentração mais eficaz contra a mosca-branca após o terceiro tratamento por *V. lecanii* e *B. bassiana*. A porcentagem de redução variou entre 55,8 e 100% em todas as concentrações. *V. lecanii* foi ligeiramente mais eficaz do que *B. bassiana* contra *B. tabaci*. Não houve efeitos directos ou indirectos das taxas de fertilização na percentagem de infestação por *B. tabaci* e também no seu controlo por *V. lecanii* e *B. bassiana* em ambas as estações. Estes resultados confirmaram que os isolados de *V. lecanii* e *B. bassiana* são agentes promissores para o controlo da mosca branca no campo. Amin *et al.* (2010) avaliaram a atividade inseticida do pigmento vermelho produzido por uma estirpe do fungo *Beauveria bassiana* que foi isolada localmente da mosca branca infetada, *B. tabaci* avaliada. O pigmento é produzido extracelularmente e é solúvel em água. Isto torna-o fácil e simples de recuperar do caldo de fermentação e de utilizar em experiências de patogenicidade. Quando aplicado isoladamente a ninfas de *B. tabaci*, foram registadas percentagens de mortalidade de 18%. Para ninfas tratadas com suspensão de esporos de *B. bassiana*, a mortalidade foi de 60%. Os melhores resultados foram obtidos quando o pigmento vermelho foi combinado com esporos de fungos, tendo a percentagem de mortalidade aumentado até 92%. A maior atividade inseticida contra adultos que emergem mais tarde das larvas sobreviventes de *B. tabaci* foi registada também com o tratamento que combina pigmento e esporos de fungos com os dias mais longos até à pupação. Farghaly (2010) realizou experiências de campo utilizadas para detetar a resistência a insecticidas organofosforados, carbamatos e piretróides na população de campo da mosca branca *B. tabaci*. Os resultados indicaram que a resistência em quatro estirpes de campo aumentou gradualmente aos piretróides, carbamatos e insecticidas OP durante as estações de 2006 e 2007, mas a resistência aos piretróides foi a mais forte. A análise electroforética das proteínas utilizando a eletroforese em gel de poliacrilamida com dodecil sulfato de sódio (SDS) (PAGE) revelou que existiam muitas diferenças nos padrões proteicos e que as bandas diferiam em intensidade e pesos moleculares entre as estirpes de laboratório e de campo. Havia 3 bandas de proteínas presentes apenas na estirpe de laboratório com os seguintes pesos moleculares 96,5, 89,9 e 50,7 Kd, respetivamente. Por outro lado, foi detectada uma proteína de 13,2 Kd apenas nas quatro estirpes de campo. A atividade da AChE da estirpe de campo diminuiu gradualmente em relação à estirpe de laboratório. Salwa *et al.* (2010) realizaram experiências de campo no Egipto, durante as estações de outono de 2007 e 2008, para avaliar a eficiência de alguns agentes de controlo naturais contra *B. tabaci* que infestava o pepino. Em ambas as estações, Achook e Runner foram os mais eficazes na redução do número de moscas brancas (*B. tabaci*). Abd-Rabou e Simmons (2015) afirmaram que *Bemisia tabaci* (Gennadius) (Hemiptera: Aleyrodidae) é um inseto praga global que transmite muitos vírus de plantas importantes. Foi realizado um estudo de campo sobre a infestação por *B. tabaci* e a incidência de vírus transmitidos pela mosca-branca após a aplicação de insecticidas biorracionais foliares e tratados com sementes seleccionados em sete culturas hortícolas e em linha no Egipto. Três insecticidas foliares (Actara, Biofly e Neemix) e um controlo tratado (Actellic) foram testados durante três semanas em plântulas e plantas adultas, e dois insecticidas tratados com sementes (Actara e Gaucho) e um controlo tratado (Aldicarb) foram testados em plântulas. Todos os insecticidas foliares levaram a reduções de 60-100% nas infestações de mosca branca em cada cultura. O Biofly e o Neemix foram os insecticidas menos eficazes. As incidências de vírus transmitidos pela mosca branca foram reduzidas em cada parcela tratada com inseticida com plântulas de quatro culturas, mas não se observou qualquer efeito na incidência de vírus na experiência com plantas adultas. As culturas do pepino, da beringela, da abóbora e do tomate apresentaram sintomas característicos do Cucumber vein yellowing virus, do Squash leaf curl virus ou do Tomato yellow leaf curl virus, mas não foram observados sintomas de vírus transmitidos pela mosca branca no feijão verde, na batata ou na beterraba sacarina. Os resultados mostram que vários insecticidas bioracionais podem suprimir as populações de mosca branca nas plântulas para atrasar os vírus transmitidos pela mosca branca em algumas culturas hortícolas no Egipto.

Capítulo 5

V. Listas adicionais:

V 1. Novas espécies de parasitóides registadas nos últimos cinquenta anos:

1. *Ablerus aegypticus* Abd-Rabou
2. *Aleyrodes najafensis* Samin e Abd-Rabou
3. *Aphelinus demyaati* Abd-Rabou
4. *Aphytis azai* Abd-Rabou
5. *Aphytis matruhi* Abd-Rabou
6. *Aphytis sinaii* Abd-Rabou
7. *Coccophagoides aegypticus* Abd-Rabou
8. *Coccophagus qenai* Abd-Rabou
9. *Eretmocerus aegypticus* Evans e Abd-Rabou
10. *Encarsia axacaliae* Abd-Rabou e Ghahari
11. *Encarsia baghdadensis* Samin e Abd-Rabou
12. *Encarsia macoensis* Abd-Rabou e Ghahari
13. *Eretmocerus neomaskelliae* Abd-Rabou & Ghahari
14. *Encarsia perconfusa* Evans e Abd-Rabo
15. *Eretmocerus ostovani* Ghahari & Abd-Rabou
16. *Eretmocerus parasiphonini* Evans & Abd-Rabou
17. *Pteroptrix aegyptica* Evans & Abd-Rabou
18. *Euderomphale ezzati* Abd-Rabou

V2. Lista de Aphelinidae no Egipto (segundo Abd-Rabou e Evans ,2011).

1. *Ablerus aegypticus* Abd-Rabou
2. *Ablerus atomon* (Caminhante)
3. *Ablerus chionaspidis* (Howard)
4. *Ablerus chrysomphali* (Ghesquiere)
5. *Ablerus clisiocampae* (Ashmead)
6. *Ablerus perspeciosus* (Girault)

7. *Aphelinus abdominalis* (Dalman)

8. *Aphelinus asychis* Walker

9. *Aphelinus demyaati* Abd-Rabou

10. *Aphelinusflavipes* (Forester)

11. *Aphelinus mali* (Haldeman)

12. *Aphelinus paramali* Zehavi e Rosen

13. *Aphelinus varipes* (Forster)

14. *Aphytis africanus* Quednau

15. *Aphytis aonidiae* (Mercet)

16. *Aphytis azai* Abd-Rabou

17. *Aphytis chilensis* Howard

18. *Aphytis chrysomphali* (Mercet)

19. *Aphytis coheni* DeBach

20. *Aphytis diaspidis* (Howard)

21. *Aphytis hispanicus* (Mercet)

22. *Aphytis lepidosaphes* Compere

23. *Aphytis libanicus* Traboulsi

24. *Aphytis lingnanensis* Compere

25. *Aphytis maculicornis* (Mercet)

26. *Aphytis matruhi* Abd-Rabou

27. *Aphytis mytilaspidis* (Le Baron)

28. *Aphytis paramaculicornis* De Bach & Rosen

29. *Aphytis philippinensis* DeBach & Rosen

30. *Aphytis phoenicis* DeBach & Rosen

31. *Aphytis sinaii* Abd-Rabou

32. *Aphytis vandenboschi* DeBach & Rosen

33. *Coccobius annulicornis* Ratzeburg

34. *Coccobius* sp.

35. *Coccophagoides aegypticus* Abd-Rabou

36. *Coccophagoides kuwanai* (Silvestri)

37. *Coccophagoides moeris* (Walker)

38. *Coccophagus bivittatus* Compere

39. *Coccophagus cowperi* Girault

40. *Coccophagus ishii* Compere

41. *Coccophagus lycimnia* (Walker)

42. *Coccophagus qenai* Abd-Rabou

43. *Coccophagus scutellaris* (Dalman)

44. *Encarsia acaudaleyrodis* Hayat

45. *Encarsia aurantii* (Howard)

46. *Encarsia berlesei* (Howard)

47. *Encarsia cibcensis* Lopez-Avila

48. *Encarsia citrina* (Lagostim)

49. *Encarsia davidi* Viggiani e Mazzon

50. *Encarsia elegans* Masi

51. *Encarsia formosa* Gahan

52. *Encarsia galilea* Rivnay e Gerling

53. *Encarsia inaron* (Walker)

54. *Encarsia lahorensis* (Howard)

55. *Encarsia lounsburyi* (Berlese & Paoli)

56. *Encarsia lutea* Masi

57. *Encarsia mineoi* Viggiani

58. *Encarsia olivina* (Masi)

59. *Encarsia perconfusa* Evans e Abd-Rabou

60. *Encarsia pergandiella* Howard

61. *Encarsia perniciosi* (Torre)

62. *Encarsia protransvena* Viggiani

63. *Encarsia ramsesi* Polaszek

64. *Encarsia sophia* (Girault e Dodd)

65. *Encarsia strenua* (Silvestri)

66. *Eretmocerus aegypticus* Evans e Abd-Rabou

67. *Eretmocerus cadabae* Viggiani

68. *Eretmocerus californicus* Howard

69. *Eretmocerus corni* Haldeman

70. *Eretmocerus diversicilatus* Silvestri

71. *Eretmocerus emiratus* Zolnerowich & Rose

72. *Eretmocerus eremicus* Rose & Zolnerowich

73. *Eretmocerus hayati* Zolnerowich e Rose

74. *Eretmocerus mundus* (Mercet)

75. *Eretmocerus parasiphonini* Evans & Abd-Rabou

76. *Eretmocerus roseni* Gerling

77. *Eretmocerus siphonini* Viggiani & Battaglia

78. *Marietta carnesi* (Howard)

79. *Marietta leopardina* Motschulsky

80. *Marietta picta* (André)

81. *Promuscidea unfasciativentris* Girault

82. *Pteroptrix aegyptica* Evans & Abd-Rabou

83. *Pteroptrix bicolor* (Howard)

84. *Pteroptrix smithi* (Compere)

V3.Lista de Encyrtidae egípcios (segundo Evans e Abd-Rabou, 2013):

1. *Acerophagus* sp.

2. *Achalcerinys gorodkovi* (Myartseva)

3. *Anagyrus aegyptiacus* Moursi

4. *Anagyrus greeni* (Howard)

5. *Anagyrus kamali* Moursi

6. *Anagyrus pseudococci* (Girault)

7. *Anagyrus saccharicola* Timberlake

8. *Anagyrus shahidi* Hayat

9. *Anicetus africanus* (Giralt)

10. *Anicetus ceylonensis* Howard

11. *Anicetus italicus* (Masi)

12. *Aphycoides* sp.

13. *Baeoanusia oleae* Silvestri

14. *Blastothrix erythrostetha* (Walker)

15. *Blepyrus insularis* (Cameron)

16. *Bothriophryne acaciae* (Risbec)

17. *Bothriophryne tenuicornis* (Mercet)

18. *Cheiloneurus claviger* Thomson

19. *Cheiloneurus quadricolor* (Girault)

20. *Clausenia josefi* (Rosen)

21. *Coccidoxenoides perminutus* Girault

22. *Comperia alfierii* (Mercet)

23. *Comperiella bifasciata* Howard

24. *Comperiella lemniscata* Compere e Annecke

25. *Copidosoma truncatellum* (Dalman)

26. *Diversinervus elegans* Silvestri

27. *Encyrtus inflelix* (Embleton)

28. *Gyranusoidea indica* Shaffee, Alam & Agarwal

29. *Gyranusoidea litura* Prinsloo

30. *Habrolepis aspidioti* Compere & Annecke

31. *Habrolepis pascuorum* Mercet

32. *Habrolepis rouxi* Compere

33. *Homalotylus flaminius* (Dalman

34. *Homalotylus quaylei* Timberlake

35. *Homalotylus vicinus* Silvestri

36. *Ixodiphagus theilerae* (Fiedler

37. *Leptomastidea abnormis* (Girault)

38. *Leptomastidea bifasciata* (Mayr)

39. *Leptomastix algirica* Trjapitzin

40. *Leptomastix dactylopii* Howard

41. *Leptomastix flava* Mercet

42. *Leptomastix nigra* Compere

43. *Leptomastix nigrocoxalis* Compere

44. *Metaphycus africanus* Compere

45. *Metaphycus anneckei* Guerrieri e Noyes

46. *Metaphycus asterolecanii* (Mercet)

47. *Metaphycus flavus* (Howard)

48. *Metaphycus helvolus* (Compere)

49. *Metaphycus lounsburyi* (Howard)

50. *Metaphycus subflavus* Timberlake

51. *Metaphycus zebratus* (Mercet)

52. *Microterys nietneri* (Motschulsky)

53. *Monstranusia antennata* (Narayanan)

54. *Neococcidencyrtus delis* Noyes

55. *Neoplatycerus kemticus* Trjapitzin & Triapitsyn

56. *Ooencyrtus telenomicida* (Vassiliev)

57. *Parechthrodryinus coccidiphagus* (Mercet)

58. *Paraphaenaodiscus* sp.

59. *Prochiloneurus aegyptiacus* (Mercet)

60. *Prochiloneurus annulatus* (Ferriere)

61. *Prochiloneurus bolivari* Mercet

62. *Prochiloneurus javanicus* (Ferriere)

63. *Prochiloneuruspulchellus* Silvestri

64. *Psyllaephagus euphyllurae* (Masi)

65. *Rhopus nigroclavatus* (Ashmead)

66. *Syrphophagus africanus* (Gahan)

67. *Syrphophagus aphidivorus* (Mayr)

68. *Tremblaya oleae* (Silvestri)

V4. Lista dos parasitóides da mosca branca (segundo Abd-Rabou,2015):

I. Família Aphelinidae:

1. *Encarsia acaudaleyrodis* Hayat

2. *Encarsia davidi* Viggiani e Mazzon

3. *Encarsia elegans* Masi

4. *Encarsia formosa* Gahan

5. *Encarsia galilea* Rivnay e Gerling

6. *Encarsia inaron* (Caminhante)

7. *Encarsia lahorensis* (Howard)

8. *Encarsia lutea* Masi

9. *Encarsia mineoi* Viggiani

10. *Encarsia olivina* (Masi)

11. *Encarsia perconfusa* Evans e Abd-Rabou

12. *Encarsia pergandiella* Howard

13. *Encarsia protransvena* Viggiani

14. *Encarsia ramsesi* Polaszek

15. *Encarsia sophia* (Girault e Dodd)

16. *Encarsia strenua* (Silvestri)

17. *Eretmocerus aegypticus* Evans e Abd-Rabou

18. *Eretmocerus cadabae* Viggiani

19. *Eretmocerus californicus* Howard

20. *Eretmocerus corni* Haldeman

21. *Eretmocerus diversicilatus* Silvestri

22. *Eretmocerus emiratus* Zolnerowich & Rose

23. *Eretmocerus eremicus* Rose & Zolnerowich

24. *Eretmocerus hayati* Zolnerowich e Rose

25. *Eretmocerus mundus* (Mercet)

26. *Eretmocerus parasiphonini* Evans & Abd-Rabou

27. *Eretmocerus roseni* Gerling

28. *Eretmocerus siphonini* Viggiani & Battaglia

11. Família: Eulophidae

29. *Euderomphale chelidonii* Erods

30. *Euderomphale ezzati* Abd-Rabou

111. Família: Platygastridae

31. *Amitus hesperdium* Silvestri

32. *Amitus aleurotubae* Viggiani e Mazzone

Capítulo 6

VI.Referências

Abd Allah, L. A. (1988): Estudos sobre insectos predadores e parasitas que atacam cochonilhas e cochonilhas na província de Dakahlia. Tese de Doutoramento, Fac. Agric., Mansoura Univ.

Abd El-Fattah, M.; El-Nabawi, A.; Eisa, A. A. e El-Dash, A. A. (1991): Abundância sazonal da cochonilha de cera dos citrinos, *Ceroplastes floridensis* Comstock, em diferentes plantas hospedeiras. Menofiya J. Agric. Res., 16 (1): 793-802.

Abd El-Meged, A. M. Z. (1977): Estudos sobre o controlo integrado de cochonilhas na província de Menofia. Tese de Mestrado, Fac. Agric. Minofiya Univ., Egipto.

Abd El-Razak, S. I. (2000): Estudos sobre algumas cochonilhas abundantes que atacam plantas ornamentais em jardins públicos. Tese de Doutoramento, Fac. of Agric. Universidade de Alexandria, pp. 204.

Abdel-Razak, S. I. ; Badr, S. A. e Karam, H. H. (2014): A identidade da escala de camélia de algodão, *Pulvinaria floccifera* (Westwood) (Coccidae: Pulvinariini) no Egito. Jornal de Estudos de Entomologia e Zoologia , 2 (2): 185-188

....
....

Abd El-Razzık, M. E. (2000): Estudo da tamareira no Norte do Sinai, com especial referência à ecologia e biologia da espécie *Parlatoria blanchardii* (Targ.-Tozz), superfamília Coccidea. Tese de Mestrado, Fac. of Agric. Universidade do Cairo, pp. 97.

Abd- Rabou, S.; Mohammed, H. e Hussein, N. (2001): Role of *Encarsia aurantii* (Hymenoptera: Aphelinidae) in biological control of armored scale insects (Hemiptera: Diaspididae) in Egypt. Primeiro congresso sobre Gestão Integrada de Pragas, Universidade do Cairo. Apresentação oral.

Abdallah, S. A.; Sammour, E. A.; Abdalla, E. F. (1991): Efeito de certos pesticidas na mosca branca do algodão, *Bemisia tabaci* Genn, que infesta o pepino. Boletim da Sociedade Entomológica do Egipto, Série Económica. 1991/1992. 19, 95-100.

Abdallah, Y. E. Y. e Kelany, S. M. O. (2003): Factores ecológicos que afectam a atividade populacional de pragas sugadoras de seiva que habitam campos de algodão em três agro-ecossistemas diferentes. Jornal das Universidades Árabes de Ciências Agrícolas. 11: 1,359-371.

Abdel-baky, N. F. ; Nehal, A. S. e Abdel-Salam, A.H. (1998): Três Cladosporium spp. como candidatos promissores ao controlo biológico para controlar as moscas brancas (*Bemisia* spp.) no Egipto Pakistan Journal of Biological Sciences , 1 (3): 188-195.

Abdel-Baky, N. F. e Abdel-Salam, A. H. (2003): Natural incidence of Cladosporium spp. as a bio-control agent against whiteflies and aphids in Egypt Journal of Applied Entomology, 127(4): 228-235.

Abdel-Fattah, M. A.; El-Minshawy e Darwish, E. (1978): A abundância sazonal de duas cochonilhas, *Lipidosaphes beckii* (New.) e *Aonidiella aurantii* (Marsk.), que infestam os citrinos no Egipto. Proc. 4th Conf. Controlo de Pragas, NRC, Cairo, Vol. 1:78-84.

Abdel-Fattah, M. I.; Hendi, A. e El-Sayed, A. M. (1985): Estudos ecológicos sobre parasitas da mosca branca do algodão *Bemisia tabaci* (Genn.) no Egipto. Bull. Ent. Egipto, Econ. Ser., 14:95-105.

Abdel-Fattah, M. I.; Hendi, A. e El-Sayed, A. M. (1985): Estudos ecológicos sobre parasitas da mosca branca do algodão *Bemisia tabaci* (Genn.) no Egipto. Bull. Ent. Egipto, Econ. Ser., 14:95-105.

Abdel-Fattah, M. I.; Hendi, A.; Koliab, O. e El-Sayed, A. M. (1984): Estudos sobre *Prospaltella lutae* Masi (Hym. Aphelinidae), um parasita primário da mosca branca do algodão, *Bemisia tabaci* (Genn.) no Egipto. Bull. Soc. Ent. Egipto, 65: 119-129.

Abdel-Fattah, M. I.; Hendi, A.; Koliab, O. e El-Sayed, A. M. (1984): Estudos sobre *Prospaltella lutae* Masi (Hym. Aphelinidae), um parasita primário da mosca branca do algodão, *Bemisia tabaci* (Genn.) no Egipto. Bull. Soc. Ent. Egipto, 65: 119-129.

Abdel-Gawaad, A. A.; El-Sayed, A. M.; Shalaby, F. F. e Abo-El-Ghar, M. R. (1990): Inimigos naturais de *Bemisia tabaci* (Genn.) e seu papel na supressão da densidade populacional da praga. Egipto, J. Agric. Res., 68 : 185-195.

Abdel-Gawaad, A. A.; El-Sayed, A. M.; Shalaby, F. F. e Abo-El-Ghar, M. R. (1990): Inimigos naturais de *Bemisia tabaci* (Genn.) e seu papel na supressão da densidade populacional da praga. Egipto, J. Agric. Res., 68 : 185-195.

Abdel-Khalek, A. A. (2005): Dinâmica populacional da mosca branca *Bemisia tabaci* (Genn.) infestando plantas de pepino em terras recém-recuperadas.

Annals of

Ciências Agrícolas (Cairo). 50: 2, 719-728.

Abdel-Mageed, M. I.; Zidan, Z. H.; Helmy E. I.; Zidan, A. H. e El-Imery (1991): Resposta de algumas cochonilhas armadas que infestam laranjeiras a alguns escalicidas testados em laboratório. Fourth Arab Cong. Proteção das Plantas, Cairo: 43-48.

Abdel-Megeed, M. I.; Hegazy, G. M.; Hegab, M. F. e Kamel, M. H. (1998b): Abordagens não tradicionais para o controlo da mosca branca do algodão, *Bemisia tabaci* Genn. que infesta as plantas de tomate. Anais da Ciência Agrícola (Cairo). Edição especial, Volume 1, 177-189.

Abdel-Megeed, M. I.; Zidan, Z. H.; Dahroug, S. M. A.; Salem, M. e Daoud, M. A. (1994): Factores que influenciam o desempenho de armadilhas adesivas amarelas para monitorizar a mosca branca, *Bemisia tabaci,* em pepino no Egipto. Annals of Agricultural Science (Cairo). 39: 2, 823-828.

Abdel-Megeed, M. L.; Hegab, M. F.; Hegazy, G. M. e Kamel, M. H. (1998a): Associação de certos factores climáticos com a dinâmica populacional da mosca branca do algodão *Bemisia tabaci* Genn. em plantas de tomate. Anais da Ciência Agrícola (Cairo). Edição especial, Volume 1, 161-176.

Abdel-Raheem, A. M.; Sabry, K. H. e Ragab, Z. A. (2010): Efeito de diferentes taxas de fertilização no controle de *Bemisia tabaci* (Genn.) Por *Verticillium lecanii* e *Beauveria bassiana* na cultura da batata. Egyptian Journal ofBiological Pest Control. 19: 2, 129-133.

Abdel-Rassoul, M. A. e Abou-El-Fattah, M. A. (1993): Abundância da cochonilha da cana-de-açúcar, *Saccharicoccus sacchari*

(Ckll.) e da cochonilha *Aclerda takahashii* (Kuwana) em certas variedades de cana-de-açúcar na província de Alexandria.

Abdel-Salam, A. M. M.; Hassan, A. A.; Merghany, M. M.; Abdel-Ati, K. A. e Ahmed, Y. M. (1997): O envolvimento de um geminivírus, um closterovírus e um vírus esférico na doença interveinal de manchas e amarelos de cucurbitáceas no Egito. Boletim da Faculdade de Agricultura da Universidade do Cairo. 48:4,707-722. "

Abdel-Salam, A. M.; Assem, M. A. e Abdel-Shaheed, G. A. (1971): Estudos experimentais sobre pragas de tomate (1) efeito de alguns pesticidas sobre pragas de tomate na UAR. Zeit. Ang. Entomol. 69: 55-59.

Abdel-Salam, A. M.; Assem, M. A.; Abdel-Shaheed, G. A. e Hammad, R (1972): Controlo químico de algumas pragas da abóbora na UAR. Zeit. Ang. Entomol. 70: 189-174.

Abdel-Shaheed, G. A.; Abdel-Salam, A. M.; Assem, M. A.; e Amin, S. H. (1972): Controlo das pragas do pepino-cobra (*Cucumis melo* L.) var Flexuous e do pepino (*C. sativus*) no Egipto. Indian Journal of Agricultural Science, 42: 95-99.

Abd-Rabou , S. ; Aly, N. e Badary, H. (2012): Estudos biológicos da cochonilha da camélia, *Pulvinaria floccifera* (Hemiptera:Coccidae) com atualização de listas de plantas hospedeiras e inimigos naturais no Egipto. Egipto. Acad. J. biolog. Sci., 5(3): 107-112.

Abd-Rabou , S. ; Aly, N. e Badary, H. (2012): Estudos biológicos da cochonilha da camélia, *Pulvinaria floccifera* (Hemiptera: Coccidae) com atualização de listas de plantas hospedeiras e inimigos naturais no Egipto. Workshop, Insectos de escamas e o seu papel no desenvolvimento agrícola no Egipto. Livro de resumos. P. 23.

Abd-Rabou , S.; El-Sahn, O. M.N. and Maamoun, M. A. (2015): Plantas hospedeiras de *Pealius mori* (Hemiptera: Aleyrodidae) e *Phenacoccus solenopsis* (Hemiptera: Pseudococcidae), com novo registo do Egipto . Egyptian Journal ofPlantProtectionResearchInstitute, 1 (1): 36-45.

Abd-Rabou, S. e Abd.El-Samea, S. (2005): Distribuição de larvas brancas no Egipto (Coleoptera : Scarabeidae). J. Appl. Sci.

20(2B): 642-649.

Abd-Rabou, S. e Abd.El-Samea, S. (2005): Novo registo e hospedeiro de *Encarsia bifasciafacies* (Hymenoptera : Aphelinidae) na cochonilha mole da cana-de-açúcar, *Pulvinaria tenuivalvata* (Homoptera : Coccidae) na cana-de-açúcar no Egipto. Egipto. J. Agric.Res. 83(3): 1213-1215.

Abd-Rabou, S. e Abd.El-Samea, S. (2006): *Coccophagus ochraceus* Howard (Hymenoptera : Aphelinidae), um novo parasitoide registado da cochonilha mole *Pulvinaria. tenuivalvata* (Newstead) (Homoptera : Coccidae) na cana-de-açúcar, *Saccharum officinarum* L. no Egipto. Egipto. J. Agric.Res.84 (2): 349-354.

Abd-Rabou, S. e Abd.El-Samea, S. (2007): Lista científica e chave para os parasitóides de *Pulvinaria tenuivalvata* (Newstead) (Homoptera : Coccidae) em cana-de-açúcar no Egipto. Egipto. J. Agric.Res.85(5): 1689-1694.

Abd-Rabou, S. e Attia, A. R. (2006): Novo registo do parasitoide, *Comperiella lemniscata* Compere e Annecke (Hymenoptera: Encyrtidae) em *Aonidiella aurantii* (Homoptera: Diaspididae) em goiaba no Egipto. Egipto. J. Agric.Res.84(1): 83-87.

Abd-Rabou, S. e Attia, A. R. (2006): Levantamento dos parasitóides da cochonilha mole da goiaba, *Pulvinaria psidii* (Homoptera: Coccidae) no Egipto, com novos registos. J. of Appl. Sci.,21 (8): 295-298.

Abd-Rabou, S. e El-Fatih, M.M. (2007): *Aphelinus desantisi* Hayat (Hymenoptera : Aphelinidae), um novo registo de parasitóides de afídeos (Homoptera : Aphididiae) no Egipto. Egipto. J. Agric. Res. ,85(4):1279-1283.

Abd-Rabou, S. (2008): O efeito de libertações aumentadas do parasitoide indígena, *Coccophagus scutellaris* (Hymenoptera: Aphelinidae) em populações de *Pulvinaria tenuivalvata* (Hemiptera: Coccoidea) no Egipto. Sugar Cane International, 26(1): 9-11.

Abd-Rabou, S. e Abd.El-Samea, S. (2006): Novos registos de espécies de larvas brancas escarabeídeas e do género diptreano em solos de cana-de-açúcar no Alto Egipto (Coleoptera: Scarabidae). Egipto. J. Agric.Res., 84(3): 797-801.

Abd-Rabou, S.; Youssef, A.S. e Evans, G.A. (2017): Lista da Super Família Psylloidea (Hemiptera) como conhecida por existir no Egito. Journal ofTaxonomy, Photon, 108: 139-141.

Abd-Rabou, S. (1999): Key to the genera of aphelinids from Egypt (Hymenoptera : Aphelinidae). Egipto. J. Agric. Res. 77 (4): 1607-1618.

Abd-Rabou, S. (1999): Parasitismo de *Eretmocerus siphonini* (Hymenoptera : Aphelinidae) no Egipto. Boll. Lab. Ent. Agr. Filippo-Silvestri, 55: 27-31.

Abd-Rabou, S. (2000): Newly recorded of aphelinids and encyrtids in Egypt. Egipto. J. Agric. Res., 78 (5): 1915-1924.

Abd-Rabou, S. (2002): Controlo biológico da mosca branca. Relatório do Centro de Investigação Agrícola, No.762.

Abd-Rabou, S. (2003): Insectos cochonilhas e sua gestão no Egipto. Adv. Agric. Res. In Egypt, Vol. (4) 1: 1-63.

Abd-Rabou, S. (2009) : moscas brancas e suas formas de controlo. Relatório do Centro de Investigação Agrícola, n.º 1133.

Abd-Rabou, S. (2010): Controlo biológico da cochonilha mole da goiabeira, *Pulvinaria psidii* (Homoptera: Coccidae), em goiabeiras através da libertação dos seus inimigos naturais. XII Simpósio Internacional de Estudos de Insetos Escamadores (Apresentação Oral). Resumo Livro Página : 61.

Abd-Rabou, S. (2011): Eficácia de campo do parasitoide, *Coccophagus scutellaris* (Hymenoptera: Aphelinidae) e do predador, *Exochomus flavipes* (Coleoptera: Coccinellidae) contra *Pulvinaria psidii* (Hemiptera: Coccidae) no Egipto. Journal of Biological Control, 25 (2): 85-91.

Abd-Rabou, S. (2014): *Ablerus* Howard (Hymenoptera : Aphelinidae) do Egito com novas espécies, *Ablerus aegypticus* Abd-Rabou sp.nov. Revista Internacional deFauna e Estudos Biológicos , 1 (5): 10-12.

Abd-Rabou, S. (2014): Parasitóides como um bioagente para eliminar os inseticidas para controlar as principais culturas económicas infestadas de pragas. Arquivos de Fitopatologia e Proteção das Plantas, 47 (18): 2157-2175.

Abd-Rabou, S. ;Moustafa, M.; Badary, H.; Aly, N.; Merghem, A. e

Ahmed, N. (2013): Cochonilhas, cochonilhas moles, cochonilhas verdadeiras e pseudo cochonilhas (Asterolecaniidae: Coccidae: Monophelipidae: Pseudococcidae: Coccoidea) infestando mangueiras no Egito. J. Agr. Res.91 (3): 87-96.

Abd-Rabou, S. ; Refaat, M. e Shalaby, H. (2009): Marcadores moleculares que distinguem parasitóides de ecnyrtid (Hymenoptera : Encyrtidae) que atacam insectos de escamas moles (Himeptera: Coccidae). J. Agri. Sci. Mansoura Univ., 34(12): 11421-11428.

Abd-Rabou, S. ;Moustafa, M.; Badary, H.; Aly, N.; Merghem, A. e Ahmed, N. (2013): Cochonilhas, cochonilhas moles, cochonilhas verdadeiras e pseudo cochonilhas (Asterolecaniidae: Coccidae: Monophelipidae: Pseudococcidae: Coccoidea) infestando mangueiras no Egito. Workshop, Estratégia de Produção de Manga no Egipto. AbstractBook. P. 15.

Abd-Rabou, S. e Ahmed, N. (2012): Moscas brancas (Hemiptera : Aleyrodidae) infestaram pomares e seus inimigos naturais no Egito. Egipto. J. Agric. Res. 90(4):1469-1496.

Abd-Rabou, S. e Ahmed, N. (2013): *Aphytis* sp. o grupo proclia- (Hymenoptera : Aphelinidae) como um parasitoide eficaz de insetos de escala blindados (Hemiptera: Diaspididae) no Egito. Egipto. J. Agric. Res. ,91(2):509-523.

Abd-Rabou, S. e Ashraf A. H. Mangoud (2002): Effect of natural compounds and Buprofezin on the hibiscus mealybug, *Maconellicoccus hirsutus* and its parasitoids. Segunda Conferência Internacional do Instituto de Investigação sobre Proteção das Plantas, Vol. (2): 945-947.

Abd-Rabou, S. e Ashraf A. H. Mangoud (2002): Integrated pest management of some dangerous pests using natural methods in Egypt. Conferência Internacional de Ciências Estatísticas e Ambientais. Apresentação oral.

Abd-Rabou, S. e Badary, H. (2010): Levantamento das cochonilhas que infestam as mangueiras no Egipto, com ênfase na dinâmica populacional de *Parasaissetia nigra* (Nietner) (Hemiptera: Coccidae) e dos seus inimigos naturais como novo registo para esta cultura. A 5ª Conferência Científica de Ciências Agrárias, Fac. Agric. AssiutUniv. 195-210.

Abd-Rabou, S. e El-Naggar, M. (2002): Efficacy of natural enemies in the biological control of *Bemisia tabaci* Biotype "B" (Homoptera : Aleyrodidae) in Egypt. Third International *Bemisia* Workshop Barcelona, p.80.

Abd-Rabou, S. e El-Naggar, M. (2004): Predadores de cochonilhas armadas (Homoptera :Diaspididae) no Egipto. Procedimentos do X Simpósio Internacional sobre Estudos de Insectos de Escamas. Página:267.

Abd-Rabou, S. e Evans, G. (2002): O *Eretmocerus* Haldeman do Egipto (Hymenoptera : Aphelinidae). Mitt. Internat. Entomol. Ver. 27 (3/4) : 115123.

Abd-Rabou, S. e Evans, G. (2009): Um novo hospedeiro e registo de distribuição para *Bemisia formosana* Takahashi (Homoptera: Alyerodidae). Ata Phytopathologica et Entomologica Hungarica, 44 (1): 133-134.

Abd-Rabou, S. e Evans, G. (2013): *Pealius mori* - uma nova mosca branca invasora do Egipto (Hemiptera: Aleyrodidae). Ata Phytopathologica et Entomologica Hungarica (2013) 48, 333-334.

Abd-Rabou, S. e Evans, G. (2013): Novo registo de hospedeiros para *Encarsia Sophia* (Hymenoptera: Aphelinidae) um parasitoide de espécies de mosca branca

(Hemiptera:Aleyrodidae). Revista Académica deEntomologia 6 (2): 93-94.

Abd-Rabou, S. e Evans, G. (2013): Lista actualizada dos parasitoides de cochonilhas moles (Hemiptera: Coccidae) no Egipto. XIII Simpósio Internacional sobre Estudos de Insectos de Escamas. Livro de resumos. P.54.

Abd-Rabou, S. e Evans, G. (2014): *Aleuroclava psidii* - Uma nova mosca branca invasora no Egipto. Ata Phytopathologica et Entomologica Hungarica, 49(2):271-273. '

Abd-Rabou, S. e Evans, G. **(Submetido):** Chave, plantas hospedeiras e insectos hospedeiros de Aphelinids egípcios. Journal ofEntomology and Zoology Studies.

Abd-Rabou, S. e Hayat, M. (2003): A synopsis key to the Egyptian species of *Aphytis* Howard (Hymenoptera : Aphelinidae) parasitoids of diaspidid scale insects (Homoptera : Diaspididae). Ata Phytopathologica et Entomologica Hungerica, 38(3-4): 357-363.

Abd-Rabou, S. e Mohamed, G.H. (2004): Atualização da lista de moscas brancas egípcias (Homoptera: Aleyrodidae). Egipto. J. Appl. Sci.,19(11):410-413.

Abd-Rabou, S. e Mohamed, G.H. (2006): Dois novos registos da família Signiphoridae (Chalcidoidae) no Egipto. Egypt.J.Agric.Res. 84 (2): 363-367.

Abd-Rabou, S. e Mohamed, G.H. (2007): Levantamento das cochonilhas (Coccoidea) que infestam as tamareiras e dos seus inimigos naturais no Egipto. J. Agric.Res. ,85(1): 91-97.

Abd-Rabou, S. e Moustafa, M. (2010): Incidência da cochonilha da ostra, *Leucaspis riccae* (Hemiptera : Diaspididae) e dos seus parasitóides com um levantamento das cochonilhas que infestam as oliveiras no Egipto. A 5ª Conferência Científica de Ciências Agrárias, Fac. Agric. AssiutUniv. 211-225.

Abd-Rabou, S. e Simmons, A. M. (2010): Levantamento de plantas hospedeiras reprodutivas de *Bemisia tabaci* (Hemiptera: Aleyrodidae) no Egipto, incluindo novos registos de hospedeiros. Entomological News,5(121):456-461.

Abd-Rabou, S. e Simmons, A. M. (2010): Survey ofReproductive Host Plants of *Bemisia tabaci* (Hemiptera: Aleyrodidae) in Egypt, Including New Host Records. Entomological news, Volume 121, Número 5: 456-465.

Abd-Rabou, S. e Simmons, A. M. (2012): *Bemisia tabaci* (Hemiptera: Aleyrodidae) mosca branca como uma praga no Egito. Avanços na investigação agrícola no Egipto, 10(1): 1-82.

Abd-Rabou, S. (2006) : Marcadores moleculares para a identificação de parasitóides e hiperparasitóides de alguns insectos homópteros. 70th Reunião Anual, Sociedade Entomológica da Geórgia. Livro de resumos, p. 5.

Abd-Rabou, S. (2009): Signophoridae (Hymenoptera : Chaliciodea) no Egipto com ênfase no papel na supressão dos parasitóides primários de cochonilhas armadas. Arab J. Pl. Prot. Vol. A-13 27, Edição Especial (Suplemento), BC 3Page:A143.

Abd-Rabou, S. (2011): *Coccophagus scutellaris* (Hymenoptera: Aphelinidae): Um agente de controlo biológico altamente eficaz de insectos de escamas moles (Hemiptera: Coccidae) no Egipto. Psyche, 1-6.

Abd-Rabou, S. (1996): Egyptian Aleyrodidae. Ata Phytopathologica et EntomologicaHungarica, 31 (3-4): 275-285.

Abd-Rabou, S. (1997): Uma tentativa de introduzir alguns inimigos naturais no controlo da mosca branca egípcia. Bull. Soc. Ent. Egipto, 75: 160-164.

Abd-Rabou, S. (1997): Hospedeiros, distribuição e nomes vernaculares de moscas brancas (Homoptera : Aleyrodidae) no Egipto. Anais de Agric. Sci., Moshtohor, 35 (2): 1029-1048.

Abd-Rabou, S. (1997): Chave para as espécies de moscas brancas do Egipto (Homoptera: Aleyrodidae). Bull. Soc. Ent. Egipto, 75: 38-48.

Abd-Rabou, S. (1997): Parasitóides que atacam o género *Aleurolobus* (Homoptera: Aleyrodidae) no Egipto. Ata Phytopathologica et Entomologica Hungarica, 32 (3-4): 364-367. '

Abd-Rabou, S. (1997): Parasitóides que atacam algumas espécies de cochonilhas (Homoptera: Coccoidea: Diaspididae) no Egipto. Procedimentos da Primeira Conferência Científica de Ciências Agrícolas, Faculdade de Agricultura, Universidade de Assiut, Vol. Assiut Univ., Vol. II, 727-736.

Abd-Rabou, S. (1997): Parasitóides que atacam as espécies egípcias de moscas brancas (Homoptera: Aleyrodidae). Bull. Soc. Ent. Egipto, 75: 110-125.

Abd-Rabou, S. (1997): Parasitóides que atacam a cochonilha da oliveira, *Parlatoria oleae* (Colvee) (Homoptera : Coccidea : Diaspididae) no Egipto. Primeira Conferência Científica de Ciências Agrícolas, Assuit, Vol., II: 719-726.

Abd-Rabou, S. (1997): The role of *Encarsia citrina* (Hymenoptera: Aphelinidae) in the biological control of armored scale insects (Homoptera: Coccoidea: Diaspididae) in Egypt. Procedimentos da Primeira Conferência Científica de Ciências Agrícolas, Faculdade de Agricultura, Universidade de Assiut, Vol. Assiut Univ., Vol. II, 711-717.

Abd-Rabou, S. (1998): A revision of the parasitoids of whiteflies from Egypt. Ata Phytopathologica et Entomolgica Hungarica, 33 (1-2): 193-215.

Abd-Rabou, S. (1998): Biological control of the cotton whitefly, *Bemisia tabaci* (Homoptera : Aleyrodidae) in Egypt. Nota preliminar. Shashpa, 6 (1): 5357.

Abd-Rabou, S. (1998): Biological control of the greenhouse whitefly *Trialeurodes vaporariorum* (Homoptera : Aleyrodidae) in Egypt. J. Egypt-Ger. Soc. Zool.,27 (E): 1-6.

Abd-Rabou, S. (1998): Eficácia dos factores climáticos na distribuição de moscas brancas (Homoptera: Aleyrodidae) no Egipto. Terceira Conferência, Meteorologia e Desenvolvimento Sustentável, 267-274.

Abd-Rabou, S. (1998): Libertações inundativas de *Encarsia formosa* Gahan (Hymenoptera : Aphelinidae) para o controlo de *Bemisia tabaci* (Genn.). Ata Phytopathologica et EntomolgicaHungarica, 33 (3-4): 389-394.

Abd-Rabou, S. (1998): Chave para as famílias de Chalcidodidae egípcios (Hymenoptera). Annals of Agric. Sc., Moshtohor, 36 (1): 569-576.

Abd-Rabou, S. (1998): Parasitóides que atacam *Bemisia tabaci* (Genn.) (Homoptera : Aleyrodidae) no Egipto. Boll. Lab. Ent. Agr. Filippo, Silvestri, 54: 11-16.

Abd-Rabou, S. (1998): Papel dos factores ambientais na ocorrência específica de parasitóides da mosca branca (Hymenoptera: Chalcidoidea) no Egipto. Terceira Conferência, Meteorologia e Desenvolvimento Sustentável, 275-279.

Abd-Rabou, S. (1998): A eficácia dos parasitóides indígenas no controlo biológico de *Parabemisia myricae* (Homoptera : Aleyrodidae) em citrinos no Egipto. J. Egypt-Ger. Soc. Zool., 27 (E): 93-98.

Abd-Rabou, S. (1998): The efficacy of indigenous parasitoids in the biological control of *Siphoninus phillyreae* (Homoptera: Aleyrodidae) on pomegranate in Egypt. Pan-Pacific Entomologists, 74 (3): 169-173.

Abd-Rabou, S. (1998): As espécies do género *Metaphycus* (Encyritdae

: Hymenoptera) do Egipto. Bull. Soc. Ent. Egipto, 76: 67-74.

Abd-Rabou, S. (1999): An annotated list of diaspidid parasitoids in Egypt. EntomolgicaBari, 33: 173-177.

Abd-Rabou, S. (1999): Follow up of imported and indigenous natural enemies released to control whiteflies (Homoptera : Aleyrodidae) in Egypt. Ata Phytopathologica et Entomolgica Hungarica, 34 (3-4): 1-6.

Abd-Rabou, S. (1999): Libertação inundativa de *Eretmocerus californicus* Howard (Hymenoptera : Aphelinidae) para o controlo de *Bemisia tabaci* Biótipo "B" (Homoptera : Aleyrodidae) em culturas ao ar livre no Egipto. Proc. do primeiro Simpósio Regional de Controlo Biológico Aplicado nos Países Mediterrânicos, pp. 31-34.

Abd-Rabou, S. (1999): Variação morfológica, hospedeiros, distribuição e parasitóides da mosca branca do plátano, *Bemisia afer* (Homoptera : Aleyrodidae). Annals of Agric. Sc., Moshtohor, 36 (3): 1917-1923.

Abd-Rabou, S. (1999): Novos registos sobre moscas brancas no Egipto. Egipto. J. Agric. Res., 77 (3): 1143-1145.

Abd-Rabou, S. (1999): Parasitóides que atacam as espécies egípcias de cochonilhas armadas (Homoptera : Diaspipidae). Egipto. J. Agric. Res., 77(3): 11131129.

Abd-Rabou, S. (1999): Parasitóides que atacam a cochonilha negra do Mediterrâneo, *Saissetia oleae* (Hemiptera: Coccidae) no Egipto. Entomologica Bari, 33: 169-172.

Abd-Rabou, S. (1999): Parasitóides que atacam as moscas brancas (Homoptera : Aleyrodidae) que infestam as árvores de citrinos no Egipto. Boll. Lab. Ent. agr. Filippo Silvestri, 55: 33-48.

Abd-Rabou, S. (1999): Amostragem de moscas brancas. Workshop sobre Gestão Integrada de Pragas para o Algodão, Egipto. Livro de resumos, p. 32.

Abd-Rabou, S. (1999): Sete espécies da superfamília Chalcidoidea (Hymenoptera) novas no Egipto. J. Agric. Res. 77 (3): 1205-1215.

Abd-Rabou, S. (1999): Successful introduction of *Encarsia lahorensis* Howard (Hymenoptera : Aphelinidae) for the control of

Dialeurodes citri (Ashmead) (Homoptera : Aleyrodidae) in Egypt. Proc. do primeiro Simpósio Regional de Controlo Biológico Aplicado nos Países Mediterrânicos, pp. 35-38.

Abd-Rabou, S. (1999): O papel dos parasitóides de *Encarsia* Foerster (Hymenoptera: Aphelinidae) no controlo biológico da mosca branca (Hemiptera : Aleyrodidae) no Egipto. Poster, Apresentação (27th julho), XIVth International Plant Protection Congress.Abstract Book, p. 103.

Abd-Rabou, S. (2000): A local outlook to available species of the superfamily Coccoidae (Hemiptera) in Egypt. Annals of Agric. Sc., Moshtohor, Vol. 38 (1): 919-930.

Abd-Rabou, S. (2000): *Aphytis chrysomphali* (Hymenoptera: Apheinlidae) como um parasitoide eficaz de cochonilhas armadas no Egipto. Apresentação de um poster (26th outubro) Sétimo Congresso Árabe de Proteção das Plantas. Livro de resumos, p. 460.

Abd-Rabou, S. (2000): Gama de hospedeiros de *Encarsia lounsburyi* (Hymenoptera : Aphelinidae) como parasitoide de cochonilhas armadas (Homoptera : Diaspididae) no Egipto. Segunda Conferência Científica de Agric. Sci., Assiut, Vol. II. 655-659.

Abd-Rabou, S. (2000): Parasitóides que atacam *Saccharicoccus sacchari* (Cockerell) (Hemiptera: Pseudococcidae) em cana-de-açúcar no Egipto. IV Sugarcane EntomologyWorkshop, pp. 72-75.

Abd-Rabou, S.   (2000): Parasitóides que atacam a cochonilha do hibisco

Maconellicoccus hirsutus (Green) (Homoptera : Pseudococcidae) no Egipto. Procedimentos da Conferência Científica de Ciências Agrícolas, Faculdade de Agricultura, Universidade de Assiut. AssiutUniv. Vol. II: 661-666.

Abd-Rabou, S. (2000): A eficácia de predadores indígenas e importados utilizados no controlo biológico de *Bemisia tabaci* Biótipo "B" (Homoptera: Aleyrodidae) em estufa. Ata Phytopathologica Hungarica, 34 (4): 333339.

Abd-Rabou, S. (2000): O papel do género *Eretmocerus* (Haldman) (Hymenoptera: Aphelinidae) no controlo biológico da mosca branca

(

Hemiptera :

Aleyrodidae) no Egipto. Apresentação oral (26th outubro) Sétimo Congresso Árabe de Proteção das Plantas. Livro de resumos, p. 418.

Abd-Rabou, S. (2000): *Trialeurodes ricini* (Misra) (Homoptera : Aleyrodidae) encontrado em plantas de feijão *Ricinus communis* no Egipto e não *Trialeurodes vaporariorum* (Westwood). Egipto, J. Agric. Res., 78(2): 623-626.

Abd-Rabou, S. (2001): Um levantamento dos parasitóides associados à cochonilha hemisférica, *Saissetia coffeae* (Walker) (Hemiptera : Coccidae) na zona costeira noroeste do Egipto. Bull. Fac. Agric. Cairo, Univ. Edição especial, 1-5.

Abd-Rabou, S. (2001): Ação do Neemazal em parasitóides que atacam *Bemisia* (complexo *tabaci*) (Hemiptera : Aleyrodidae). Resultados orientados para a prática sobre a utilização de extractos de plantas e feromonas no controlo integrado e biológico de pragas. Actas do 10° Workshop[th] , pp.170-174.

Abd-Rabou, S. (2001): Biological Control of the Mediterranean black scale *Saissetia oleae* (Oliver) (Hemiptera : Coccidae) on olive in Egypt. Boll. Zool. Agr. Bachic, 33(3): 483.

Abd-Rabou, S. (2001): Efeito do Neemazal em *Siphoninus phillyreae* (Hemiptera : Aleyrodidae) e no seu parasitoide *Encarsia inaron* (Hymenoptera : Aphelinidae) . Resultados orientados para a prática sobre a utilização de extractos de plantas e feromonas no controlo integrado e biológico de pragas. Actas do 10° Workshop[th] , pp.288-293.

Abd-Rabou, S. (2001): Efficacy of different parasitoid strains of *Encarsia inaron* (Hymenoptera : Aphelinidae) in biological control of whiteflies (Hemiptera : Aleyrodidae) in Egypt. First Conference of Safe Alternatives of Pesticides for Pest Management, Assiut Univ. 235-242.

Abd-Rabou, S. (2001): IPM of whiteflies ReportNo. 699.

Abd-Rabou, S. (2001): Key to the genera ofEncyrtidae from Egypt (Hymenoptera : Chalcidoidae : Encyrtidae). Egipto. J. Agric. Res., 79 (1): 79-87.

Abd-Rabou, S. (2001): Manipulação, libertação e avaliação do parasitoide *Encarsia elegans* (Hymenoptera : Aphelinidae) no controlo do género *Aleurolobus* (Hemiptera : Aleyrodidae) no Egipto. Primeira Conferência, Safe Alternatives ofPesticides for Pest Management. Assiut Univ. 243-251.

Abd-Rabou, S. (2001): Notas sobre alguns géneros de Aphelinidae egípcios (Hymenoptera : Chalcidoidae). Egipto. J. Agric. Res., 79 (1): 47-55.

Abd-Rabou, S. (2001): Parasitóides que atacam a cochonilha dos citrinos, *Ceroplastes floridensis* Comstock (Homoptera : Coccidae) no Egipto. Primeira Conferência de Alternativas Seguras de Pesticidas para a Gestão de Pragas, Universidade de Assiut, 227-233.

Abd-Rabou, S. (2001): Parasitóides que atacam cochonilhas (Homoptera : Coccidea : Pseudococcidae) no Egipto. Egipto. J. Agric. Res. 79 (4): 1355-1377.

Abd-Rabou, S. (2001): Parasitóides que atacam as escamas moles (Homoptera : Coccidea) no Egipto. Egipto. J. Agric. Res. 79 (3): 859-880.

Abd-Rabou, S. (2001): Plant resistance as a safty control agent of a soft scale insect (*Pulvinaria tniuvalvata*) on sugar cane in Egypt. Documento de trabalho interno, Deutche Stiftung Fur International Enntwecklung. p. 18.

Abd-Rabou, S. (2001): Papel de *Encarsia inaron* (Walker) (Hymenoptera: Aphelinidae) no controlo biológico de algumas espécies de mosca branca (Homoptera: Aleyrodidae) no Egipto. Shashpa,7(2):187-188.

Abd-Rabou, S. (2001): O efeito de libertações aumentativas de parasitóides indígenas nas populações de *Parlatoria oleae* (Clovee') (Homoptera : Coccidea) em olivais no Egipto. Boll. Zool. Agr. Bachic, 33(3): 473-481.

Abd-Rabou, S. (2001): O papel de *Coccophagus scutellaris* (Hymenoptera : Aphelinidae) no controlo biológico de cochonilhas moles (Homoptera : Coccidae) no Egipto. Entomologica Sinica, Vol. (3): 39-44.

Abd-Rabou, S. (2001): As espécies de *Anagyrus* Howard (Hymenoptrea : Encyrtidae) registadas no Egipto. Egipto, J.

Agric. Res., 79(2): 463-470.

Abd-Rabou, S. (2001): Whiteflies of Egypt : Taxonomia, biologia, ecologia e meios de controlo. Adv. Agric. Res. In Egypt, Vol. 3 (1): 1-74.

Abd-Rabou, S. (2002): Abundância de *Bemisia argentifolii* (Hemiptera : Aleyrodidae) em ervas daninhas no Egipto. 12th Simpósio da EWRS, Países Baixos. Apresentação de um poster.

Abd-Rabou, S. (2002): Biological control of two species of whiteflies by *Eretmocerus siphonini* (Hymenoptera : Aphelinidae) in Egypt. Ata Phytopathologica et Entomologica Hungerica, 37(1-3)257-260.

Abd-Rabou, S. (2002): Efeito de compostos naturais em parasitóides da cochonilha da oliveira, *Parlatoria oleae,* na oliveira. 3rd Conferências Internacionais sobre Biopesticidas (ICOB), Malásia. Apresentação oral.

Abd-Rabou, S. (2002): Efeito de compostos não convencionais em parasitóides da mosca branca do algodão *Bemisia* (Complexo *tabaci*) no algodão. IUPAC. Apresentação de poster.

Abd-Rabou, S. (2002): Eficácia do parasitoide importado, *Anagyrus saccharicola* (Hymenoptera: Encyrtidae) para o controlo biológico de *Saccharicoccus sacchari* (Hemiptera: Pseudococcidae) que ataca a cana-de-açúcar no Egipto. Sugar Cane International, pp.: 24-26.

Abd-Rabou, S. (2002): Notes on some genera of Egyptian Encyrtidae (Hymenoptera: Chalcidoidae) and their role in biological control. Egipto. J. Agric. Res.80(2): 597-603.

Abd-Rabou, S. (2002): Parasitic hymenoptera in biological control of whiteflies. Artigos científicos, Segunda Conferência Internacional do Instituto de Investigação em Proteção das Plantas, Vol. (2): 971-973.

Abd-Rabou, S. (2002): Fontes recentes, recursos e localizações de parasitóides que atacam moscas brancas, diaspidis, Coccids e Pseudococcids (Hemiptera) no Egipto. Anais da Ciência Agrícola Moshtohor, Vol. 40(2):1333-1339.

Abd-Rabou, S. (2002): Revisão de Aphelinidae (Hymenoptera) no Egipto. Segunda Conferência Internacional do Instituto de

Investigação em Proteção das Plantas, Vol. (1): 268-296.

Abd-Rabou, S. (2002): Whiteflies (Homoptera : Aleyrodidae), scale insects (Homoptera : Coccoidea) and their parasitoids in Qena governorate (Upper Egypt). Egipto. J. of Agric. Res., 80(4): 1563-1577.

Abd-Rabou, S. (2003): Gama de hospedeiros e distribuição de *Marietta leopardina* (Hymenoptera : Aphelinidae), um hiperparasitóide de espécies de hemípteros e himenópteros no Egipto. Egyptian J. of Agric. Res. 81(2): 555-562.

Abd-Rabou, S. (2003): Controlo agrícola e mecânico da mosca branca. Relatório do Centro de Investigação Agrícola, n.º 827.

Abd-Rabou, S. (2003): Biological control of *Bemisia argentifolii* (Bellow & Perring) (Hemiptera : Aleyrodidae), by introduction, release and establishment of *Encarsia sophia* (Timberlake) (Aphelinidae : Hymeoptera). Primeira Conferência Internacional Egípcio-Romena, pp.323-332.

Abd-Rabou, S. (2003): Eficácia de estirpes indígenas e importadas do parasitoide *Eretmocerous mundus* (Hymenoptera : Aphelinidae) no controlo da mosca branca *Bemisia tabaci* Biótipo "B" (Homoptera: Aleyrodidae). Primeira Conferência Internacional Egípcio-Romena, pp.317-322.

Abd-Rabou, S. (2003): Primeiro registo da mosca branca da romã, *Siphoninus phillyreae* (Haliday) (Homoptera : Aleyrodidae) em oliveiras no Norte do Sinai, Egipto. Egipto. J. of Agric. Res. 81(4): 1577-1579.

Abd-Rabou, S. (2003): Gama de hospedeiros e distribuição do género *Anagyrus* (Howard) (Hymenoptera: Encyrtidae) no biocontrolo de cochonilhas no Egipto. Oitavo Congresso Árabe de Proteção das Plantas. Apresentação de Poster .

Abd-Rabou, S. (2003): The role of genus *Metaphycus* (Hymenoptera: Encyrtidae) in the biological control of soft scale (Hemiptera : Coccoidae) in Egypt. Oitavo Congresso Árabe de Proteção das Plantas. Apresentação oral.

Abd-Rabou, S. (2003): As espécies de *Coccophagus* (Hymenoptera : Aphelinidae), com descrição de uma nova espécie do Egipto. Ata Phytopathologica et Entomologica Hungerica, 38(3-4): 351-355.

Abd-Rabou, S. (2004): Aleyrodids, coccids, diaspidids and pseudococcids (Homoptera) and their parasitoids from Aswan governorate. Egipto. J. Agric. Res.82(2):545-575.

Abd-Rabou, S. (2004): Libertação complementar de parasitóides indígenas da cochonilha negra do Mediterrâneo *Saissetia oleae* (Oliver) (Hemiptera : Coccidae) na oliveira no Egipto. Shashpa, 11(1):51-56 .

Abd-Rabou, S. (2004): Controlo biológico de *Bemisia tabaci* Biótipo "B" (Homoptera: Aleyrodidae) através da introdução, libertação e estabelecimento de *Eretmocerus hayati* (Aphelinidae: Hymenoptera).J.Pest Sci.,77:91-94.

Abd-Rabou, S. (2004): Efficacy of aphelinid and encyrtid parasitoids (Hymenoptera: Aphelinidae: Encyrtidae) in biological control of soft scales (Coccidae) in Egypt. XV Congresso Internacional de Proteção das Plantas. Apresentação oral. Livro de resumos, p.100.

Abd-Rabou, S. (2004): Primeiro registo de alguns himenópteros parasitóides de moscas brancas, cochonilhas e minadores de folhas no Egipto com a descrição de *Aphytis sinaii* (n. sp.). Egipto. J. Agric. Res.82(3): 1089-1098.

Abd-Rabou, S. (2004): Revisão do género *Aphytis* (Aphelinidae: Hymenoptera) com descrição de duas novas espécies do Egipto. Entomologia Sinica, Vol.11(2):149-164.

Abd-Rabou, S. (2004): The role of augmentative releases of indigenous parasitoid *Metaphycus lounsburyi* (Hymenoptera: Encyrtidae) inhancing the biological control of *Saissetia oleae* (Hemiptera: Coccidae) on olive in Egypt. Archives ofPhytopathology and Plant Protection,37(3): 233-237.

Abd-Rabou, S. (2005): Uma nova espécie de *Aphelinus* (Hymenoptera : Aphelinidae), com alguns outros novos registos do Egipto. Ata Phytopathologica et Entomologica Hungerica ,40(3-4): 391-395.

Abd-Rabou, S. (2005): Genus *Ablerus* (Hymenoptera: Aphelinidae: Azotinae) do Egipto e uma discussão sobre o estatuto deste género na família Aphelinidae. Egipto. J. Agric.Res.83 (1): 343-349.

Abd-Rabou, S. (2005): Preferência por hospedeiros, distribuição geográfica, inimigos naturais e abundância sazonal de *Bemisia* *argentifolii* (Homoptera: Aleyrodidae) no Egipto. Egipto. J. Agric.Res.83 (1): 331-341.

Abd-Rabou, S. (2005): Importação, colonização e

estabelecimento de *Coccophagus cowperi* (Hymenopetra:

Aphelinidae) em *Saissetia coffeae* (Homopetra: Coccidae) no Egipto. J.Pest Sci. 78:77-81.

Abd-Rabou, S. (2005): O efeito de libertações aumentadas do parasitoide indígena *Anagyrus kamali* (Hymenoptera : Encyrtidae) em populações de *Maconellicoccus hirsutus* (Hemiptera : Pseudococcidae) no Egipto. Archives ofPhytopathology and Plant Protection,38(2): 129-132.

Abd-Rabou, S. (2005): A deposição do holótipo de *Aphytis sinaii* Abd-Rabou (Hymenoptera : Aphelinidae), um parasitoide externo da cochonilha vermelha da Califórnia, *Aonidiella aurantii* (Maskell). Egyptian Journal of Biological Pest Control, 15(2): 159.

Abd-Rabou, S. (2005): The present status of species of natural enemies imported to Egypt for control of the different species of whiteflies (Homoptera : Aleyrodidae). IX Workshop Europeu sobre Parasitóides de Insectos, Universidade de Cardif, País de Gales, Reino Unido. Livro de resumos, p. 38.

Abd-Rabou, S. (2006): A list of hyperparasitoids attacking armored scale insects in Egypt. Nono Congresso Árabe de Proteção das Plantas. Apresentação oral. Resumo p.E-167.

Abd-Rabou, S. (2006): Biological control of the leafminer, *Liriomyza trifolii* by introduction, releasing, evaluation of the parasitoids *Diglyphus isaea* and *Dacnusa sibirica* on vegetables crops in greenhouses in Egypt. Archives of Phytopathology and Plant Protection, 39 (6): 439-443.

Abd-Rabou, S. (2006): Biological control of the pomegranate whitefly, *Siphoninus phillyreae* (Homoptera: Aleyrodidae: Aleyrodinae) by using the bioagent, *Clitostethus arcuatus* (Rossi)(Coleoptera : Coccinellidae). Jornal de Entomologia, 3(4): 331-335.

Abd-Rabou, S. (2006): Plantas hospedeiras, distribuição geográfica e inimigos naturais da mosca branca do plátano, *Bemisia afer*

(Priesner e Hosny) (Homoptera: Aleyrodidae) como uma nova praga económica no Egipto. Quarto Workshop Internacional sobre *Bemisia*. Apresentação de um poster.

Abd-Rabou, S. (2006): Importação, colonização e estabelecimento do parasitoide *Encarsia pergandiella* (Hymenoptera: Aphelinidae) em *Bemisia argentifolii* (Homoptera: Alyerodidae) no Egipto. Journal Biological control, 20(2): 119-122.

Abd-Rabou, S. (2006): Hymenopterous parasitoids as a bioagent for controlling homopterous insects in Egypt. Egipto. Adv. Agric. Res. no Egipto, Vol. (6) 1: 1-65.

Abd-Rabou, S. (2007): Biological control of *Saccharicoccus sacchari* (Coccoidea : Pseudococcidae) on sugar cane in Egypt by using imported and indigenous natural enemies. Actas do XI Simpósio Internacional sobre Estudos de Insectos de Escamas, pp.277-284.

Abd-Rabou, S. (2007): Primeiro registo do parasitoide *Metaphycus lounsburyi* (Howard) (Hymenoptera : Encyrtidae) na cochonilha do figo *Russellaspis pustulans* (Cockerell) (Homoptera : Asterolecanidae) com uma lista de hospedeiros deste parasitoide no Egipto. Egipto. J. Agric. Res.,85 (1): 117-120.

Abd-Rabou, S. (2007): Insectos cochonilhas e moscas brancas (Homoptera: Coccoidae e Aleyrodoidae) e seus parasitóides no espinho de Cristo, *Ziziphus spina- christi* no Egipto. Egipto. J. Agric. Res.,85 (3): 863-867.

Abd-Rabou, S. (2007): Lista actualizada dos parasitóides que atacam cochonilhas (Hemiptera : Pseudococcidae) no Egipto. Actas do XI Simpósio Internacional sobre Estudos de Insectos de Escama, pp.235-240.

Abd-Rabou, S. (2008): Avaliação do crisopídeo verde, *Chryosperla carnea* (Stephens) (Neuroptera :Chrysopidae), contra pulgões em diferentes culturas .J. Biol. Control, 22(2): 299-310.

Abd-Rabou, S. (2008): Produção em massa, libertação e avaliação do escaravelho-da-dama, *Coccinella undecimpunctata* (Coleoptera: Coccinellidae), para o controlo de afídeos no Egipto.Archives of Phytopathology and Plant Protection, 41(3): 189-197.

Abd-Rabou, S. (2008): Pragas da oliveira e sua gestão integrada no Egipto Adv. Agric. Res. In Egypt, 8(1): 1-41.

Abd-Rabou, S. (2008): Parasitóides de cochonilhas que atacam a oliveira no Egipto, com destaque para o parasitoide *Coccophagus scutellaris* (Hymenoptera : Aphelinidae) no controlo de *Saissetia coffeae* (Hemip : Coccidae). Simpósio Internacional sobre a Proteção Integrada de I Olivier, P.15.

Abd-Rabou, S. (2009): Parasitóides que atacam *Aonidiella aurantii* (Maskell) (Homoptera:Diaspididae) com ênfase na fauna de parasitóides desta espécie no oásis de Baharia. Egipto. J. of Agric. Res., 87(4): 939-946.

Abd-Rabou, S. (2009): Avaliação de *Aphytis melinus* De Bach (Hymenoptera : Chalcidoidea : Aphelinidae) em pomares de citrinos como agente de biocontrolo da cochonilha negra, Parlatoria ziziphi (Lucas) (Hemiptera : Coccoidea: Diaspididae) no Egipto. J. Biol. Control, 23(1):37-41.

Abd-Rabou, S. (2009): Ocorrência do género *Bemisia* (Homoptera: Alyerodidae) em algumas culturas económicas no Egipto.

Abd-Rabou, S. (2011): Distribuição e chave do género *Bemisia* Quaintnce e Baker no Egipto com uma lista actualizada de moscas brancas no Egipto. Egipto. J. Agric. Res., 89 (4): 1303-1312.

Abd-Rabou, S. (2011): Novos registos de insectos hospedeiros de cochonilhas moles associados ao promissor parasitoide, *Scutellista caerulea* (Fonscolombe) (Hymenoptera:Pteromalidae) no Egipto. Egipto. J. Agric. Res., 89 (4): 12951302.

Abd-Rabou, S. (2012): Novos registos de insectos hospedeiros e distribuição do parasitoide eficaz, *Microterys nietneri* Motschulsky (Hymenoptera: Encyrtidae) no Egipto. O Jornal de Entomologia da Ásia Tropical (2012) 01:29-31.

Abd-Rabou, S. (2012): Estudos taxonómicos Família Signiphoridae (Chalcidiodea) no Egito. Egypt. J. Agric. Res. 90(3):1011-1017.

Abd-Rabou, S. (2012): Nomes vernaculares de cochonilhas egípcias (Coccoidea) e moscas brancas (Aleyrodoidea). Egipto. J. Agric. Res., 90(2): 605-617.

Abd-Rabou, S. (2013): *Coccophagoides* Girault (Hymenoptera: Aphelinidae) do Egipto com novas espécies, *Coccophagoides aegypticus* Abd-Rabou sp.nov. IJFBS : 1 (1): 39-41.

Abd-Rabou, S. (2013): Parasitóides de cochonilhas (Hemiptera: Coccoidae) e moscas brancas (Hemiptera: Aleyrodiae). Curso de formação: Identificação de cochonilhas, cochonilhas e moscas brancas e seus inimigos naturais,

Agricultural Research Center , Plant Protection Research Insitiute , Capítulo de livro: 80-100.

Abd-Rabou, S. (2013): Predadores de cochonilhas, cochonilhas e moscas brancas. Curso de formação: Identificação de cochonilhas, cochonilhas-farinhentas e moscas-brancas e seus inimigos naturais, Centro de Investigação Agrícola, Instituto de Investigação em Proteção das Plantas, Capítulo do Livro: 101-106.

Abd-Rabou, S. (2013): Moscas brancas (Hemiptera: Aleyrodoidea: Aleyrodiae). Curso de formação: Identificação de cochonilhas, cochonilhas-farinhentas e moscas-brancas e seus inimigos naturais, Centro de Investigação Agrícola, Instituto de Investigação em Proteção das Plantas, Capítulo do Livro: 72-79.

Abd-Rabou, S. (2015): Biocontrolo da mosca branca da romã, *Siphoninus phillyreae* (Hemiptera : Aleyrodidae) por aumento, libertação e avaliação de *Eretmocerus parasiphonini* (Hymenoptera: Aphelinidae) no Egipto. Egyptian Jornal ofPlant Protection Research Institute, 1 (1): 1-14.

Abd-Rabou, S. (2015): História de sucesso do estabelecimento de *Encrasia sophia* (Hymenoptera: Aphelinidae) como parasitoide de moscas brancas (Hemiptera: Aleyrodidae) no Egipto. Jornal Egípcio do Instituto de Investigação em Proteção das Plantas, 1 (1):134-136.

Abd-Rabou, S. (2015): Lista de atualização de parasitoides de moscas brancas como conhecido por ocorrer no Egito. Jornal Egípcio do Instituto de Investigação de Proteção das Plantas, 1 (1):98-104.

Abd-Rabou, S. (2015): Lista de atualização de moscas brancas (Hemiptera: Aleyrodidae) no Egito. Egyptian Jornal ofPlant Protection Research Institute, 1 (1):94-97.

Abd-Rabou, S. (2016): Inimigos naturais das moscas brancas no Egipto. Pragas pré-colheita. Livro de resumos. P. 155.

Abd-Rabou, S. (2016): Parasitóides e predadores de insetos de escala no Egito. Pragas de pré-colheita. Livro de resumos. P. 156.

Abd-Rabou, S. (2016): Situação das moscas brancas (Hemiptera: Alyerodidae) no Egipto. Workshop, Pragas pré-colheita. Livro de resumos. P.29.

Abd-Rabou, S. (2016): Moscas brancas (Hemiptera:Aleyrodidae) no Egipto. Workshop, Redução de Pesticidas através da Gestão Integrada de Pragas na Produção de Vegetais em Estufa, Livro de Resumos. PP. 8-9.

Abd-Rabou, S. (2016): Moscas brancas (Hemiptera:Aleyrodidae) no Egipto. Workshop, Redução de Pesticidas através da Gestão Integrada de Pragas na Produção de Vegetais em Estufa, Livro de Resumos. PP. 8-9.

Abd-Rabou, S. (2017): Biocontrole de *Sassetia coffeae* por aumento, liberação e avaliação de *Scutellista caerulea* no Egito. Avanços em Ciências Agrícolas Aplicadas, 5(1):1-14.

Abd-Rabou, S. e Evans, G. A. (2017): Novo registo de hospedeiros de parasitoides de insetos de escala e espécies de mosca branca no Egito. Ata Phytpahlogica Entomologica Hugariaca (no prelo).

Abd-Rabou, S. e Evans, G. A. (2017): A escala de escudo de manga, *Milviscutulus mangiferae* (Hemiptera : Coccidae) - Uma nova escala suave invasiva no Egito . Ata Phytpahlogica Entomologica Hugariaca (no prelo).

Abd-Rabou, S.; Ahmed, N. e Moustafa, M. (2012): Predadores de insetos de escala (Hemiptera: Coccoidea) e seu papel no controle no Egito. Egipto. Acad. J. biolog. Sci., 5(3): 203 -209.

Abd-Rabou, S. ; Ahmed, N. e Moustafa, M. (2012): Predadores de insetos de escala (Hemiptera: Coccoidea) e seu papel no controle no Egito. Egipto. Workshop, Insectos de escamas e o seu papel no desenvolvimento agrícola no Egipto. Livro de resumos. P. 30.

Abd-Rabou, S. ; Ghahari, H.; Svetlana, N.; Myartseva e Enrique Ruiz-Cancino (2013): Iranian Aphelinidae (Hymenoptera: Chalcidoidea). Journal ofEntomology and Zoology Studies,l(4): 116-140.

Abd-Rabou, S. ; Ahmed, N. e Badary, H. (2011): Avaliação de campo de nematóides enetomopatogênicos contra besouros escarabeídeos, *Heteronychus licas* e *Pentodon algerinum* (Coleoptera : Scarabaeidae) que infestam a cana-de-açúcar no Egito. J. Egypt. Ger.Soc. Zool. 63E: 49-58.

Abd-Rabou, S. ; Ahmed, N. e Badary, H. (2012): Levantamento de insetos de escala (Hemiptera: Coccoidea) infestando macieiras, damasqueiros e pereiras no Egito. Egypt. Acad. J. biolog. Sci., 5(1): 25-29 .

Abd-Rabou, S. ; Badary, H. ; Moustafa, M. ; Ahmed, N. ; Seleim, A. A. e Aly, N. (2012): Uma lista anotada de pragas que atacam a uva no Egipto. Egypt. J. Agric. Res.90 (3): 69-72.

Abd-Rabou, S. ; Badary, H. ; Moustafa, M. ; Ahmed, N. ; Seleim, A. A. e Aly, N. (2012): Uma lista anotada de pragas que atacam a uva no Egipto. Workshop, Uva e o seu papel no desenvolvimento agrícola no Egipto. Livro de resumos. P. 16.

Abd-Rabou, S. ; Badary, H. ; Moustafa, M. ; Ahmed, N. ; Seleim, A. A Aly, N.; Moussa, S.F.M.; Hassan, N. A. ; El-Sahn, O .M. N.; Helmy, E. I.; Merghem, A. I.; Abdel-Razzik, M. A.; Ebrahim, H.M.; Abd El Samed , M.A. e Fawzy, M. H. (2016): Gestão integrada de pragas da uva no Egipto. Workshop, Pragas pré-colheita. Livro de resumos. P.25.

Abd-Rabou, S. ; Badary, H. e Ahmed, N. (2012): Medida de controlo de dois insectos de escamas moles (Hemiptera: Coccidae) que infestam goiabeiras e mangueiras no Egipto. The Journal of Basic and Applied Zoology, 65:55-61.

Abd-Rabou, S. ; Banks, G. e Markhm, P. (2001): Silver leafing, estrase e análise Rapid-PCR de uma população de campo de *Bemisia tabaci* (Homoptera : Aleyrodidae) do Egipto. Egipto. J. Agric. Res. 79 (1): 117-121.

Abd-Rabou, S. ; Ghahari, H.; Hedqvist, K. J. e Ostovan, H. (2011): Relação parasitoide-hospedeiro entre *Comperiella bifasciata* Howard

(Hymenoptera: Encyrtidae) and *Aonidiella orientalis* (Newstead) (Hemiptera: Diaspididae) with a list of Iranian Encyrtidae. Journal of Entomological Research, 35(1): 1-8.

Abd-Rabou, S. ; Ghahari, H.; Ahmed, N. e Ostovan, H. (2011): Relação parasitoide-hospedeiro entre *Comperiella bifaciata* (Hymenoptera : Encyrtidae) e *Aonidiella orientalis* (Hemiptera: Diaspididae). J. Egypt. Ger.Soc. Zool. 62E: 1-12.

Abd-Rabou, S. e Evans, G. (2010): New records of encyrtid (Encyrtidae: Hymenoptera) parasitoids of scaleinsects

(Coccoidea: Hemiptera) in Egypt. Ata Phytopathologica et Entomologica Hungarica, 45 (2), pp. 303-304.

Abd-Rabou, S. e Evans, G. (2011): An annotated list of species of the family Aphelinidae in Egypt with a key to the genera (Hymenoptera: Chalcidoidea) ... Ata Phytopathologica et Entomologica Hungarica, 46 (2), pp. 297-309.

Abd-Rabou, S. e Ghahari, H. (2011): Three New Species of *Eretmocerus* Haldeman (Aphelinidae: Hymenoptera) and an Iranian List of the *Eretmocerus* Species. Ata Phytopathologica et Entomologica Hungarica, 46 (1), pp. 165-173 .

Abd-Rabou, S. e Simmons, A.M. (2015): Infestação por *Bemisia tabaci* (Hemiptera: Aleyrodidae) e incidência de vírus transmitidos por mosca branca após a aplicação de quatro inseticidas bioracionais em algumas culturas no Egito. International Journal ofTropical Insect Science, 35 (3): 132-136.

Abd-Rabou, S. e Abbassi, M. (2009): Levantamento e taxonomia das principais pragas e dos seus inimigos naturais que atacam os citrinos e a oliveira no Egipto e em Marrocos, nas zonas costeiras, com chaves especiais para as pragas e os seus inimigos naturais. J. Agri. Sci. MansouraUniv., 34(10): 10179-10189.

Abd-Rabou, S. e Abou-Setta, M. (1998): Parasitismo de *Siphoninus phillyreae* (Homoptera : Aleyrodidae) por parasitóides afelinídeos em diferentes locais do Egipto. J. ofHym. Res., 7 (1): 57-61.

Abd-Rabou, S. e Adil H. Amin (2004): Levantamento e nível de infestação de cochonilhas (Homoptera : Coccoidea) existentes na Líbia, com novos registos da sua planta hospedeira. Egipto. J. Agric. Res. 82(3): 1175-1182.

Abd-Rabou, S. e Ahmed, N. (2005): Plantas hospedeiras, distribuição, parasitóides e dinâmica populacional da mosca branca, *Aleurolobus marlatti* (Homoptera: Aleyrodidae) no Egipto, com uma revisão mundial das suas plantas hospedeiras. Egipto. J. Agric.Res.83 (1):319-330.

Abd-Rabou, S. e Ahmed, N. (2006): Abundância sazonal da mosca branca da romã, *Siphoninus phillyreae* (Homoptera : Aleyrodidae) e dos seus inimigos naturais nas oliveiras do Egipto. J.Agric. Sci. Mansoura Univ.,31(9): 60296035.

Abd-Rabou, S. e Ahmed, N. (2006): The status of *Chartocerus subaeneus* (Hymenoptera :Signiphoridae) as a hyperparasitoids of mealybugs in Egypt. Egipto. J. ofAppl. Sci. 21(11): 224-229.

Abd-Rabou, S. e Ahmed, N. (2007): Estudo sobre plantas hospedeiras, distribuição e inimigos naturais da mosca branca da romã, *Siphoninus phillyreae* (Haliday) (Homoptera: Aleyrodidae) J. Agric. Res.85 (5): 1695-1701.

Abd-Rabou, S. e Ahmed, N. (2007): Levantamento, incidência e chave taxonómica dos inimigos naturais da mosca branca da couve, *Aleyrodes proletella* (Linnaeus) (Homoptera: Aleyrodidae) no Egipto. Annals of Agric. Sc., Moshtohor, 45(1):429-438.

Abd-Rabou, S. e Ahmed, N. (2008): Primeiro registo de *Bemisia afer* (Homoptera : Aleyrodidae) em *Citrus aurantium* var. *amara* em Behira, Egipto. Egyptian Journal of Agricultural Research , 86(2): 527-530.

Abd-Rabou, S. e Ahmed, N. (2008): Bionomia de *Bemisia afer* (Homoptera : Aleyrodidiae) uma nova praga de *Citrus aurantium* var. *amara* no Egipto. Egyptian Journal of Agricultural Research . Egyptian Journal of Agricultural Research , 86(5): 1783-1800.

Abd-Rabou, S. e Ahmed, N. (2008): Mapas de distribuição de biótipos de *Bemisia tabaci* (complexo) (Homoptera: Aleyrodidae) no Egipto. J. Agric. Res., 86(1): 89-96.

Abd-Rabou, S. e Ahmed, N. (2011): Incidência sazonal de cochonilhas, moscas brancas e psilídeos (Hemiptera) da oliveira e seus inimigos naturais no Egipto. Egypt. Acad. J. biolog. Sci., 4 (1): 59 - 74.

Abd-Rabou, S. e Ahmed, N. H. (2008): *Bemisia tabaci* Biótipo Q (Homoptera : Aleyrodidae) e o seu parasitoide, *Eretmocerus mundus* (Mercet) (Hymenoptera : Aphelinidae) em abóbora e algumas medidas de controlo. Annals of Agric. Sc., Moshtohor, 46(3): 39-48.

Abd-Rabou, S. e Ali , N. (2009): Abundância sazonal de *Pulvinaria psidii* (Hemiptera : Coccidae) e do seu predador, *Exochomus flavipes* (Coleoptera : Coccinellidae) no Egipto. J. Egypt-Ger. Soc. Zool. 58E: 1-18.

Abd-Rabou, S. e Ali, A. (2010): Parasitóides de *Metaphycus*

(Hymenoptera : Encyrtidae) como bioagentes no controlo de cochonilhas de cera, *Ceroplastes* spp. (Hemiptera: Coccidae) que atacam algumas culturas económicas no Egipto. Egipto. J. Agric.Res.,88 (2): 401-418.

Abd-Rabou, S. e Aly, N. (2013): O status de Parlatoriini egípcio (Hemiptera : Diaspididae), com chaves para espécies e seus parasitoides e predadores.J. Agr. Res.91 (3):157-184.

Abd-Rabou, S. e Aly, N. (2016): Incidência da cochonilha marrom, *Coccus hesperidum* (Hemiptera: Coccidae) e seus inimigos naturais com um levantamento das cochonilhas que infestam as goiabeiras no Egito. Pragas pré-colheita. Livro de resumos. P.69.

Abd-Rabou, S. e Badary, H. (2006): Gama de hospedeiros, distribuição do parasitoide *Mteaphycus lounsburyi* (Hymenoptera : Encyrtidae) e o seu papel no controlo biológico de cochonilhas moles (Homoptera: Coccidae) no Egipto. Egypt.J. Appl. Sci., 22(B): 600-611.

Abd-Rabou, S. e Badary, H. (2010): Efeito de alguns compostos naturais em *Aonidiella aurantii* (Homoptera: Diaspididae) e no seu parasitoide, *Comperiella lemniscata* (Hymenoptera: Encyrtidae). XII Simpósio Internacional de Estudos de Insectos de Escama (Apresentação Oral). Livro de Resumos Página : 29-30.

Abd-Rabou, S. e Badary, H. (2011): Efeito de alguns compostos naturais em *Aonidiella aurantii* (Homoptera: Diaspididae) e seu parasitoide *Comperiella lemniscata* (Hymenoptera: Encyrtidae). Egipto. J. Agric. Res., 89 (2): 521-533.

Abd-Rabou, S. e Badary, H. (2012): Gama de hospedeiros e incidência de *Habrolepis diaspidi* (Hymenoptera: Encyrtidae) como parasitoide de cochonilhas armadas (Hemiptera: Diaspididiae). Egipto. J. Agric. Res., 90 (2): 619-639.

Abd-Rabou, S. e Badary, H. (2004): Levantamento e abundância de inimigos naturais da cochonilha da camélia, *Pulvinaria floccifera* (Homoptera : Coccidae) no Egipto. Annals of Agric. Sci., Moshtohor, 42 (2):831-838.

Abd-Rabou, S. e Badary, H. (2004): Survey and abundance of natural enemies of the cottony camellia scale, *Pulvinaria floccifera* (Homoptera: Coccidae) in Egypt. Procedimentos do X Simpósio

Internacional sobre Estudos de Insectos de Escamas. Página:210.

Abd-Rabou, S. e Badary, H. (2005): Natural enemies of the soft brown scale, *Coccus hesperidum* L. (Homoptera: Coccidae) in Egypt. Egipto. J. Agric.Res.83 (1): 77-87.

Abd-Rabou, S. e Badary, H. (2005): Role of the *Microterys flavus* (Hymenoptera : Encyrtidae) in biological control of soft scale insects (Homoptera : Coccidae) in Egypt. Egipto. J. of Appl. Sci., 20(12): 341-350.

Abd-Rabou, S. e Badary, H. (2006): Predadores de insectos que atacam a cochonilha hemisférica, *Saissetia coffeae* (Walker) (Hemiptera: Coccidae) no Egipto.J.Agric. Sci. MansouraUniv.,31(6): 3921-3928.

Abd-Rabou, S. e El- Moula, M. (2016): Impacto da temperatura na população da mosca branca da romã, *Siphoninus phillyreae* (Hemiptera : Aleyrodidae) durante a última década no Egipto. Pragas de pré-colheita. Livro de resumos. P. 80.

Abd-Rabou, S. e Evans, G. (2003): Correcções ao *Eretmocerus* (Hymenoptera : Aphelinidae) do Egipto e validação de duas novas espécies. InsectaMundi,17(1-2): 68.

Abd-Rabou, S. e Farag, A. **(Submetido):** Previsão das populações de *Parlatoria ziziphi* (Hemiptera: Diaspididae) usando dois cenários SRES do IPCC (Al e B1) para 2025 e 2050 anos. Journal ofEnt. Polish.

Abd-Rabou, S. e Ghahari, H. (2004): A Revision of the *Encarsia* (Hymenoptera: Aphelinidae) species from Iran. Egipto. J. Agric. Res.82(2):647-684 .

Abd-Rabou, S. e Ghahari, H. (2005): Plantas hospedeiras e distribuição de moscas brancas (Homoptera: Aleyrodidae) no Irão. Egipto. J. Agric.Res.83 (1): 179-197.

Abd-Rabou,   S.   e   Ghahari,   H.   (2005):   A

listof hyperparasitoids of whiteflies and coccids (Homoptera) in Iran, with special study on Iranian *Ablerus* (Hymenoptra: Aphelinidae). Egipto. J. Agric.Res.83 (1): 311-317.

Abd-Rabou, S. e Ghahari, H. (2005): Biological studies of two strains of *Eretmocerus mundus* (Hymenoptera : Aphelinidae) on

Bemisia argentifolii (Homoptera : Aleyrodidae) from Iran. Egipto. J. Agric.Res. 83(2): 513-523.

Abd-Rabou, S. e Ghahari, H. (2006): ANR Glossary, Agricultural and natural Resources terms. Ministério da Agricultura, Centro de Investigação Agrícola, Instituto de Investigação Fitossanitária, pp.1- 353.

Abd-Rabou, S. e Ghahari, H. (2006): *Encarsia* Foerster e *Eretmocerus* Haldeman (Hymenoptera: Aphelinidae), como agentes de controlo biológico de moscas brancas e outras pragas de homópteros (Uma bibliografia). Ministério da Agricultura, Centro de Investigação Agrícola, Instituto de Investigação Fitossanitária, pp.1- 96.

Abd-Rabou, S. e Ghahari, H. (2006): Predadores de moscas brancas (Homoptera: Aleyrodidae) no Irão. Tendências em Entomologia, 5: 41-46.

Abd-Rabou, S. e Ghahari, H. (2006): The Whitefly Fauna of Iran (Hemiptera: Sternorrhyncha: Aleyrodidae). Trends ofEntomology, Vol.5 : 47-69.

Abd-Rabou, S. e Ghahari, H. (2006): Whiteflies (Homoptera: Sternorrhyncha: Aleyrodidae). As the pests of agricultural crops (A bibliography). Ministério da Agricultura, Centro de Investigação Agrícola, Instituto de Investigação em Proteção das Plantas, pp.1- 256.

Abd-Rabou, S. and Ghahari, S. (2006): Catalogue of *Encarsia* and *Eretmocerus* of the World Egypt. Adv. Agric. Res. In Egypt, Vol. (6) 1: 67-230.

Abd-Rabou, S. e Ghahari, S. (2007): Paleontologia e uma bibliografia preliminar sobre os fósseis. Ministério da Agricultura, Centro de Investigação Agrícola, Instituto de Investigação em Proteção das Plantas, pp.1- 99.

Abd-Rabou, S. e Ghahari, S. (2007): Duas novas espécies do género *Encarsia* Foerster (Hymenoptera :Aphelinidae) do Irão. Ata Phytopathologica et EntomologicaHungarica,41 (1): 161-167.

Abd-Rabou, S. e Ghahari, S. (2007): Key to the *Encarsia Species-Groups* and Species-Groups of *Eretmocerus* with a list of specialists of *Encarsia* and *Eretmocerus* of the World. Ata Phytopathologica et Entomologica Hungarica, 41 (1): 361-366.

Abd-Rabou, S. e Ghahari, S. (2007): Neuroptera and Neuropterists of the World. Ministério da Agricultura, Centro de Investigação Agrícola, Instituto de Investigação em Proteção das Plantas, pp.1- 70.

Abd-Rabou, S. e Gouli, V. (2008): Realização de metodologia de manejo integrado de pragas em comunidades biológicas fechadas . Adv. Agric. Res. In Egypt 8(1): 43-52.

Abd-Rabou, S. e Hafez, A. A. (2001): Parasitóides que atacam a cochonilha acuminada *Kilifia acuminata* (Signoret) (Hemiptera : Coccidae) no Egipto. J. Egypt. Ger. Soc. Zool., 36 (E): 39-46.

Abd-Rabou, S. e Hany A. S. Abd El-Gawad (2002): Parasitismo de *Nipaecoccus viridis* (Newstead) (Homoptera: Pseudococcidae) por parasitóides de encyrtid no Egipto. Segunda Conferência Internacional do Instituto de Investigação em Proteção das Plantas, Vol. (1): 384-386.

Abd-Rabou, S. e Hendawy, A. S. (2000): Parasitóides que atacam a cochonilha da tamareira, *Parlatoria blanchardi* (Targioni-Tozzetti) (Homoptera: Diaspididae) no Egipto. J. Agric. Sci., Mansoura Univ., 25 (12): 8217-8222.

Abd-Rabou, S. e Hendawy, A. S. (2005): Revisão da família Encyrtidae (Chalcidoidea- Hymenoptera) no Egipto. Egipto. J. Agric.Res.83 (1): 351-377.

Abd-Rabou, S. e Hendawy, A. S. (2005): Atualização da nomeação

do

parasitóides de cochonilhas do hibisco rosa, *Maconellicoccu s hirsutus* (

Homoptera : Pseudococcidae) no Egipto. Egipto. J. Agric.Res. 83(3): 11351139.

Abd-Rabou, S. e Malausa, T. (2012): A cochonilha da videira, *Planococcus ficus* (Hemiptera: Pseudococcidae) como uma praga ameaçadora no Egipto. Egipto. J. Agric. Res.90 (3): 93-99.

Abd-Rabou, S. e Malausa, T. (2012): A cochonilha da videira, *Planococcus ficus* (Hemiptera: Pseudococcidae) como uma praga ameaçadora no Egito. Workshop, Uva e o seu papel no desenvolvimento agrícola no Egipto. Livro de resumos. P. 12.

Abd-Rabou, S. e Malausa, T. (2010): Levantamento de plantas hospedeiras de cochonilhas (Hemiptera: Pseudococcidae) no Egipto, incluindo novos registos de hospedeiros. Egipto, J. Agric. Res. , 88 (4): 1069-1089.

Abd-Rabou, S. e Malausa, T. (2010): Levantamento de cochonilhas (Hemiptera: Pseudococcidae) que infestam uvas e plantas ornamentais e seus parasitóides. Egipto, J. Agric. Res. , 88 (3):723-730.

Abd-Rabou, S. e Moustafa, M. (2009): Survey on the diaspidid hosts (Hemiptera: Diaspididae) of *Aphytis lingnanensis* (Hymenoptera: Aphelinidae) and its role in controlling these pests in Egypt. Egipto. J. of Appl. Sci.,24(2A):301-305.

Abd-Rabou, S. e Moustafa, M. (2005): Host range and distribution of Genus *Aphytis* (Hymenoptera: Aphelinidae) as a parasitoid of armored scale insects (Homoptera: Diaspididae) in Egypt. Egipto. J. Agric.Res.83 (1): 379-385.

Abd-Rabou, S. e Moustafa, M. (2005): Role of *Encarsia lounsburyi* (Hymenoptera : Aphelinidae) in controlling armored scale insects (Homoptera : Diaspididae) in Egypt, with a list of host range and distribution. Egipto. J. of Appl. Sci., 20(10B): 622-632.

Abd-Rabou, S. e Moustafa, M. (2006): *Aphytis lingnanensis* como parasitóides eficazes para o controlo de cochonilhas armadas no Egipto. Nono Congresso Árabe de Proteção das Plantas. Apresentação oral. Resumo p. E-162.

Abd-Rabou, S. e Moustafa, M. (2006): Coccophaginae (Hymenoptera: Aphelinidae) atacando cochonilhas armadas (Homoptera:Diaspididae) no Egipto. J. Agri. Sci. MansouraUniv., 31(11): 7371-7371.

Abd-Rabou, S. e Moustafa, M. (2006): Estudos ecológicos sobre o primeiro inseto cochonilha registado, *Pinnaspis aspidistrae* (Homoptera : Diaspididae) e os seus parasitóides em mangueiras no Egipto. Egipto. J. Agric.Res. 84 (2): 337-348.

Abd-Rabou, S. e Moustafa, M. (2006): Plantas hospedeiras, distribuição e abundância sazonal da cochonilha da tamareira, *Parlatoria blanchardi* (Targioni- Tozzetti) (Homoptera:

Diaspididae) e seus inimigos naturais no Egipto. Annals of Agric. Sci., Moshtohor, 44 (2): 759-768.

Abd-Rabou, S. e Moustafa, M. (2010): Distribuição do parasitoide, *Comperiella liministaca* (Hymenoptera: Encyrtidae) no Egipto com ênfase nos Oásis Egípcios do Egipto. J. Agric.Res. 88 (1): 41-47.

Abd-Rabou, S. e Moustafa, M. (2010): Eficácia laboratorial e de campo de algumas formulações naturais e químicas sobre a cochonilha do hibisco, *Maconellicoccus hirsutus* (Hemiptera: Pseudococcidae) e seus inimigos naturais XII Simpósio Internacional de Estudos de Insectos de Escama (Apresentação Oral). Livro de Resumos Página : 30-31.

Abd-Rabou, S. e Moustafa, M. (2011): A eficácia de algumas formulações naturais e químicas contra a cochonilha do hibisco, *Maconellicoccus hirsutus* (Green) e seus inimigos naturais no laboratório e no campo no Egito. Egipto. J. Agric. Res., 89 (1): 81-104.

Abd-Rabou, S. e Moustafa, M. (2012): Inimigos naturais da cochonilha branca do pêssego, *Pseudaulacaspis pentagona* (Hemiptera : Diaspididae) no Egipto. J. Egypt.Ger. Soc.Zool. Vol.(64E): 59-77.

Abd-Rabou, S. e Parker, B. (2008): Uma revisão das pragas da cana-de-açúcar no Egipto. Egipto.J.Agric. Res., 86 (1): 1-42.

Abd-Rabou, S. e Shalaby, M. (2008): Survey of insect pests infesting sugarcane in Egypt, with new record of one species. Egipto. J. of Agric. Res., 86(5): 1721-1727.

Abd-Rabou, S. e Simmons, A. (2008): Introdução e recuperação de *Delphastus catalinae* (Coleoptera: Coccinellidae) como predador ou de *Bemisia tabaci* (Hemiptera: Aleyrodidae) no Egipto. Egypt.J. Appl. Sci., 23(8B): 621624.

Abd-Rabou, S. e Simmons, A. (2013): Levantamento dos inimigos naturais das moscas brancas (Hemiptera: Aleyrodidae) no Egipto com novos registos locais e mundiais. Primeiro Simpósio Internacional de mosca branca, Grécia.

Abd-Rabou, S. e Simmons, A. (2014): Levantamento de inimigos naturais de moscas brancas (Hemiptera: Aleyrodidae) no Egito com novos registos locais e mundiais. Entomological News,

124(1): 38-56.

Abd-Rabou, S. e Simmons, A. (Submetido): Survey of natural enemies of whiteflies (Hemiptera:Aleyrodidae) in Egypt with new local and world records. Notícias Entomológicas.

Abd-Rabou, S. e Simmons, A. (Apresentado): Infestação por *Bemisia tabaci* e Incidência de Vírus Transmitidos por Mosca Branca Após a Aplicação de Seis Inseticidas Bioracionais e Convencionais Foliares e Tratados com Sementes em Sete Culturas . Ciência da Gestão de Pragas.

Abd-Rabou, S. e Simmons, A. (2002): Parasitismo de *Bemisia tabaci* em numerosas espécies de plantas hospedeiras. Silver leaf whitefly- Nat. Res., Action and Tech. Plano de transferência: Fourth Ann.Rev. of the Second 5 Year Plan and Final Reportfor 1992-2002. USDA-ARS.P. 182.

Abd-Rabou, S. e Simmons, A. (2010): Aumento e avaliação de um parasitoide, *Encarsia inaron,* e de um predador, *Clitostethus arcuatus*, para o controlo biológico da mosca branca da romã, *Siphoninus phillyreae*. Archives ofPhytopathology and Plant Protection,34(13): 1318-1334.

Abd-Rabou, S. e Simmons, A. M. (2012): Efeito de três métodos de irrigação na incidência de *Bemisia tabaci* (Hemiptera: Aleyrodidae) e alguns vírus transmitidos por moscas brancas em quatro culturas hortícolas. Tendências em Entomologia , 8: 2126.

Abd-Rabou, S. e Simmons, A. M. (2012): Algumas estratégias culturais para ajudar a gerir a *Bemisia tabaci* (Hemiptera: Aleyrodidae) e os vírus transmitidos pela mosca branca nas culturas hortícolas. African Entomology, 20(2): 371-379 .

Abd-Rabou, S. e Simmons, A. M. (2012): *Bemisia tabaci* (Hemiptera: Aleyrodidae) mosca branca como uma praga no Egito. Avanços na investigação agrícola no Egipto, 10(1): 1-82.

Abd-Rabou, S.e Simmons, A.(2015). Infestação por *Bemisia tabaci* (Hemiptera: Aleyrodidae) e incidência de vírus transmitidos por mosca branca após a aplicação de quatro inseticidas bioracionais em algumas culturas no Egipto. International Journal ofInsect Science. 35:132-136.

Abd-Rabou, S.; Ali, N. e Mangoud, A. (2010): Comparação entre a pulverização orientada e a pulverização de toda a árvore com diferentes agentes de controlo natural na redução das populações da cochonilha do figo, *Russellaspis pustulans,* em macieiras. Conferência "From Academia to Pesticide industry", Universidade de Alexandria, Faculdade de Agricultura, Departamento de Química e Tecnologia de Pesticidas. pp.31-48.

Abd-Rabou, S.; Ahmed , N. e Evans, G.(2013): *Encarsia* Forester (Hymenoptera : Aphelinidae) - parasitoides eficazes de cochonilhas armadas (Hemiptera: Diaspididae) no Egito. XIII Simpósio Internacional de Estudos de Cochonilhas. Livro de resumos. P.27.

Abd-Rabou, S.; Ahmed, N. H.; Sewify, G. H. e Elnagar, S. (2000): Abundância sazonal da mosca branca, *Trialeurodes ricini* (Misra) em plantas silvestres em Giza, Egipto. Bull. Fac. Agric. Cairo, Univ. 51: 501-510.

Abd-Rabou, S.; Ali , N. e El-Fatih, M. (2009): Tabela de vida da cochonilha hemisférica, *Saissetia coffeae* (Walker) (Hemiptera: Coccidea). Egipto. cad. J.biolog.Sci.,2(2): 165-170.

Abd-Rabou, S.; Ashraf A. H. Mangoud e Abd- El-Gawad,H. (2002): Biocontrolo de *Mycetaspis personata* (Homoptera : Diaspididae) em tamareiras no Egipto. Artigos científicos, Segunda Conferência Internacional do Instituto de Investigação sobre Proteção das Plantas, Vol. (2): 970.

Abd-Rabou, S.; Germain, J.F. e Malausa, T. (2010): *Phenacoccus parvus* Morrison et *P. solenopsis* Tinsley, deux Cochenilles nouvelles pour l'Egypte (Hem., Pseudococcidae). Bulletin de la Societe entomologique de France, 115 (4): 509-510.

Abd-Rabou, S.; Ghahari, H. e Evans, G. (2005): Iranian *Eretmocerus* species (Hymenoptera: Chalcidoidea: Aphelinidae): parasitóides de moscas brancas (Hemiptera: Aleyrodidae), incluindo duas novas espécies. Mitt. Internat. Entomol. Ver. 30(3/4): 157-176.

Abd-Rabou, S.; Ghahari, H. e Evans, G. (2010): Correcções ao *Eretmocerus* (Hymenoptera: Aphelinidae) do Irão e validação de duas novas espécies. Egipto. Acad. J. biolog.Sci.,3(1): 185-186.

Abd-Rabou, S.; Ghahari, H.; Jian Huang e Zdenik Boucek (2005): New records of aphelinid and pteromalid wasps (Hymenoptera: Chalcidoidea:

Aphelinidae: Pteromalidae) do Irão. Egipto. J. Agric.Res. 83(4):

16191624.

Abd-Rabou, S.; Ghahari, H.; Volker Mauss e John Plant (2005): Novos registos de Apidae, Andrenidae, Sphecidae e Vespidae (Hymenoptera) do Irão. Egipto. J. Agric.Res. 83(4): 1613-1618.

Abd-Rabou, S.; Ghahari, S. e Ostovan, H. (2007): A Dictionary of Toxicology and Agricultural and Medical Pesticides (Dicionário de Toxicologia e Pesticidas Agrícolas e Médicos). Ministério da Agricultura, Centro de Investigação Agrícola, Instituto de Investigação em Proteção das Plantas, pp.1- 405.

Abd-Rabou, S.; Hafez, A. e Badary, H. (2003): Estudo e dinâmica dos inimigos naturais da cochonilha negra do Mediterrâneo, *Saissetia oleae* (Hemiptera : Coccidae) no Egipto. Egyptian J. of Agric. Res. 81(1): 115-123.

Abd-Rabou, S.; Hanafi, A. e Hussein, N (1999): Notes on the parasitoids of the soft brown scale, *Coccus hesperidum* (Hemiptera: Coccidae) in Egypt. EntomologicaBari, 33: 179-184.

Abd-Rabou, S.; Hussein,N. e Mangoud,A. (2002): Parasitóides que atacam *Bemisia tabaci* "Biótipo B" (Homoptera: Aleyrodidae) no Egipto. Segunda Conferência Internacional do Instituto de Investigação sobre Proteção das Plantas, Vol.(1): 305-308.

Abd-Rabou, S.; Kamal, A.; Allam, S.; Hilmy, N. e Moustafa, M. (2003): Uma chave pictórica das espécies de parasitóides do género *Aphytis* (Howard) (Hymenoptera : Aphelinidae) do Egipto. Egyptian J. of Agric. Res. 81(3): 1025-1034.

Abd-Rabou, S.; Kamel, A. S. e Mangoud, A. H. (2002): Efeito de compostos naturais na uva sobre a cochonilha, *Planococcus ficus* e seus inimigos naturais na uva no Egipto. Segunda Conferência Internacional do Instituto de Investigação em Proteção das Plantas, Vol. (2): 785-788.

Abd-Rabou, S.; Shalaby H.; Germain, J.F. e Malausa, T. (2010): Identificação molecular e morfológica de espécies de cochonilhas que infestam culturas e plantas ornamentais no Egipto e em França. . Em preparação

Abd-Rabou, S.; Shalaby, H.; Germain, J.-F.; Ris , N.; Kreiter, P. e Malausa, T. (2012): Identificação de espécies de pragas de cochonilhas (Hemiptera: Pseudococcidae) no Egito e na França, usando uma abordagem de código de barras de DNA. Bulletin ofEntomological Research, 102:515-523.

Abd-Rabou, S.; Shalaby, H. e Malausa, T. (2010): Variações geográficas do gene Cytochrome oxydase I entre populações de *Planococcus ficus* (Hemiptera: Pseudococcidae) no Egipto. Em preparação

Abd-Rabou, S.; Simmons , A.M. e Ghazy, U. M. (2017): Interferência da mosca branca da amoreira (*Pealius mori*) no desenvolvimento ninfal do bicho-da-seda (*Bombyx mori*). Revista Internacional de Ciência dos Insectos Tropicais (em impressão).

Abd-Rabou,S.; Badary, H. e Ahmed, N. (2007): Uma lista anotada de inimigos naturais da cochonilha do hibisco rosa *Maconellicoccus hirsutus* (Homoptera : Pseudococcidae) no Egipto.Egypt.J. Appl. Sci., 22(B): 612-616.

Abd-Rabou,S.; Mostafa, M. e Ahmed, N. (2007): *Pteroptrix aegyptica* Evans & Abd-Rabou (Hymenoptera: Aphelinidae) como bioagente de *Parlatoria blanchardii* ((Homoptera: Diaspididae) infestando tamareiras no Egipto. Egipto. J. Agric.Res. ,85(1):85- 90.

Abd-Rabou,S.; Mostafa, M. e Badary, H. (2009): O parasitoide de encyrtid, *Comperiella liministaca* (Hymenoptera: Encyrtidae) e o seu papel no controlo de cochonilhas armadas no Egipto. Arab J. Pl. Prot. Vol. A-13 27, Edição Especial (Suplemento), BC 43 Página: 153-154.

Abo El-Khair. S.; Ensaf. S.; Gomaa, M.; El-Deeb, M. F. e Moursi, K. S. (1995): Estudos de alguns óleos minerais locais sobre cochonilhas armadas que atacam árvores de citrinos no distrito de Alexandria. 1st Lint. Conf, of Pest Cont. Mansoura: 327- 332.

Abou-Elkahir, S. S. e Hedaya, H. K. (1995): Flutuação populacional no endoparasitóide, *Encarsia citrina* (Craw.) (Hymenoptera : Aphelinidae): Um parasitoide de *Lineaspis steiata* (Newstead) e *Carulaspis minima* (Targioni- Tozzeti) (Homoptera : Diaspididae) na zona de Alexandria. Egyptian J. Biol. Pest. Cont., 5 (1): 43-47.

Abou-Elkair, S. (1999): Insectos cochonilhas (Homoptera : Coccoidea) e seus parasitóides em plantas ornamentais em

Alexandria, Egipto. Entomlogica, Bari, 33: 185-195.

Abo-Shanab, A.S.H. (2012): Supressão da cochonilha branca da manga, *Aulacaspis tubercularis* (Hemiptera: Diaspididae) em mangueiras na província de El-Beheira, Egipto. Egypt. Acad. J. Biolog. Sci., 5(3): 43-50 .

Abo-Shanab, A. S. H.; El-Deeb, M. F. e Moursi, K. S. (2002): Avaliação de alguns pesticidas para controlar a cochonilha do loendro, *Aspidiotus hederae* (Vallot.), que infesta árvores vivas, através de duas técnicas de pulverização no solo em condições de chuva em Borg el- Arab. 1st Conf of the Central Agric. Pesticide Lap.: 753- 739.

Abo-Shanab, A. S. H.; El-Deeb, M. F. e Moursi, K. S. (2002): Alternativa segura de pesticidas para controlar a cochonilha de cauda longa, *Pseduccocus longispinus* (Targiani- Tozzetti) em oliveiras sob condições de irrigação em Borg el- Arab. J. Adv. Agric. Res. 7 (1): 157- 162.

Aboul-Ata, A. E.; Awad, M. A. E.; Abdel-Aziz, S.; Peters, D.; Megahed, H. e Sabik, A. (2000): Epidemiology of tomato yellow leaf curl begomovirus in the Fayium area, Egypt. Boletim OEPP. 30: 2, 297-300.

Abou-Setta, M.M., El-Amir, S.M., El-Sahn, O., Abd-Rabou, S. e Ezz, N. (2013): Observações preliminares da eficácia de alguns compostos sobre a cochonilha branca da manga, *Aulacaspis tubercularis* (Hemiptera: Diaspididae). Egipto. J. Agr. Res.91 (3): 111-112.

Abou-Setta, M.M.; El-Amir, S.M.; El-Sahn, O.; Abd-Rabou, S. e Ezz, N. (2013): Observações preliminares da eficácia de alguns compostos sobre a cochonilha branca da manga, *Aulacaspis tubercularis* (Hemiptera: Diaspididae). Workshop, Estratégia de Produção de Manga no Egipto. Livro de resumos. PP.1617.

Abul-Nar, S.; Swailem, S. e Ahmed, N. M. (1975): Flutuações sazonais do inseto da cochonilha vermelha dos citrinos, *Aonidiella aurantii* (Maskell) em certas regiões do Baixo Egipto (Hemiptera : Homp. : Diaspididae). Agric. Res. Rev., 33 (1): 149-159.

Abul-Nar, S.; Swailem, S. e Ahmed, N. M. (1977): Estudos populacionais sobre a cochonilha dos citrinos egípcia,

Chrysomphalus ficus Ashmead, em diferentes regiões (Hemiptera : Homop. : Diaspididae). Agric. Res. Rev., 35 (1): 127137.

Adam, K. M. (1997): Relative susceptibility of eight tomato cultivars to infestations with *Bemisia tabaci* (Genn.) with special reference to the percentage of virus infection and total yield. Annals of Agricultural Science, Moshtohor. 35: 2, 1013-1019.

Adam, M. K.; Bachatly, M. A. e Doss, S. A. (1997): Populações da mosca branca *Bemisia tabaci (*Genn.) (Homoptera: Aleyrodidae) e do seu parasitoide *Eretmocerus mundus* Mercet (Hymenoptera: Aphelinidae) em culturas protegidas de pepino. Egyptian Journal of Agricultural Research. 75: 4, 939-950.

Adly, D.; Abul Fadl, H. A. A. e Mousa, S. F. M. (2016): Levantamento e abundância sazonal de espécies de cochonilhas, seus parasitoides e predadores associados em goiabeiras no Egito. Jornal Egípcio de Controlo Biológico de Pragas, 26(3), 2016, 657-664.

Afifi, A. I.; S. A. El Arnaouty; Attia, A.R. e A. E. Abd Alla. (2010): Controlo biológico da cochonilha dos citrinos, *Planococcus citri* (Risso.) utilizando o predador coccinelídeo, *Cryptolaemus montrouzieri* Mulsant. Pak. J. Biol. Sci. 13(5):216-222.

Ahmed, A.S. H. (1994): Estudos ecológicos sobre a mosca branca, *Bemisia tabaci* (Genn.) infestando algumas culturas hortícolas na província de Qalubia. Dissertação de Mestrado. Tese, Fac. Agric. Moshtohor Zagazig Univ., 154 pp.

Ahmed, M. A. (1994): Differences in susceptibility of six cucumber cultivars to infestation by *Aphis gossypii* Glov., *Tetranychus urticae* and *Bemisia tabaci* as correlated to protein and amino acid contents of leaves. Annals of Agricultural Science, Moshtohor. 32: 4, 2189-2194.

Ahmed, N. (2008): Effect of *Beauveria bassiana* on the whiteflies (Hemiptera : Aleyrodidae) attacking citrus trees in Egypt. J. Egypt-Ger. Soc. Zool, (56E):37- 49.

Ahmed, N. (2012): Incidência de cochonilha dos citrinos, *Planococcus citri* (Hemiptera: Pseudococcidae) e seus inimigos naturais com um levantamento de insetos de escala infestados de citros no Egito. Jornal da Sociedade Alemã Egípcia de Zoologia, 64

E: 1- 26.

Ahmed, M. Z. , Shatters, R. G. , Ren, S.-X. , Jin,, G.-H. , Mandour, N. S. e Qiu, B.-L. (2009): Distinções genéticas entre as populações mediterrânicas e chinesas do biótipo Q de *Bemisia tabaci* e as suas populações de Wolbachiapopulations endossimbiontes. J. Appl. Entomol. 133 : 733-741.

Ahmed, N. e Abd-Rabou, S. (2013): O papel dos predadores coccinelídeos (Coccinellidae : Coleoptera) no controlo de cochonilhas armadas (Hemiptera: Diaspididae) no Egipto. Egypt J. Agr. Res. 91(3):185-201.

Ahmed, N. e Abd-Rabou, S. (2010): Plantas hospedeiras, distribuição geográfica, inimigos naturais e estudos biológicos da cochonilha dos citrinos, *Planococcus citri* (Risso) (Hemiptera: Pseudococcidae). Egipto.Acad.J.biolog.Sci.,3(1): 39-47.

Ahmed, S. A. (2007): Descrição do psilídeo da pera, *Cacopsylla pyricola* (Foerster) (Hemiptera: Psyllidae), um novo registo em pomares de pera nas províncias do Sinai do Norte e de Ismailiya, Egipto. Egyptian Journal of Biological Pest

Ali, A. G.; Farghali, M. A. e Hussein, H. A. (1996): Suscetibilidade de algumas cultivares de feijão-mungo à mosca-branca (*Bemisia tabaci* (Genn.)) e aos ácaros (*Tetranychus urticae Koch*) com referência à fixação das vagens e ao rendimento. Assiut Journal of Agricultural Sciences. 27: 2, 147-156.

Ali, M. A. e Hussain, A. E. (1995): Levantamento e distribuição de insectos de tamareira em Bahria Oases, Egipto, Al-Aznar, J. Agric. Res., 22: 165-177.

Ali, M. M.; El-Khouly, A. S.; El-Metwally, F. G. e Shalaby, M. (2000): Ocorrência, distribuição e gama de hospedeiros da cochonilha mole da cana-de-açúcar, *Pulvinaria tenuivalvata* (Newstead) no Alto Egipto. Bull. Ent. Soc. Egypt, 78: 243-250.

Aly, A. G. (1984): Distribuição da cochonilha *Chrysomphalus ficus* Ashmead em palmeiras *Phoenix dactylifera*. Agric. Res. Rev., 62 (1): 155- 158.

Aly, A. G. (1984): Abundância sazonal de *Chrysomphalus ficus* com especial referência aos seus parasitas na palmeira (Homoptera: Diaspididae). O XVII Congresso Int. Congress ofEntomology, Hamburgo.

Aly, A. G. e Nada, S. M. (1993): Distribuição, abundância sazonal e controlo de *Chloropulvinaria psidii* (Mask.) em goiabeiras no Egipto. Egipto. J. Appl. Sci.; 9 (8): 398- 405.

Aly, A. G.; El- Attar, Z. M. e Helmy, E. I. (1984): Eficiência de alguns óleos de pulverização locais como aplicações de verão contra *Pulvinariapsidii* em goiabeiras. Agric. Res. Rev., 62 (1): 163- 167.

Aly, A. G e Nada, S. M. (1994): Abundância sazonal da cochonilha do hibisco *Maconellicoccus hirsuts* (verde) em *Psidium guajava* L. (goiabeiras) no Egipto. Egipto. J. Appl. Sci.; 9 (8): 721- 725.

Aly, A. G.; Saleh, M.R. e Mohammad, Z. K. (1989): Distribuição e abundância de *Leucaspis riccae* Tag. em oliveiras no Egipto. Bull. Soc. Ent. Egipto, 67: 35- 42.

Aly, A.G.; Saleh, M.R. e Mohammad, Z.K. (1989): Distribuição e abundância de *Leucaspis riccae* Targioni em oliveiras no Egipto. Bul. Soc. ent. Egypte, 67: 35 42.

Ali, N. (2011): Dinâmica populacional da cochonilha roxa, *Lepidosaphes beckii* (Hemiptera: Diaspididae) e seu parasitoide *Aphytis lepidosaphes* (Hymenoptera : Aphelinidae) como uma nova ameaça de praga em mangueiras no Egito.Egypt.Acad.J.Biolog.Sci.,4(1):1-12.

Aly, N. (2015): Eficácia de compostos naturais sobre a psila da pera, *Cacopslla pyricola* (Hemiptera: Psyllidae), a cochonilha da azeitona, *Parlatoria oleae* (Hemiptera: Diaspididae) e seus inimigos naturais em pomares de pera no Egipto. Egypt. Acad. J. Biolog. Sci., 7 (1): 145- 152.

Aly, N. (2015): Parasitoides e hiperparasitoides de afelinídeos (Hymenoptera: Aphelinidae) associados a cochonilhas armadas, cochonilhas moles (Hemiptera: Coccidae) e moscas brancas (Hemiptera: Aleyrodidae) em oliveira no Egito. J. Plant Prot. and Path, Mansoura Univ., 6(4): 691-711.

Aly, N.; Badary, H. e Abd-Rabou, S. (2013): *Coccophagus* (Hymenoptera: Aphelinidae) parasitoides eficazes de insetos de escala suave (Hemiptera: Coccidae) no Egito. J. Agr. Res.91 (3): 97-110.

Amin, A. H. (1970): Estudos sobre a dinâmica populacional de certas cochonilhas em retaliação ao seu controlo. Tese de doutoramento, Fac. of Agric., Ain-Shams Univ., Cairo, Egipto.

Amin, A. H.; Ema, A. e Youssef, A. S. (1994): Alterações morfológicas e histológicas na videira devido à infestação com *Maconellicoccus hirsutus* (Green) (Homoptera : Pseudococcidae). Simpósio Internacional sobre Proteção das Culturas, Univ. Gent Bélgica; 59.

Amin, A.H. e Youssef, A.S. (2005): Alguns aspectos ecológicos da cochonilha do hibisco, *Maconellicoccus hirsutus* (Green), nas vinhas do Egipto

(Hemiptera: Pseudococcidae). 199-210 In: Erkiliç, L. & Kaydan, M.B. (Editores), Proceedings of the X International Symposium on Scale Insect Studies, held at Plant Protection Research Institute, Adana/ Turkey, 19-23 April 2004. Adana Zirai Muscadele Arastirma Enstitusu, Adana, Turquia. 408pp.

Amin, A.H.; Emam, A.K. & Youssef, A.S. 1994. Alterações morfológicas e histológicas na videira devido à infestação com *Maconellicoccus hirsutus* (Green) (Homoptera: Pseudococcidae).

Mededelingen Faculteit Landbouwkundige en Toegepaste Biologische Wetenschappen Universiteit Gent 59(2a): 221-226.

Amin, A.H.; Gaber, I. e Abou-Setta, M.M. (1981): A variação sazonal na densidade populacional da escama roxa *Lepidosaphes*

beckii (Newman) em relação a três factores climáticos principais no Egipto (Homoptera:Diaspididae). Ain-Shams Univ. Fac. Agric. Res. Bull. 1538, p.1-12.

Amin, G. A.; Youssef, N. A.; Saleh Bazaid e Saleh, W. D. 2010. Avaliação da atividade inseticida do pigmento vermelho produzido pelo fungo *Beauveria bassiana* World Journal of Microbiology & Biotechnology. 26: 12, 22632268.

Amro, M. A.; Abdel-Moniem, A. S. H.; Omar, M. S. (2009): Determinação do estado de resistência da soja experimental à broca da vagem do feijão Lima, *Etiella zinckenella* Treitschke e à mosca branca, *Bemisia tabaci* Gennadius em El-Dakhla Oases, New Valley, Egipto. Archives of Phytopathology and Plant Protection. 42: 6, 552-558.

Arbab, A. e Bakry, M.S. (2016): Distribuição espacial e tamanho mínimo da amostra para monitoramento do inseto de escala de data parlatoria, *Parlatoria blanchardi* (Targioni-Tozzetti) (Hemiptera: Diaspididae) em palmeiras de data. Agri Res &Tech, 2(3): 1-16.

Asfoor, M. A. (1997): Abundância sazonal e controlo da cochonilha da ameixa, *Parlatoria oleae* (Clovee') em algumas árvores de folha caduca. Tese de doutoramento, Fc.Of Agric. Universidade de Zagazig, pp. 398.

Assem, S. M. (1982): Estudos sobre certos Coccídeos pragas de plantas ornamentais no Egipto. Tese de Mestrado, Fac. Agric. Ain-Shams Univ., Cairo.

Assem, S. M. (1990): Levantamento e estudos ecológicos sobre alguns insetos que atacam certas plantas ornamentais. Tese de Doutoramento, Fac. Agric. Cairo, Univ., Cairo.

Atta-Aly, M. A.; Abdel-Megeed, M. I.; Hegab, M. F. e Kamel, M. H. (1998): Aumento do crescimento e do rendimento do tomateiro com melhoria da qualidade dos frutos através do controlo de insectos sugadores de seiva (mosca branca e pulgão) sem insecticidas. Anais da Ciência Agrícola (Cairo). Edição especial, Volume 3, 845-863.

Attia, A. R. (2005): Efeito de duas presas *Planococcus ficus* (Signoret) e *Ferrisia virgata,* (Cockerell) no coccinelídeo *Hyperaspis vinciguerrae* Capra. Egipto. J. Agric. Res., 83 (1): 33-40.

Attia, A. R. (2012): Atividade sazonal do novo parasitoide afelinídeo registrado, *Pteroptrix aegyptica* Evans&Abd-Rabou Parasitizing *Fiorinia phoenicis* Balachowsky (Hemiptera-Diaspididae) na tamareira na governadoria de Qalubyia, Egito. Egipto. J. Agric. Res., 90 (2): 511-525.

Attia, A. R. (2012): Predadores de cochonilhas (Hemiptera: Pseudococcidae e Monophlepidae) no Egipto. Egipto. J. Agric. Res, 90(3): 165-175.

Attia, A. R. e El Arnaouty, S. A. (2009): Notes on the new parasitoid species, *Coccidoxenoides peregrinus* (Timberlake), Egypt. J. Biol. Pest control, 19(1):87.

Attia, A. R. e El-Arnaouty, S. A. (2008): Effect of different types of preys on the bioactivity of the predator *Sympherobius amicus*

Navas (Neuroptera: Hemerobiidae). Egipto. J. ofBiol. PestControl, 18 (1): 61-64.

Attia, A. R.(2012): Parasitóides de himenópteros como agentes biológicos para cochonilhas conrtroladoras (Hemiptera: Pseudococcidae). Egypt. Acad. J. Biolog. Sci., 5(3): 183-192.

Attia, A. R.; Afifi, A. I.; El Arnaouty, S. A. e Abd Alla, A. E. (2011): Potencial de alimentação do predador, *Cryptolaemus montrouzieri* Mulsant em ovos, ninfas e adultos de *Planococcus citri* e ovos de *Ephestia kuehnieiia*, Egipto. J. Biol. Pest control,21(2): 291-296.

Attia, A. R.; El Arnaouty, S. A.; Afifi, A. I. e Abd Alla, A. E. (2011): Desenvolvimento e Fecundidade do predador Coccinellid, *Cryptolaemus montrouzieri* mulsant em diferentes tipos de presas, Egito. J. Biol. Controlo de pragas, 21(2): 283-298.

Attia, A. R.; Radwan, S. G. e Kwaiz, F. A. M. (2006): Effect of some alternative insecticides on the natural enemies of the striped mealybug, *Ferrisia virgata,* (Ckll.) (Hemiptera: Pesudococcidae). Egipto. J. of Biol. Pest Control, 16(2): 119-122.

Attia, A.R.; El Sanady, A. M. A. e Radwan, S. G. (2012): Estudos sobre os ácaros predadores associados aos insectos cochonilhas que infestam as mangueiras na província de Qalubyia, Egipto. Egipto. J. Agric. Res., 90 (2): 493-509.

Awadallah, K.T. ; Ibrahim, A.M.A. ; Tawfik, M.H. e Attia, A.R. (2004): Sobre a biologia do parasitoide de encyrtid, *Neoplatycerus palestinensis* (Rivnay) (Hymenoptera : Encyrtidae). Bull. Ent. Soc. Egypt, 81: 141-152.

Awadallah, K.T.; Ibrahim, A.M.A. ; Tawfik, M.H. e Attia, A.R. (2004): On the biology Of the Vine mealybug *Planococcus ficus* (Signoret) (Homoptera: Pseudococcidae). Agric., Res. J. Suez Canal University: 105112.

Awadallah, K.T.; Ibrahim, A.M.A.; Tawfik, M.H. e Attia, A.R. (2002):
Notas sobre a nova espécie de parasitoide, *Neoplatycerus palestinensis* (Rivnay) (Hymenoptera : Encyrtidae) em *Planococcus ficus* (Signoret) (Homoptera : Pseudococcidae) no Egipto. Egipto. J. ofBiol. Pest Control, 12(2):83.

Awadallah, K.T.; Ibrahim, A.M.A.; Tawfik, M.H. e Attia, A.R. (2004):

Descrição e duração dos estádios imaturos do parasitoide *Neoplatycerus palestinensis* (Rivnay) (encyrtidae).). Agric., Res. J. Suez Canal university.

Awadallah,K.T.; Ibrahim, A.M.A. e Attia, A.R. (1999): Descripção e duração dos estágios imaturos do parasitoide de encyrtid, *Blepyrus insularis* (Cameron) (Encyrtidae: Hymenoptera).Bull. Ent. Soc. Egypt, 77: 103 - 108.

Awadallah,K.T.; Ibrahim, A.M.A.; Nada, S.M.A. e Attia, A.R. (1999):

Levantamento de parasitóides de cochonilhas e hiperparasitóides associados em certas plantas ornamentais hospedeiras na região de Gizé. Bull. Ent. Soc. Egypt, 77: 97 - 101.

Azab, A. K.; Megahed, M. M. e El-Mirsawi. H. D. (1970): Sobre a gama de plantas hospedeiras de *Bemisia tabaci* (Genn.). Bulletin of the Entomological Society ofEgypt 54:319-326.

Azab, A.K.; Megahed, M. M. e El-Mirsawi, H. D. (1969): Parasitismo de *Bemisia tabaci* (Genn.) na UAR (Hemiptera: Homoptera: Aleyrodidae). Bull. Soc. Ent. Egipto, 52: 439-441.

Azab, A.K.; Megahed, M. M. e El-Mirsawi, H. D. (1969): Parasitismo de *Bemisia tabaci* (Genn.) na UAR (Hemiptera : Homoptera : Aleyrodidae). Bull. Soc. Ent. Egipto, 52: 439-441.

Azab, A.K.; Megahed, M. M. e El-Mirsawi, H. D. (1970): Estudos de *Bemisia tabaci* (Hemiptera : Homoptera : Aleyrodidae). Bull. Ent. Soc. ent. Egipto, 53: 339-352.

Azab, A.K.; Megahed, M. M. e El-Mirsawi, H. D. (1970a): Estudos de *Bemisia tabaci* (Hemiptera : Homoptera : Aleyrodidae). Bull. Ent. Soc. ent. Egipto, 53: 339-352.

Azab, A.K.; Megahed, M. M. e El-Mirsawi, H. D. (1972): Sobre a biologia de *Bemisia tabaci* (Genn.) (Hemiptera : Homoptera : Aleyrodidae). Bull. Ent. Soc. Ent. Egipto, 55: 305-315.

Azab, A.K.; Megahed, M. M. e El-Mirsawi, H. D. (1972): Sobre a biologia de *Bemisia tabaci* (Genn.) (Hemiptera : Homoptera : Aleyrodidae). Bull. Ent. Soc. Ent. Egipto, 55: 305-315.

Bachatly, M. A. (2000): Estudos sobre a resistência de certas cultivares de feijão ao ataque da mosca branca do algodão *Bemisia tabaci* (Gennadius). Egyptian Journal of Agricultural Research. 78:5, 1925-1934.

Bachatly, M. A.; Hady, S. A. e Hegab, M. F. A. (2001): A infestação de híbridos de tomate pela mosca branca do tomate, *Bemisia tabaci* Gennadius, e o seu controlo. Annals of Agricultural Science, Moshtohor. 39: 1, 673-683.

Badary, H. A. (1997): Novas abordagens de controlo da mosca branca para minimizar o uso de insecticidas e a poluição ambiental. Mestrado. Instituto de Estudos e Investigadores Ambientais, Universidade de Ain-Shams, 134 pp.

Badary, H. e Abd-Rabou, S. (2010): Estudos biológicos da cochonilha vermelha da Califórnia, *Aonidiella aurantii* (Maskell) (Hemiptera: Diaspididae) sob diferentes plantas hospedeiras e temperaturas com uma lista anotada de inimigos naturais desta praga no Egipto. Egypt. Acad. J. biolog. Sci., 3 (1): 235 - 242 .

Badary, H. e Abd-Rabou, S. (2011): Papel do parasitoide pteromalídeo *Scutellista caerulea* (Fonscolombe) (Hymenoptera: Pteromalidae) para o controlo biológico dos insectos de escamas moles (Hemiptera: Coccidae) no Egipto. Egypt. Acad. J. biolog. Sci., 4(1): 49 - 58.

Badr, S. A. e Moharum, F.A. (2012): Estudos ecológicos sobre a cochonilha do hibisco rosa, *Maconellicoccus hirsutus* (Green) (Hemiptra: Pseudococcidae) em arbusto de hibisco chinês. Egypt.j. of appl. sci., 27 (3) 36-49.

Bakry, M. M. S.; Mahmoud, G. H.; Abd-Rabou, S. e El-Amir, S. M. (2012): Atividade sazonal do inseto de escala suave com listras vermelhas, *Pulvinaria tenuivalvata* (Hemiptera: Coccidae) infestando campos de cana-de-açúcar em Qena, Egito. Egypt. Acad. J. biolog. Sci., 5(3): 69 -77.

Bakry, M.M.S.; Moussa, S.F.M. ; Mohamed, G.H. ; Abd-Rabou, S. e El- Amir, S.M. (2013): Observações sobre a densidade populacional da cochonilha mole da manga, *Kilifia acuminata* (Signoret) (Hemiptera: Coccidae) infestando mangueiras no distrito de Armant, Governadoria de Luxor. Egipto. J. Agr. Res.91 (3): 113-135.

Basha, A. A. E.; Mahrous, M. E. e Mostafa, E. M. (2004): Descrições de duas novas espécies de ácaros fitosseiídeos (Acari: Phytoseiidae) do Egipto. Revista Internacional de Acarologia. 2004. 30: 4, 347-350.

Basu, A. N. 1995: *Bemisia tabaci* (Gennadius): Pragas das culturas e principal vetor de mosca branca dos vírus das plantas. Westview Press, Boulder, Colarado.

Batchelor, L. D. e Webber, H. J. (1948): The citrus industry. Univ. Calif. V. II. pp731.

Bellows, T. e Perring, S. (1994): Descrição de uma nova espécie de *Bemisia* (Homoptera: Aleyrodidae). Annals of the Entomological Society of America. 87: 195-206.

Ben-Dov, Y. (1993): A systematic catalouge of the soft scale insect of the world (Homoptera : Coccoidea : Coccidae) with data on geographical distribution, host plants, biology, economic importance. Flora and Fauna Handbook, No. 9 Sandhill Grane Press, Gainesville, Florida 536 pp.

Ben-Dov, Y. e Hodgson, C. J. (1997): Soft scale insects, their biology, natural enemies and control, serious: World Crop Pests, 7A. Elsevier, Amesterdão e Nova Iorque, 452 pp.

Bink-Moenen, R. M. (1983): Revisão das moscas brancas africanas (Aleyrodidae) com base principalmente numa coleção da Techad. Bible. Neder. Ent. Ver. Ams. pp.201.

Bondar, G. (1928): Aleyrodideos do Brasil (2a contribuicao). Boletim Lab. Path. veg. Est. Bahia. 5: 1-37.

Booth, R. G. (1995): Introduction to ladybird beetles (Coleoptera : Coccinellidae) as predators of whiteflies. Report of Training Course on Whiteflies of Economic Importance and their Natural Enemies UK.

Brown, J. K. (1994): Current status of *Bemisia tabaci as a plant pest* and virus vetor in agroecosystems worldwide. Boletim de Proteção das Plantas da FAO, 42: 332.

Brown, J.K., Frohlich, D.R. e Rossell, R.C. (1995): The sweetpotato or silverleaf whiteflies: Biótipos de *Bemisia tabaci* ou um complexo de espécies? Annual Review ofEntomology 40: 511-534.

Cohen, S., Duffus, J. E. e Liu, H. Y. (1989): Aquisição, interferência e retenção de vírus do enrolamento das folhas de cucurbitáceas em moscas brancas. Phytopathology 79: 109113.

Coll, M. e Abd-Rabou, S. (1998): Efeito de pulverizações de emulsões de óleo em parasitóides da parlatoria negra, *Parlatoria ziziphi*, em toranja. Biocontrolo, 43: 2937.

controlo Vol. 17 No. 1/2 pp. 159 -160.

Corbett, G. H. (1926): Contribuição para o nosso conhecimento dos Aleyrodidae do Ceilão. Bulletin ofEntomological Research. 16: 267-284.

Corbett, G. H. (1935a): Sobre novos Aleurodidae (Hem.). Annals and Magazine of Natural History (10). 16: 240-252.

Corbett, G. H. (1935b): Três novos aleurodídeos (Hem.). Stylops. 4: 8-10.

Corbett, G. H. (1936): New Aleurodidae (Hem.). Actas da Royal Entomological Society ofLondon (B). 5: 18-22.

Correa, M. Abd-Rabou, S. e Malausa, T. (Submetido): Molecular Barcoding *of Pianococcus ficus* (Hemiptera: Pseudococidae) from vineyards in Egypt. Bull. Ent. Res.

Correa, M.; Poulin, E.; Abd-Rabou, S.; Shalaby, H. e Malausa, T. (2012): Estrutura genética de *Pianococcus ficus* (Hemiptera: Pseudococidae) de vinhedos no Egito. XXIV Congresso Internacional de Entomologia (New Era ofEntomology, Secção de Ecologia, comunicação oral.

Curnutte, L.C.; Simmons, A. e Abd-Rabou, S. (Submetido): Climate Change and *Bemisia tabaci* (Hemiptera: Aleyrodidae): Impacts of Temperature and Carbon Dioxide on Life History. Annals of the Entomological Society of America.

Danzig, E. M. (1964): The whiteflies (Homoptera: Aleyrodidoidea) of the Caucasus. [Em russo]. Entomologicheskoe Obozrenie. 43: 633-646.

Darwish, E. T. E. (1976): Estudos biológicos e de controlo das cochonilhas que atacam os citrinos na província de Monoufia. Tese de Mestrado, Fac. de Agricultura, Universidade de Tanta, Egipto.

Darwish, Y. A. e Farghal, A. I. (1990): Avaliação da atividade de pesticidas contra a mosca branca do algodão *Bemisia tabaci*

(Genn.) e inimigos naturais associados em plantas de algodão em condições de campo em Assiut. Assuit J. Agric. Sci., 21 (5): 331-339.

Darwish, Y. A.; Mannaa, S. H. e Abdel-Rahman, M. A. A. (2000): Effect of constant temperatures on the development of egg and nymphal stages of the cotton whitefly, *Bemisia tabaci (*Genn.) (Homoptera: Aleyrodidae), and use of thermal requirements in determining its annual generation numbers. Assiut Journal of Agricultural Sciences. 31:1, 207-216.

Dawood, M. Z. (1999): Suscetibilidade de certas cultivares de abóbora e pepino vulgarmente cultivadas a *Bemisia tabaci* (Genn.) (Homoptera: Aleyrodidae) na província de Beni-Suef. Egyptian Journal of Agricultural Research. 77: 3, 1075-1080.

Dawood, M. Z.; El-Rafie, K. K.; Aly, S. A. e Hydar, M. F. (1999): Suscetibilidade de algumas variedades e híbridos de tomate à infestação de mosca branca *Bemisia tabaci* (Genn.) Em relação à taxa de infeção por TYLCV e ao rendimento. Egyptian Journal of Agricultural Research. 77:3, 1059-1065.

De Barro, P. J.; Trueman, J. W. H. e Frohlich, D. R. (2005): *Bemisia argentifolli* é uma raça de *Bemisia tabaci* (Hemiptera: Aleyrodidae): a diferenciação genética molecular de populações de *B. tabaci* em todo o mundo. Bulletin ofEntomologicalResearch. 95: 193-203.

De Barro, P.J. (1995): *Bemisia tabaci* biótipo B: uma revisão da sua biologia, distribuição e controlo. Documento técnico CSIRO n.º 33. P. 57.

De Barro, P.J.; Driver, F.; Trueman, J.W.H. e Curran, J. (2000): Relações filogenéticas de populações mundiais de *Bemisia tabaci* (Gennadius) usando ITS1 ribossómico. Mol. Phylogenet. Evol. 16, 29-36.

De Barro, P.J.; Scott, K.D.; Graham, G.C.; Lange, C.L. e Schutze, M.K. (2003): Isolamento e caraterização de loci de microssatélites em *Bemisia tabaci.* MolecularEcology Notes. 3: 40-43.

Dinsdale, A.; Cook, L.; Riginos, C.; Buckley, Y.M. e De Barro, P. (2010): Análise global refinada de *Bemisia tabaci* (Hemiptera: Sternorrhyncha:

Aleyrodoidea: Aleyrodidae) mitocondrial cytochrome oxidase 1 para identificar limites genéticos ao nível das espécies. Annals of the Entomological Society of America. 103: 196-208.

Doss, S. A. (1968): Estudos sobre a mosca branca, *Bemisia tabaci* (Genn.) que ataca as culturas hortícolas. Mestrado. Universidade de Ain-Shams.

Edrisha, M. E. e Badr, S. T. (1994): Effect of some foliar fertilizers, pesticides and their mixtures on white fly *Bemisia tabaci* (Genn.) and their side effects on tomato fruits. Annals of Agricultural Science, Moshtohor. 32: 3, 1697-1706.

Eissa, E. S. e Helal, A. H. (2000): New approaches in studying horticultural pests and their control in Arab World (Novas abordagens no estudo de pragas hortícolas e seu controlo no mundo árabe). Dar El-Ketab El-Hadeath, Cairo, pp. 151-155.

El-Gaied, L.F.; El-Sheshtawy e El-Menofy, W. (2014): Estudos biológicos e moleculares sobre o efeito tóxico da proteína inseticida vegetativa (VIPs) de isolados egípcios de *Bacillus thuringiensis* contra moscas brancas. Egipto. J. Genet. Cytol., 43:327-337. '

El-Kady, H. e Devine, G. J. (2003): Resistência a insecticidas em populações egípcias da mosca branca do algodão, *Bemisia tabaci* (Hemiptera: Aleyrodidae) . PestManagement Science, 59,(8,): 865-871.

El-Minshawy, A. M. e Moursi, K. S. (1976): Biological studies on some soft scale insects (Homoptera: Coccidae) attacking guava trees in Egypt. Z. ang. Ent. 81: 363- 371.

El- Minshawy, A. M.; Hammad, S. M. e Moursi, K. S. (1974): Avaliação de alguns insectos de escamas moles em goiabeiras. 2nd Egipto. Pest. Cont. Cong. Alex.: 649- 672.

El- Minshawy, A. M.; Hammad, S. M. e Moursi, K. S. (1974): Abundância sazonal de cochonilhas e cochonilhas que atacam as goiabeiras no distrito de Alexandria. 2nd Egipto. Pest. Cont. Cong. Alex.: 571- 586.

El Nasr, A. S. e Abd-Rabou, S. (2012): Pragas comuns de psilídeos e moscas brancas (Hemiptera: Psylloidea: Aleyrodoidea) que infestam árvores de pomar no Egipto. Egipto. Acad. J. biolog. Sci., 5(3): 147 -152.

El- Saadany, G. e Aly, A. G. (1974): Distribuição e abundância de *Icerya purchasi* Mask. em *Stercbolia diversifolia* no Egipto. Z. angew. Entomol., 77 (1): 73- 77.

El-Agamy, F. M. (1981): Estudos biológicos e ecológicos sobre alguns parasitas. Tese de Mestrado, Fac. Agric. TantaUniv.

El-Agamy, F. M.; Metwally, S. M. I.; Shawer, M. B. e Metwally, M. M. (1994): O papel dos parasitóides no controlo da cochonilha de cera da Florida,

Ceroplastes fl'or iden sis Comst. Na província de Kafr El-Sheikh, Egipto, J. Agric. Res. TantaUniv., 20 (1): 58-64.

El-Batran, L. A. (1997b): Estudos laboratoriais sobre o comportamento de procura de larvas de *Exochomus flavipes* (Thunb.) e *Chrysoperla carnea* (Steph.) por *Coccus hesperidum* L. Egipto. J. Biol. Pest Control, 7 (2): 103-5.

El-Bessomy, M. A. E.; El-Khawalka, H. I. H. O. e El-Maghraby, H. M. (1997): Efeito do inseticida fúngico (Biofly) em comparação com insecticidas químicos no controlo de diferentes fases da mosca branca *Bemisia tabaci* (Genn.) e do seu vírus relacionado. Egyptian Journal of Agricultural Research. 75: 4,915-921.

El-Borollosy, F. M.; El-Bolok, M. M.; Ezz, A. I. e Assem, M. S. (1990): Estudos ecológicos sobre a cochonilha mole *Chloropulvinaria psidii* (Maskell) (Coccidae : Homoptera) na planta ornamental de papel de arroz, *Aralia papyrifera* (Hook) (Aralliaceae). Bull. Soc. Ent. Egipto, 69p. 267-275.

El-Deeb, M. F.; Abo El- Khair, S. S. e Moursi, K. S. (1998): Levantamento preliminar de pragas que infestam a macieira em sistema de agricultura irrigada no deserto ocidental egípcio. Adv. Agric. Res. 3 (2): 309- 316.

El-Deeb, M. F.; Abo-Shanab, A. S. H.; Sahar Beshr, M. e Moursi, K. S. (2002): Diferentes tipos de pesticidas e suas misturas para o controlo da cochonilha da oliveira *Leucaspis riccae* Targ. em oliveiras por nebulização e pulverização Máquina na zona de Burg el- Arab. 2nd Inter. Conf. Plant Prot. Res. Inst. (1): 882- 885.

El-Deeb, M. F.; Badr, S. A.; Bichr, S. M. e Moursi, K. S. (2004): Comparação entre três insecticidas comerciais de iões de malte e as suas misturas com óleo mineral KZ contra goiabeiras e citrinos infestados com *Pulvinaria psidii* (Mask) e *Planococcus citri*

(Risso.) na província de Alexandria. J. Agric. Sci. Mansoura Univ., 29 (11): 6617- 6624.

El-Deeb, M. F.; El- Bakaly, S.; Moursi, K. S.; El- Sebae, A. H. e Abo-Shanab, A. S. H. (2002): Biological activity of certain mineral oils, organo phosphorus. Biocidas isolados e em misturas binárias contra o psilídeo *Euplyllura straminea* (Loginova) que infesta as oliveiras na costa oeste-norte do Egipto. Ibed. 706- 712.

El-Deeb, M. F.; Gomaa, M.; Abo El- Khair, S. e Moursi, K. S. (1995): Efeito de três óleos minerais locais contra alguns insectos cochonilhas em duas datas 1st lint. Conf. de pragas cont. Mansoura, 321- 326.

El-Gaied, L. F.; Salama, M. I.; Salem, A. M.; El-Deen, A. F. N. e Abdallah, N. A. (2008): Estudos moleculares e serológicos sobre um vírus vegetal que afecta o morango. Arab Journal ofBiotechnology. 11:2, 303-314.

El-Ghany, A.; El-Sayed, M.; Afifi, F. M. L. e Haydar, M. F. (1990): Interefeitos da temperatura e do tipo de alimento na longevidade adulta de

Eretmocerus mundus Merect, um parasitoide primário de *Bemisia tabaci* (Genn.). Boletim da Faculdade de Agricultura da Universidade do Cairo. 41: 3, Suppl. 1,913-922.

El-Hakim, A. M. e Helmy, E. I. (1982): Survey and population studies on olive leaf pests in Egypt. Bull. Entomol. Soc., Egipto, 64: 213-220.

El-Hefny, A. S.; El-Sahn, O. M.N. e Yacoub, S. (2011): Efeito de alguns extractos de plantas em *Pianococcus citri* (Risso). Egipto. J. Agric. Res.,89(2):511-519.

El-Helaly, M. S.; El-Gayar, F. H. e El-Shazli A. Y. (1977b): Estudos sobre a nutrição das moscas brancas, *Bemisia tabaci* (Gennadius) aminoácidos solúveis e não solúveis em adultos. Indian J. Entomol. 38 : 263-265.

El-Helaly, M. S.; El-Gayar, F. H. e El-Shazli A. Y. (1977c): Photoperiodism of the whitefly, *Bemisia tabaci* (Aleyrodidae - Homoptera). Zeit. Ang. Entomo. 83 : 393-397.

El-Helaly, M. S.; El-Shazli, A. Y. e El-Gayar, F. H. (1971a): Biological studies on *Bemisia tabaci* (Genn.) (Hemiptera :

Aleyrodidae) in Egypt. Zeit. Ang.Entomo., 69 (1): 48-55.

El-Helaly, M. S.; Rawash, I. A. e Ibrahim, E. G. (1981): Fototaxia da mosca branca adulta, *Bemisia tabaci* (Genn.) à luz visível (2) efeitos da intensidade da luz e do sexo dos adultos da mosca branca na resposta dos insectos a diferentes comprimentos de onda do espetro de luz. Ata Phyto. Acad. Sci. Hun. 16 : 389-398.

El-Helaly, M. S.; Rawash, I. A. e Ibrahim, E. G. (1981): Fototaxia da mosca branca adulta, *Bemisia tabaci* (Genn.) à luz visível (2) efeitos da intensidade da luz e do sexo dos adultos da mosca branca na resposta dos insectos a diferentes comprimentos de onda do espetro de luz. Ata Phyto. Acad. Sci. Hun. 16 : 389-398.

El-Kady, H. e Devine, G. J. (2003): Insecticide resistance in Egyptian populations of the cotton whitefly, *Bemisia tabaci* (Hemiptera: Aleyrodidae). Pest Management Science. 59: 8, 865-871.

El-Kady, H.; Denholm, I. e Devine, G. J. (2002): Insecticide resistance in Egyptian strains of *Bemisia tabaci*. Conferência do BCPC: Pests and diseases, Volumes 1 e 2. Actas de uma conferência internacional realizada no Brighton Hilton Metropole Hotel, Brighton, Reino Unido, 18-21 de novembro de 2002. 787-792.

El-Khawas, M. A. M. e Salwa, S. M. A. (2010): Population densities of *Aphis gossypii* on pepper and *Bemisia tabaci* on bean with special reference to their natural enemies. Egyptian Journal of Biological Pest Control. 20: 1, 15-19.

El-Khayat, E. F.; El-Sayed, A. M.; Shalaby, F. F. e Hady, S. A. (1994): Taxas de infestação por *Bemisia tabaci* (Genn.) em diferentes plantas de culturas hortícolas de verão e de inverno. Annals of Agricultural Science, Moshtohor. 32: 1,577-594.

El-Kholy, A.S.; Helmy, E.I; Shaheen, A.I.; Moussa, S.F.M.; e Selim, A.A. (1994): Abundância sazonal da cochonilha roxa, *Cornuuaspis beckii* (New.) em certas variedades de citrinos em correlação com factores bióticos e abióticos. J.Agric. Sci.MansouraUniv. 19(8): 2737-2744,

El-Khouly, A. S.; Khalafalla, E. M. E.; Metwally, M. M.; Helal, H. A. e El- Mezaien, A. B. (1998): Abundância sazonal e dinâmica populacional de certos insectos sugadores da soja na província de Kafr El-Sheikh, Egipto. Egyptian Journal of Agricultural

Research. 76: 1, 141-151.

El-Kifl, A. H.; Salama, H. S. e Hamdy, M. K. (1980): Controlo químico das cochonilhas que infestam as figueiras no Egipto. J. Fac. of Agric., Al-Azhar Univ., Egipto, 609-615.

El-Lakwa, F. A. M.; El-Khayat, E. F.; Hafez, A. A. e Shalaby, H. H. (1999): Suscetibilidade de três variedades de feijão (*Phaseolus vulgaris* L.) à infestação de mosca branca e pulgões. Annals of Agricultural Science, Moshtohor. 37: 1, 585-603.

El-Minshaway, A. M. e Osman, O. A. (1974): Estudos biológicos e ecológicos sobre a cochonilha mascarada, *Mycetaspis personata* (Costock) na zona de Alexandria (Coccoidea : Diaspididae). Bull. Lab. Ento. Ag., P. 31: 152172.

El-Minshaway, A. M. e Osman, O. A. (1974): Biological and ecological studies on *Chrysomphalus personatus* d'al Bollettino del laboratori di EntomologiaAgraria "Fillippo Silvestri" di Portici, Vol. 31.

El-Minshawy, A. M. e Saad, A. H. (1976): Estudos sobre *Saissetia coffeae* (Walk.) Flutuação da população, mortalidade sazonal, aumento anual da população e número aumento da população e número de gerações de *S. coffeae* (Walk.). Alex. J. Agric. Res., 24 (3): 527-32.

El-Minshawy, A. M.; El-Sawaf, S. K.; Hammad, S. M. e Donia, A. (1971): A biologia de *Hemiberlesia latanaiae* (Sig.). Bull. Ent. Soc. Egypt, 55: 461-467.

El-Minshawy, A. M.; El-Sawaf, S. K.; Hammad, S. M. e Donia, A. (1974): A biologia de *Asterolecanium pustulans* Cockerell no distrito de Alexandria. Bull. Soc. Egipto, LV, 1971, 441-446.

El-Minshawy, A. M.; El-Sawaf, S. K.; Hammad, S. M. e Donia, A. (1974): Levantamento das cochonilhas que atacam as árvores de fruto no distrito de Alexandria 1 (Fam. Diaspididae; Subfam. Diaspidinae, Trib Aspidiotini. Ale. J. Agric. Res 22 (2): 223-32.

El-Minshawy, A. M.; Hammad, S. M. e Moursi, K. H. (1974): Abundância sazonal dos insectos cochonilhas e cochonilhas que atacam as goiabeiras no distrito de Alexandria. 2nd Egt. Post. Con. Cong., Alexandria, 1974.

El-Moursy, A. A.; Nada, M. A.; Nawal, Z. e Abd-Rabou, S. (1993):

Novos registos de himenópteros parasitas que atacam moscas brancas

noEgipto

(Homoptera : Aleyrodidae). J. Egipto, Ger. S. Z., 11: 259-278.

Elnagar, S.; Sewify, G. H.; Abd-Rabou, S. e Ahmed, N. (2000): Fauna de moscas brancas de plantas silvestres no Egipto. Apresentação de Poster XXI Congresso Internacional de Entomologia, Livro de Resumos, p. 125.

El-Naggar, M. e Abd-Rabou, S. (2007): Levantamento de hiperparasitóides de cochonilhas armadas e percevejos (Homoptera) no Egipto. Actas do XI Simpósio Internacional sobre Estudos de Insectos Escamados Resumo P.271.

El-Nahal, A. K. M.; Awadallah, K. T. e Shaheen, A. A. (1976): Abundância e inimigos naturais de *Lepidosaphes tapleyi* Williams em certas plantas ornamentais nas regiões de Giza e Zagazig. Bull. Soc. Ent. Egipto, 60, 1976, [311].

El-Rafi, K. A. (1995): Estudos ecológicos sobre a mosca branca, *Bemisia tabaci* (Genn.) (Homoptera : Aleyrodidae). Doutoramento no Instituto de Estudos e Investigação Ambiental, Universidade de Ain-Shams, pp. 97.

El-Rafie, K. K. (1999): Efeito de diferentes taxas de fertilizantes (N, P, K) na infestação de *Bemisia tabaci* (Genn.) No tomate e seu efeito no rendimento. Egyptian Journal of Agricultural Research. 77: 3, 1067-1073.

El-Rafie, K. K.; Dawood, M. Z. e Hydar, M. F. (1999): A relação entre a temperatura diária, e a população de *Bemisia tabaci* (Genn.) na plantação de tomate. Egyptian Journal of Agricultural Research. 77: 4, 1501-1507.

El-Sahn, O. M. N. e Shairra, S. A. (2012): Eficiência do entomopatógeno fúngico, *Metarhizium anisopliae* var *acridum* e certos compostos químicos em caracóis de jardim, Cornu aspersum (= *Helix aspersa*). J. Egypt. Ger. Soc. Zool., (64E): Entomologia, 103- 111.

El-Sayed, A. E. G. M. e El-Ghar, G. E. S. A. (1992): The influence of normal and low-rate application of insecticides on populations of the cotton whitefly and melon aphid and associated parasites and predators on cucumber. Anzeiger fur Schadlingskunde, Pflanzenschutz, Umweltschutz. 65: 3, 54-57.

El-Sayed, A. M. (1981): Estudos ecológicos e de controlo da mosca branca, *Bemisia tabaci* (Genn.) que ataca as plantas de tomate. Tese de Mestrado Fac. Agric. Menoufia Univ.

El-Sayed, A. M. (1986): Estudos adicionais sobre a mosca branca, *Bemisia tabaci* (Genn.) e os seus inimigos naturais no Egipto. Tese de doutoramento Fac. Agric. Moshtohor, Zagazig Univ.

El-Sayed, A. M. e Abo-El-Ghar, G. E. S. (1997): Efeito de alguns insecticidas sobre a mosca branca do algodão, *Bemisia tabaci* (Homoptera : Aleyrodidae) e os seus parasitóides, *Encarsia lutea* (Hymenptera : Aphelinidae). Bull. Ent. Soc. Egipto, Econ. Ser., 24: 69-80.

El-Sayed, A. M. e El-Ghar, G. E. S. A. (1993): Effect of selected insecticides on population, adult longevity and reproduction of the whitefly, *Bemisia tabaci* (Genn.) (Homoptera: Aleyrodidae). Boletim da Sociedade Entomológica do Egipto, Série Económica. 20, 161-171.

El-Sayed, A. M.; Adl, F. E.; Samy, M. A.; Ibrahim, S. M. e Hindy, M. A. (1997): Desempenho de diferentes pulverizadores em relação à atividade inseticida contra a mosca branca que infesta as beringelas no Egipto. Annals of Agricultural Science, Moshtohor. 35: 3, 1727-1740.

El-Sayed, A. M.; Shalaby, F. F. e Abdel-Gawad, A. A. (1989): Influência da planta hospedeira em alguns aspectos biológicos de *Bemisia tabaci* (Genn.) (Hemiptera: Homoptera : Aleyrodidae). Proc. 1st Int. Conf. Econ. Ent. 1 (24).

El-Sayed, A. M.; Shalaby, F. F. e Abdel-Gawad, A. A. (1991): Estudos ecológicos sobre *Bemisia tabaci* (Gennadius) (Hemiptera-Homoptera: Aleyrodidae) infestando diferentes plantas hospedeiras. 1. Flutuação e densidade populacional de *Bemisia tabaci* em diferentes plantas hospedeiras. Egyptian Journal of AgriculturalResearch. 69: 1, 193-207.

El-Sayed, A. M.; Shalaby, F. F.; El-Khayat, E. F. e Hady, S. A. (1994): Relação entre certos factores climáticos e populações de *Bemisia tabaci* em diferentes plantas hospedeiras. Annals of Agricultural Science, Moshtohor. 32: 1,617-631.

El-Sebaey, I. I. A. e El-Wahab, H. A. A. (2003): Supressão de *Bemisia tabaci* (Genn), *Aphis gossypii* Glover e *Spodoptera littoralis* (Bosid.) por *Coranus africana* El-Sebaey (Hemiptera, Heteroptera, Reduviidae) num campo de tomate. Boletim da Faculdade de Agricultura da Universidade do Cairo. 54: 1, 141-150.

El-Shabrawy, H. A.; Hemeida, I. A.; Helmy, E. I. M. e Ismail, O. M.N. (2002): Flutuação populacional e distribuição espacial do pulgão do algodão, *Aphis gossypii* Glover, em rosela, *Hibiscus sabdariffa*. Bull. Entomol. Soc. Egypt, 79:65-77.

El-Tahlawy, M. A. e El-Arnaouty, S. A. (2006): Impacto da libertação de *Chrysoperla carnea* (Steph.) e dos tratamentos insecticidas na incidência do vírus do enrolamento da folha amarela do tomateiro em plantações de tomate no sul do Egipto. EgyptianJournal of Biological PestControl. 16: 1/2, 1-3.

Emam, A. K. (1999): The effect of squash as a plant trap and yellow sticky traps on the population density of the whiteflies *Bemisia tabaci* in tomato fields. Annals of Agricultural Science (Cairo). 44: 1, 395-402.

ent.Egypte,Vol. 18: 185-194.

Evans e Abd-Rabou (2005): Two new species and additional records of Egyptian Aphelinidae. Zootaxa,833:1-7.

Evans, G. e Abd-Rabou, S. (2013): An annotated list of the Encyrtids of Egypt (Hymenoptera:Chalcidiodea:Encyrtidae).Ata Phytopathologica et EntomologicaHungarica, 48 (1):107-128.

Evans, G. A. e Abd-Rabou, S. (2015): Novo registo de hospedeiro para *Encarsia cibcensis* Lopez Avila (Hymenoptera: Aphelinidae) um parasitoide da mosca branca *Aleuroclava psidii* (Hemiptera: Aleyrodidae) . Egyptian Jornal of PlantProtectionResearchInstitute, 1 (1):105-108.

Ezz, N. A. (1997): Estudos ecológicos sobre a cochonilha da ameixa, *Parlatoria oleae* e seu parasitoide, *Aphytis* sp. em árvores de folha caduca. Tese de Mestrado, Fac. Agric. Cairo, Universidade, 148 pp.

Ezz, N. A. (2012). Fungos entomopatogênicos associados a certos insetos de escala
no Egito. (Artigo de revisão). Egipto. Acad. J. biolog. Sci., 5(3): 211-

Ezz, N.A.; Hemeida, I. A.; El-Shabrawy, H. A.; El-Sahn, O. M. N. I. e Helmy, E. I. (2008): Avaliação do fungo entomopatogénico *Beauveria bassiana* (Balsamo) como agente de biocontrolo contra a cochonilha mole, *Saissetia coffeae* (Walker) (Homoptera: Coccidae). Procedimentos da 2nd Conferência Árabe de Controlo Biológico Aplicado de Pragas, Cairo, Egipto, 7-10 de abril de 2008, Egipto. J. Biol. Pest Control, 18(1):75-80.

Ezzat, Y. M. e Nada, S. M. (1986): Lista da superfamília Coccoidea conhecida no Egipto. Boll. Lab. Ent. Agr. Fillippo Silvestri, 43: 85-90.

El-Zahi, E. S. ; Aref, S. A. e Korish, S. K. (2016): A cochonilha do algodão, *Phenacoccus solenopsis* Tinsley (Hemiptera: Pseudococcidae) como uma nova ameaça ao algodão no Egito e seu controle químico. Journal of Plant Protection Research , 56(2): 111-115.

Fahmy, I. F. e Abou-Ali, R. M.(2015): Estudo da diversidade genética de isolados egípcios de mosca branca *B. tabaci* em relação a alguns isolados mundiais. Jornal de Engenharia Genética e Biotecnologia , 13, 87-92.

Farag, A.A.; Aly,N. e Abd-Rabou, S. (2014): Previsão da escala de cera cítrica, *Ceroplastes floridensis* Comstock (Hemiptera: Coccidae) populações usando os dois cenários SRES do IPCC (A2 e B20 para 2050 e 2100) anos. International Journal ofPlant and soil Science, 3(6): 695-706.

Farghaly, D. S.; El-Sharkawy, A. Z.; Abas, A.A.; Morsi, G. A. e Ibrahim, H. M. (2016): A dinâmica populacional sazonal do inseto da escala vermelha da Califórnia, *Aonidiella Aurantii* (Maskell) (Homoptera: Diaspididae) e seus parasitóides no Egito Médio. Current Science International, 5(1): 36-43.

Farghaly, S. F. (2010): Monitoramento bioquímico para resistência a insecticidas em mosca branca *Bemisia tabaci*. Jornal Americano-Eurásico de Ciências Agrárias e Ambientais. 8: 4, 383-389.

Farrag, R. M. e Zakzouk, E. A. (2000): Abundância relativa de algumas pragas e seu controlo em algumas plantas hospedeiras. Egyptian Journal of Agricultural Research. 78: 5, 1897-1904.

Farrag, R. M.; Kotb, F. K. e Noussier, N. I. (1994): Factores que afectam o controlo químico da mosca branca *Bemisia tabaci* em plantas de couve. Alexandria Journal of Agricultural Research. 39: 3, 307-316.

Foda, M. E. (2000): Dinâmica populacional, preferência do hospedeiro e padrões de distribuição sazonal da mosca branca, *Bemisia tabaci* (Genn.) no Médio Egipto. 2000 Proceedings Beltwide Cotton Conferences, San Antonio, EUA, 4-8 de janeiro de 2000: Volume 2. 1380-1382.

Frappa, Cl. (1938): Description de *Bemisia manihotis*, n. sp. (Hem:Hom. Aleyrodidae) nuisible au manioc a Madagascar. Bulletin de la Societe Entomologie de France. 43: 30-32.

Frappa, Cl. (1939): Note sur une nouvelle espece d'aleurode muisible aux plantations de tabac de la Tsiribihina. Bull. econ. trimest. Madagáscar. 16: 254-259.

Gabr, A. M. e Sourial, L. S. (2001): Estudos sobre o efeito da cultura intercalar tradicional de pepino com algodão ou feijão-miúdo na abundância de afídeos e mosca-branca. Egyptian Journal of Agricultural Research. 2001. 79: 2, 431443.

Gennadius, P. (1889): Doença das plantações de tabaco na Trikonia. O aleurodídeo do tabaco [Em grego] Ellenike Georgia. 5: 1-3.

Gergis, M. F. e Adam, K. M. (1996): Variação nas populações de *Bemisia tabaci*, com base em associações de plantas hospedeiras, estatísticas de desenvolvimento e parâmetros de crescimento no Egipto. 1996 Proceedings Beltwide Cotton Conferences, Nashville, TN, EUA, 9-12 de janeiro de 1996: Volume 2... 1996. 1007-1011.

Ghabbour, M.W. e Mohammad, Z.K. (1996): The Diaspididae ofEgypt (Coccoidea: Homoptera). J. Egypt Ger. Soc. Zool.Vol. 21(E): 337-369.

Ghabbour, M.W. e Mohammad, Z.K. (1998): Descrição do segundo instar imaturo e do macho adulto de *Aonidiella orientalis* (Newstead) (Homoptera Diaspididae). Bull. Ent. Soc. Egipto 76, pp.87-97.

Ghabbour, M.W. e Mohammad, Z.K. (2009): *Fiorinia phoenicis* (Hemiptera: Coccoidea: Diaspididae) Nova praga das palmeiras no Egipto. . J. Egipto. Ger. Soc. Zool., Vol. (58E): Entomologia, pp. 15-20.

Ghahari, H. e Abd-Rabou, S. (2012): Encyrtid fauna (Hymenoptera: Chalcidoidea: Encyrtidae) do norte e noroeste do Irão. Entomofauna , 34: 481-488 .

Ghahari, H.; Abd-Rabou, S.; Ostovan, H. e Samin, N. (2008): Whiteflies (Homoptera: Aleyrodidae) and their host plants in Golestan province, Iran.17-28.

Ghahari, H.; Abd-Rabou, S.; Hayat, M. e Schmidt, S. (2004): Faunstic surveys on *Encarsia* spp. (Chalcidoidea : Aphelinidae)in Mazandaran, Golestan and Isfahan provinces. Procedimentos do 16th Congresso Iraniano de Proteção das Plantas. Vol.1: Pragas, p.156.

Ghahari, H.; Abd-Rabou, S.; Ostovan, H. ; Johan, H. K. e Jian, H. (2010): A contribution to Iranian Aphelinidae (Hymenoptera: Chalcidoidea). Journal ofBiological Control, Volume : 24, Issue : 1

Ghahari, H.; Abd-Rabou, S.; Zahradnik, J. e Ostovan, H. (2009): Annotated catalogue of whiteflies (Hemiptera: Sternorrhyncha: Aleyrodidae) from Arasbaran Northwestern Iran. Journal ofEntomology and Nematology Vol. 1(1), pp. 7-18.

Ghahari, H.; Abd-Rabou,S.; Hamid,S.; Hedqvist Karl Johan e Ostovan, H. (2010): Uma contribuição para algumas vespas chalcidoida (Hymenoptera) do Irão. Journal of Biological Control, Volume : 24, Número : 1.

Ghahari, H.; Hayat, M.; Abd-Rabou, S. e Dowell, R.V. (2004): Registo de oito vespas parasitóides (Hymenoptera) do Irão. Procedimentos do 16th Congresso Iraniano de Proteção das Plantas. Vol.1: Pragas, p. 159.

Ghahari, H.; Huang, J. ; Abd-Rabou, S. e Ostovan, H. (2006): Platygastridae, Eulophidae e Aphelinidae (Hymenoptera) iranianos como parasitóides de moscas brancas (Homoptera: Aleyrodidae). Entomological Journal ofEastChina, 15(3): 166-170.

Ghahari, S.; Abd-Rabou, S. ; Ostovan, H. e Samin, N. (2007): Whiteflies (Homoptera : Aleyrodidae) and their host plants in Golestan Province, Iran. Planta e Ecossistema (12): 113.

Ghahari,H.; Huang, J. e Abd-Rabou, S. (2011): Uma contribuição para as espécies de *Encarsia* e *Eretmocerus* (Hymenoptera :

Aphelinidae) da Reserva da Biosfera de Arasbran e vizinhança no noroeste do Irão. Arch. Biol. Sci., Belgrado, 63 (3): 867-878.

Gomaa, E. M.; Abo El- Khair, S.S.; El-Deeb, M. F. e Moursi, K. S. (1997): Eficácia da pulverização no início do verão em três oliveiras infestadas de insectos cochonilhas em explorações alimentadas pela chuva. J. Agric. Sci. Mansoura Univ., 22 (2): 593- 597.

Gomaa, E. M.; e Moursi, K. S. (1990): Efeito de óleos de pulverização locais e fentoato em alguns insetos de escala blindados que infestam citros na governadoria de Beheirah. Egipto. J. Appl. Sci. 5 (8): 682- 686.

Gomaa, E. M.; e Moursi, K. S. (1991): Efeito de Berlex, óleo de estrela C e Surnithion em três insetos de escala não armados, rendimento e composição química de frutas de mandarim. Egipto. J. Appl. Sci. 6 (4): 38- 43.

Gomaa, E. M.; El-Deeb, M. F.; Moursi, K. S. e Youssef, K. H. (1995): Syudies sobre o efeito de alguns óleos minerais locais sozinhos e em misturas com Malathion na escala da oliveira, *Leucaspis riccae* Targ. J. Agric. Sci. MansouraUniv., 20 (9): 415- 425.

Gomaa, E. M.; Moursi, K. S. e Youssef, K. H. (1991): Levantamento de insetos e ácaros associados a figueiras em sistema de agricultura irrigada no deserto ocidental egípcio com referências especiais à escala de figo *Asterolecanium pustulans* (Cockerell). J. Agric. Sci. Mansoura Univ., 16 (10): 2453- 2457.

Gomaa, E. M.; Moursi, S. K. e Youssef, K. H. (1991): Levantamento de insetos e ácaros associados a figueiras em sistema de agricultura irrigada no deserto ocidental egípcio com referências especiais à escala de figo, *Asterolecanium pustulans* Cockerell. J. Agric. Sci. MansouraUniv., 16 (10): 2453-3457.

Goux, L. (1988): Aleurodes de France - VII. Descrição de duas espécies novas que constituem géneros novos. Bulletin de la Societe Linneenne de Provence. 39: 63-66.

Guirao, P.; Beitia, F. e Cenis, J.L. (1997): Determinação de biótipos em populações espanholas de *Bemisia tabaci* (Hemiptera: Aleyrodidae). Boletim de Investigação Entomológica 87: 587- 593.

Gullan, P. J. e Cook, G. (1999): Are cocnineal insects eriococcids. Entomologica, Bari, 33: 91-99.

Habib, A. e Farag, F. A. (1970): Estudos sobre nove aleurodídeos comuns do Egipto. Bull. Soc. Ent. Egipto, 54: 1-41.

Habib, A.; Salama, H. s. e Amin, A. H. (1969): A biologia da cochonilha da ameixa, *Parlatoria oleae* (Clovee) (Coccidea : Diaspididae).Bull. Soc. Ent. Egipto, 53: 263-297.

Habib, A.; Salama, H. s. e Amin, A. H. (1971): Estudos populacionais sobre insectos cochonilhas que infestam os citrinos no Egipto. Z. ang. Ent., 69 (3): 318-330.

Hafez, M. e Saad, B. (1969): Uma indicação do papel da parasitose no controlo da cochonilha negra, *Chrsomphalus ficus* Ashm. In U.A.R. Agric. Res. Rev., Cairo, 47 (3): 111-116.

Hafez, M. B. M.; El-Minshawy, A. M. e Donia, A. R. (1987): Flutuação populacional em parasitas de *Lepdosaphes beckii* Newn, e *Ceroplastes floridensis* Comst. Anz. Schadling Skde, Planfzenschutz, Umweltschutz, 60 (1): 6-9.

Hafez, M.; Tawfik, M. F. S.; Awadallah, R. T. e Sarhan, A. A. (1979a):
Inimigos naturais da mosca branca do algodão *Bemisia tabaci* (Genn.) no mundo e no Egipto. Bull. Soc. Ent. Egipto, 62: 9-13.

Hafez, M.; Tawfik, M. F. S.; Awadallah, R. T. e Sarhan, A. A. (1979b):

Estudos sobre *Eretmocerus mundus* Mercet, um parasita da mosca branca do algodão *Bemisia tabaci* (Genn.) no Egipto. Bull. Ent. Soc. Egypt, 62: 15-22.

Hafez, M.; Tawfik, M. F. S.; Awadallah, R. T. e Sarhan, A. A. (1979c):

Impacto do parasita *Eretmocerus mundus* Mercet, na população da mosca branca do algodão *Bemisia tabaci* (Genn.) no Egipto. Bull. Soc. Ent. Egipto, 62: 23-32.

Hafez, M; Tawfik, M. F. S. e Raouf, A. (1970a): Flutuações das densidades populacionais da cochonilha negra, *Chrysomphalus ficus* Ashm. At Tech. Bull, 2: 3-16.

Hafez, M; Tawfik, M. F. S. e Raouf, A. (1970b): Sobre a bionomia de *Habrolepis pascuorum* Mercet (Hymenoptera : Encyrtidae), um parasita da cochonilha negra, *Chrysomphalus ficus* Ashm. Em Tech. Bull., 2: 33-98.

Halawa, L. A.; Salem, R. M.; Korkor, A. A. e Awad, M. Z. F. (1992): Avaliação de campo de certos pesticidas contra algumas pragas de insectos sugadores que atacam plantas de algodão. J. Agric. Sci., MansouraUniv. 17 (10): 3366-3371.

Hamady, M. K. (1984): Um método simples para a calendarização do controlo da cochonilha do loendro, *Aspidiotus hederae* (Vallot). (Homoptera : Diaspidiadae). Bull ent. Soc. Egipto, Ser., 14, [207].

Hamed, A. R. e Hassanien, F. A. (1991): Survey of parasitoids and predators of important scale insects, mealybugs and whiteflies in Egypt. Egipto, J. Biol. PestControl, 1 (2): 147-152.

Hammad, S. M. e Moussa, F. H. (1973): As cochonilhas que atacam as plantas ornamentais na região de Alexandria (Egipto). Alexandria J. of Agric. Res.

Vol. 21-AgostoNo.2

Hamon, A. B. e Williams, M. C. (1984): The soft scale insects of Florida (Hom.: Coccoidea : Coccidae). Arthropoda of Florida and Neighboring land Ares, 11194 pp.

Hamza, M. K. (2007): Estudos ecológicos e biológicos sobre o psilídeo da oliveira, *Euphyllura straminea* (Homoptera: Aphalaridae). Tese de Mestrado, Fac. Agric., Al-Azhar.

Hanafi, H. A. (1997): Estudos sobre alguns insectos cochonilhas que infestam algumas plantas ornamentais. Tese de Doutoramento, Fac. de Agricultura, Al-AzharUniv., 126 pp.

Hanafy, A. H.: Moursi, K. S.; El- Shahaat, M. S. e Hussien, A. S. (1999):

Avaliação no terreno dos atractivos para a mosca da azeitona, *Bactrocera oleae* (Gmelin), no deserto ocidental do Egipto. 2nd inter. Conf. de Controlo de Pragas. Mansoura.: 129- 199.

Hassan, A. H. (1999): Ecological studies on whitefly in vegetable cultivations at Ismailia governorate with special reference to an integrated control approach. Departamento de Proteção das Plantas, Faculdade de Agricultura, Universidade do Canal do Suez, pp. 266.

Hassan, M. F.; Ali, F. S.; Hussein, A. M. e Mahgoub, M. H. (2008): Controlo biológico e químico de três pragas de insectos sugadores e perfuradores de plantas em pepino em casas de plástico. Egyptian Journal ofBiological Pest Control. 18: 1, 167-170.

Hassan, N. A.; Radwan, S. G. e El-Sahn, O. M.N. (2012): Insectos de escala comuns (Hemiptera:Coccoidea) no Egipto. Egypt. Acad. J. Biolog. Sci., 5(3): 153 -160.

Hassanien, F. A. e Hamed, A. (1985): Sobre a dinâmica populacional de *Hemiberlesia lataniae* (Signorate) e do seu parasita *Habrolepis aspidioti* Compere e Annecke no Egipto (Homoptera : Diaspididae : Hymenoptera : Encyrtidae). Bull. Ent. Soc. Egypt, Econ. Ser., 14: 63-72.

Hayat, M. (1989): A revision of the species of *Encarsia* Forester (Hymenoptera : Aphelinidae) from India and adjacent countries. Oriental Insects, 23 : 1 -131.

Haydar, M. F.; Afifi, F. M. L. e Aly, F. A. (1990): Uma abordagem simples para a gestão das doenças virais transmitidas pela mosca branca no tomateiro.

Faculdade de Agricultura da Universidade do Cairo. 41: 3, 649-664.

Hegab, A. H. e Moawad, G. M. (1994): Avaliação de programas para controlar a mosca branca do algodão, *Bemisia tabaci,* em campos de tomate e abóbora e reduzir a propagação do TYLCV no Egipto. Resumos Inter. *Bemisia* Workshop, Israel 3-7 Out. 1994.

Hegab, M. F. A. H.; Youssef, A. M.; Kamel, M. H. e Hassan, S. M. (2002): Características hortícolas de alguns novos híbridos de tomate em relação à infestação de mosca branca do algodão e do tomate (*Bemisia tabaci* Genn.) e à infeção pelo vírus do enrolamento amarelo das folhas do tomateiro. Annals of Agricultural Science, Moshtohor. 40: 3, 1807-1816.

Hegazi, E. M. e Moursi, K. S. (1979): Uma análise da fauna de insectos das plantas selvagens no deserto ocidental egípcio. III. Insectos de *Ononis vaginalis* Vahl. Proc. 3rd Arab pesticide confTanta Univ. Vol. III: 233- 246.

Hegazi, E. M. e Moursi, K. S. (1981): Estudos sobre *Brachycerus spinicollis* Bedel. (Curcullionidae: Coleoptera) uma espécie destrutiva das dunas de areia no deserto ocidental do Egipto. Z. ang. Ent., 92: 520- 526.

Hegazi, E. M. e Moursi, K. S. (1983): Estudos sobre a distribuição e a biologia da mosca da cápsula, *Acanthiophilus helianthi* Rossi, em plantas selvagens no deserto ocidental do Egipto. Z. ang. Ent. 96 (4): 333- 336.

Hegazi, E. M.; Abdel-Latif, M. A.; Moursi, K. S. e Maareg, M. F. (1980): Fauna do solo de sistemas agrícolas irrigados no deserto ocidental egípcio. J. Agri. Sci. Camb. London. 96: 99- 106.

Hegazi, E. M.; El- Gayar, F. H.; Moursi, K. S. e El- Kady, Y. I. (1982): Sobre o papel da mosca da cápsula, *Acanthiophilus helianthi* Rossi (Diptera: Tephritidae) na planta da flor do sol *Carthamus tinctorius* Proc. Egypt's Nat. Conf.Ent. do Egipto, Vol. 1: 191-201.

Hegazi, E. M.; El- Gayar, F. H.; Moursi, K. S. e Moussa, M. M. (1982): Efeito do diflubenzuron (DFBZ) no verme da folha do algodão, *Spodoptera littoralis* (Boisd.) Alex. J. Agric. Res., 30 (1): 479- 495.

Hegazi, E. M.; El- Singabi, N. R.; Shaaban, M. A. e Moursi, K. S. (1984): População faunística de plantas silvestres em sistemas agrícolas de sequeiro e de regadio no deserto ocidental egípcio. Alex. Sci. Exch., Vol. 5 (4): 353- 362.

Hegazi, E. M.; Moursi, K. S. e El- Gayar, F. H. (1981): Os insectos destruidores de *Thymelaea hirsute* (L.), um arbusto comum no deserto ocidental do Egipto. Proc. 4th Arab Pesticide Conf. TantaUniv., Especial. 157- 168.

Hegazi, E. M.; Moursi, K. S. e El- Gayar, F. H. (1982): Estudos sobre a pressão do pastoreio sobre os insectos destruidores de *Asphodelus microcarpus*, uma das plantas comuns no deserto ocidental egípcio. Proc. Egypt's Nat. Conf.Ent. do Egipto, Vol.I: 173- 189.

Helmi, A. (2010a): Variações electroforéticas de isozimas entre hospedeiros e localidades para populações de *Bemisia tabaci* (Genn.) no Egipto (Hemiptera: Alyrodidae). Munis Entomology & Zoology. 5:2,707-715.29 ref.

Helmi, A. (2010b): Variações populacionais associadas a plantas hospedeiras de *Bemisia tabaci* (Genn.) (Hemiptera:

Sternorrhyncha: Aleyrodidae) caracterizadas com marcadores aleatórios de DNA. Munis Entomology & Zoology. 5: 2, 677-685. 42 ref.

Helmy, E. I. (1975): Avaliação de certos insecticidas de síntese para o controlo de cochonilhas em A. R. E. Tese de Mestrado, Fac. of Agric., Ain-Shams Univ., Egipto.

Helmy, E. I.; Hassan, N. A.; Kwaiz, F. A. e El-Sahn, O.N. (2002): Efeito de IGRs, óleos miscíveis, o seu efeito conjunto comparado com compostos O.P. em insectos de escamas duras e de cera que infestam citrinos em Qaluobiya, Egipto. Primeira Conferência do Laboratório Central de Pesticidas Agrícolas, 3-5 de setembro de 2002, 741-746.

Helmy, E. I. ; Hemeida, I. A.; El-Shabrawy, H. A. e El-Sahn, O. N. I. (2004): Estudo de insectos em plantas medicinais e aromáticas no Egipto. Conferência Toshka 2004 "A progress report", associação de expatriados egípcios regressados e ministério dos recursos hídricos e da irrigação, 3-4 de janeiro de 2004.

Helmy, E. I.; Abou-Setta, M. M. e Hassan, N. A. (1984): Avaliação da aplicação aérea para o controlo de cochonilhas que infestam os citrinos no Egipto. 3rd Arab Cong. ofHort. Cairo, 7-10 Out., pp. 16-21.

Helmy, E. I.; Attal, Z. M. e Aly, A. G. (1984): Avaliação de alguns óleos de pulverização locais para o controlo de certas cochonilhas em citrinos. Agric. Res. Rev., 62(1): 109- 114.

Helmy, E. I.; El-Emery, S. M. e Habib, A. (1986): Estudos ecológicos sobre a cochonilha de cera da Florida, *Ceroplastes floridensis* Comst. (Homoptera : Coccidae) em citrinos no Egipto. Bull. Soc. Ent. Egipto, 66, 155-66.

Helmy, E. I.; Hanafy, H. A.; Hassan, N. A.; El- Imery e Mohamed, F. A. (1992): Nova abordagem para o controlo de insectos cochonilhas através da utilização de cinco óleos miscíveis egípcios em laranjeiras no Egipto. Egipto. J. Agric. Res., 70 (3): 763771.

Helmy, E. I.; Hanafy, H. A.; Hassan, N. A.; El-Imery, S. M. e Mohamed, F. A. (1992): Nova abordagem para controlar insetos de escala usando cinco óleos miscíveis egípcios em laranjeiras no Egito, 70 (3): 763-771.

Helmy, E. I.; Hanafy, H. A.; Mohamed, F. A. e Moussa, (1984): A atividade bioresidual de certos grupos de insecticidas contra a cochonilha roxa, *Lepidosaphes beckii* (Newman) que infesta as árvores de orang no Egipto. J. of Agric. Res., 119.

Helmy, E. I.; Hemeida, I. A.; El-Shabrawy, H. A. e El-Sahn, O. N. I. (2002): Levantamento dos insectos associados ao roselinho; *Hibiscus sabdariffa* L. e controlo suave dos insectos mais prejudiciais; *Aphis gossyipii* Glover e *Bemisia tabaci* (Genn.) em Beni-Sweif, Egipto. 2nd International Conference, Plant Protection Research Institute, Cairo, Egipto, 21-24 de dezembro, 594-601.

Helmy, E. I.; Rawhy, S. H.; Zidan, Z. H. e Afifi, F. A. (1982): Eficácia biorresidual de certos insecticidas organofosforados, óleos minerais e suas misturas, em diferentes insectos cochonilhas e parasitas, nas estações de inverno e verão. Proc. Egypt's Nat. Conf. Entomol. do Egipto, 11: 673-685.

Helmy, E. I.; Rawhy, S. H.; Zidan, Z. H. e Afifi, F. A. (1984): Avaliação de alguns óleos de pulverização locais para o controlo de certos insectos cochonilhas em citrinos. Agric. Res. Rev., 62 (1): 109-114.

Helmy, E. I.; Zidan, Z. H.; El-Hamaky, M. A.; El-Emery, S. M. e El-Deep, W. (1991): Eficácia de certos escalicidas contra *Parlatoria oleae* (Colvee), outras cochonilhas e seus parasitas em laranjeiras de umbigo no verão. 4th Arab Cong ofPlant Protection, Cair, 1-5 Dez., pp. 49-57.

Helmy, E.I.; Shaheen, A.I.; Moussa, S.F.M.; El-Kholy, A.S. e Selim, A.A. (1994): Flutuações sazonais da cochonilha vermelha da Califórnia, *Aonidiella aurantii* (Mask.) em diferentes variedades de laranja em relação a factores bióticos e abióticos. J.Agric. Sci.MansouraUniv. 19(8): 2711-2719.

Hemeida, I. A.; El-Shabrawy, H. A.; Helmy, E. I. M. e Ismail, O. M.N. (2002): Flutuação populacional da mosca branca, *Bemisia tabaci,* em rosela, *Hibiscus sabdariffa* L. Bull. Entomol. Soc. Egypt, 79: 113-123.

Hemeida, I. A.; El-Shabrawy, H. A.; Helmy, E. I. M. e Ismail, O. M.N. (2006): Avaliação de escalicidas alternativos contra o inseto da cochonilha hemisférica *Saissetia coffeae* (Walker) que infesta *Cycas revoluta* Thunb. em condições de semi-campo.

Egipto. J. Agric. Res., 84(5): 1429-1436.

Hemmet, K. e Ibrahim, K. (2007): Respostas de árvores de eucalipto à alimentação de insectos (psilídeo formador de galhas). International Journal of Agricultural and biology, 6: 979-984.

Hendawy, A. S. (1999): Estudos sobre certos inimigos naturais de cochonilhas que atacam goiabeiras na província de Kafr El-Sheikh. Tese de doutoramento, Fac. Of Agric., TantaUniversity, pp. 145.

Hendi, A.; Abdel-Fattah, M. I. e El-Sayed, A. (1984): Estudo biológico da mosca branca, *Bemisia tabaci* (Genn.) (Hemiptera : Aleyrodidae). Bull. Soc. Ent. Egipto, 65: 101-108.

Herakly, F. A. (1973): Variação em pupas de *Bemisia tabaci* (Genn.) em diferentes hospedeiros (Homoptera : Aleyrodidae). Bull. Soc. Ent. Egipto, 57: 407-412.

Herakly, F. A. e El-Ezz, A. A. (1970): A mosca branca do algodão, *Bemisia tabaci* (Genn.) infestando cucurbitáceas na UAR. Agriculture Research Review, 48: 110118.

Hindy, M. A.; El-Sayed, A. M.; El-Salam, S. M. A. e Samy, M. A. (1997): Avaliação qualitativa de certos insecticidas aplicados por diferentes pulverizadores terrestres contra a mosca branca, *Bemisia tabaci* (Genn.) na beringela. Egyptian Journal of Agricultural Research. 75: 3, 565-577.

Hodgson, C. J. e Henderson, R. C. (1996): A review of the *Eriochiton spinosus* (Maskell) species-complex (Eriococcidae : Coccoidea), including a phylogenetic analysis of its relationships. Journal of the Royal Society of New Zealand, 26: 143-204.

Hodkinson, I.D. e White, I.M. (1979): Homoptera, Psylloidea. Hand book. i. Br. [verificar o nome da revista e escrever o nome completo Insectos. 2 (5a) pp. 1-98.

Homam, B. H.; Shedeed, M. I. e Mohamed, M. A. (2005): Evidência da presença de muitos biótipos de *Bemisia tabaci* (Genn.) no Egipto. Egyptian Journal of Agricultural Research. 83: 1, 141-150.

Hosny, M. M.; Amin, A. H. e El-Saadany, G. B. (1972): O limiar de danos da cochonilha vermelha, *Aonidiella aurantii* (Maskell), que infesta as tangerineiras no Egipto. Z. ang. Ent., 77: 286-296.

Hulden, L. (1986): The whitefly ofFinland. Notulae Entomologicae, 66: 16-37.

Hussain, A. E. (1996): Estudo comparativo sobre a distribuição e a abundância sazonal das populações de cochonilhas, *Parlatoria blanchardii* Targ. Populações nas regiões de Gizé e Bahria Oases. Bull. Ent. Soc. Egypt, 74: 54-60.

Hussain, S. M. (1976): Estudos sobre a cochonilha vermelha, *Aonidiella aurantii* (Mask.) com referências especiais ao seu controlo. Tese de Mestrado, Fac. of Agric. Univ., Egipto.

Hussin, G. M. (1992): Estudos ecológicos e biológicos sobre a mosca branca dos citrinos, *Dialeurodes cirti* (Ashmead) (Homoptera : Aleyrodidae). Tese de Mestrado, Fac. Agric. Al-Azhar Univ., pp. 90.

Hussin, N. A. (1997): Abundância sazonal de moscas brancas em plantas silvestres no Egipto. Tese de Mestrado, Fac. Agric. Univ. do Cairo, pp. 186.

Hussin, N. A. (1997): Abundância sazonal de moscas brancas em plantas silvestres no Egipto. Tese de Mestrado, Fac. Agric. Univ. do Cairo, pp. 186.

Ibrahim, F. a. (1990): Efeitos morfológicos de óleos minerais utilizados para controlar cochonilhas em árvores de citrinos. Tese de Mestrado, Fac. de Agricultura, Universidade do Cairo, Egipto, 127

_ ..PP   ·...   _   ___________   .... _.

Ibrahim, S.S. ; Moharum, F. A. e Abd El-Ghany, N. M. (2015): A cochonilha do algodão *Phenacoccus solenopsis* Tinsley (Hemiptera: Pseudococcidae) como um novo inseto praga em plantas de tomate no Egito. Journal f Plant Protection Research ,5(1): 48-51.

Idriss, M.H., El-Meniawi, F.A., Rawash, I.A. e Soliman, A.M. (2013): O Campo Geomagnético da Terra: Uma nova abordagem para o controlo da mosca branca do algodão *Bemisia tabaci* (Gennadius) (Hemiptera: Sternorrhyncha: Aleyrodidae) no Egipto.Research Journal of Agriculture and Biological Sciences, 9(5): 223-231.

Idriss, M. H.; El-Meniawi, F. A.; Rawash, I. A. e Soliman, A. M. (2015): Efeitos de diferentes níveis de fertilização de plantas de tomate na densidade populacional e biometria da mosca branca do algodão, *Bemisia tabaci* (Gennadius) (Hemiptera: Sternorrhyncha: Aleyrodidae) em condições de estufa . Jornal do Médio Oriente de Ciências Aplicadas, 5 (3): 759-768.

Jones, D.R. (2003): Plant viruses transmitted by whiteflies. European Journal of PlantPathology, 109, 195-219.

Kamal, A.; Abd-Rabou, S.; Allam, S.; Hilmy, N. e Moustafa, M. (2003): Abundância sazonal de certas espécies de *Aphytis* (Hymenoptera : Aphelinidae) do Egipto. Egipto. J. ofAgric. Res. 81(3): 1009-1023.

Kamel, M. H. M.; El-Sherif, S. I. e El-Dabi, R. M. (2000): Flutuação populacional de três insectos sugadores de seiva em plantações de verão de melão. Egyptian Journal of Agricultural Research. 78: 3, 1041-1048.

Kandil, M. A.; El-Kabbany, S. M.; Sewify, G. H. e Abdallah, M. D. (1991): Eficácia de alguns insecticidas contra a mosca branca do algodão, *Bemisia tabaci*

(Genn.) com especial atenção ao seu efeito secundário nos predadores. Boletim da Sociedade Entomológica do Egipto, Série Económica. 1991/1992. 19, 9-17.

Karam, H. H. (2013): *Protopulvinaria pyriformis* (Cockrell) um inseto de escala suave novo no Egito (Hemiptera: Coccidae). Alex. J. Agric. Res. Vol. 58, No.3, pp.331.

Karam, H. H. (1979): Estudos sobre alguns insectos cochonilhas (Hymenopteros parasitas e ácaros predadores que associam *Parlatoria pergandii, Lepidosaphes beckii* e *Aonidiella aurantii* em Alexandria). Tese de Doutoramento, Fac. Agric., Alex. Univ.

Karam, H. H. e Abou-Elkair, S. S. (1996): Dois parasitóides de cochonilhas recentemente registados no Egipto (Hymenoptera : Encyrtidae). Alex. J. Agric. Res. 41 (1): 141-149.

Karima, H. E. H.; Sayeda, F. F. (2007): Efeito do metalaxil e do clorpirifos-metilo contra o míldio (*Alternaria solani*, Sor.) e a mosca branca (*Bemisia tabaci*, Genn.) no tomate e na beringela. Journal of Applied Sciences Research. agosto, 723-732. 30 ref.

Karimian, Z.; Ghahari, H. e Abd-Rabou, S. (2004): Registo de duas vespas parasitóides (Chalcidoidea : Aphelinidae) do Irão.

Procedimentos do 16th Congresso Iraniano de Proteção das Plantas. Vol.1: Pragas, p. 158.

Kasm, Y. I. S. (1995): Estudos sobre algumas pragas da superfamília Coccoidea infestando árvores frutíferas. Tese de Doutoramento, Fac. of Agric. Universidade de Minufiya, pp. 132.

Kazem, M. G. T. e Farghaly, S. F. (2009): O papel da mistura de diferentes extractos de plantas no óleo de linhaça fervido para o controlo da mosca branca *Bemisia tabaci*. American-Eurasian Journal of Agricultural and Environmental Science. 2009.5:6,813-824. 42 ref.

Khalifa, A. e El-Khidir, E. (1965): Biological study on *Trialeurodes lubia* El- Khidir and Khalifa and *Bemisia tabaci* (Genn.) (Hemiptera : Aleyrodidae). Bull. Soc. Ent. Egipto, 18: 120-155.

Khalil, E. A. O. (1996): Estudos Surevy e populacionais de algumas cochonilhas que atacam os citrinos e seu controlo nas províncias de Qualyobia e Beni-Suef. Tese de Mestrado, Fac. of Agric. Cairo Univ. Egipto, 189 pp.

Kotinsky (Aleyrodidae, Homoptera) em Jasminum sambac (Oleaceae).

Kwaiz, F. A. M. (1999): Estudos ecológicos e toxicológicos sobre a cochonilha da manga, *Kilifa acuminata* (Signoret), com especial referência aos resíduos de insecticidas em frutos de manga. Tese de doutoramento, Fac. of Agric. Cairo, Univ. Egipto 171 pp.

Levi Curnutte ; Simmons, A. e Abd-Rabou, S. (2013): Mudanças climáticas e *Bemisia tabaci* (Hemiptera: Aleyrodidae): Impactos do aumento da temperatura e dióxido de carbono na história de vida . Reunião do Ramo Sudeste da Sociedade Entomológica da América. 3-5 de março.

Levi Curnutte , Simmons, A. e Abd-Rabou, S. (2014): Mudanças climáticas e *Bemisia tabaci* (Hemiptera: Aleyrodidae): Impactos da temperatura e do dióxido de carbono na história de vida. Anais da Sociedade Entomológica da América 107(5): 933-943.

Maarag, M. F.; Badawy, O. M. e Hassanein, M. A. (1997): Desempenho de diferentes germoplasma de cana-de-açúcar para a infestação de três insetos de escala sob condições arquivadas. J. Agric. Sci. MansouraUniv. 22 (1): 13-21.

Malausa, T. e Abd-Rabou, S. (Submetido): Revisão de *Planococcus ficus* infestando uva em Midetterrnaen. Ann.Rev. Ent.

Malausa, T. ; Germain, J. ; Beltra, A. ; Correa, M. ; Bertin, A. ; Abd-Rabou, S. ; Shalaby, H. ; Prado, E. ; Murai, T. ; Pellizzari, G. ; Guerrieri, E. ; Delvare, G. ; Kaydan, M. B.; Groussier-Bout, G.; Warot, S. ; Blin, A. ; Crochard , D. ; Kreiter, P. e Ris, N. (2012): Resumo de quatro anos de DNA barcoding em Pseudococcidae e seus parasitoides .XXIV Congresso Internacional de Entomologia (Nova Era da Entomologia, Secção de Taxonomia, comunicação oral.

Malausa, T.; Germain, J.; Warot, S.; Ris, N.; Beltra, A. ; Correa, M.; Blin, A. ; Bertin, A. ; Abd-Rabou, S. e Kreiter, P. (2011): Três anos de DNA barcoding em Pseudococcidae e seus parasitoides: sucessos, limites, perspectivas. XxIII Congresonacional De Entomologia I Congreso Sudamericano De Entomologia Miercoles 30De 2011. Comunicação Oral.

Mangoud, A. ; Moustafa, M. e Abd-Rabou, S. (2010): Controlo da cochonilha de seychellarum, *Icerya seychellarum* (Homoptera : Margarodidae) que infesta as uvas utilizando diferentes pesticidas alternativos . 5º Congresso Científico de Ciências Agrárias, Fac. Agric. AssiutUniv. 238-249.

Mangoud, A.; Ali, N. e Abd-Rabou, S. (2010): Eficácia de diferentes compostos na cochonilha do escudo verde, *Pulvinaria psidii* (Coccidae: Homoptera) e seus parasitóides em condições de campo. A 5ª Conferência Científica de Ciências Agrárias, Fac. Agric. AssiutUniv. 226-237.

Mansour, M. M.; Shahein, A.; El-Deeb, M. A. e Hassan, A. S. (1991): Dinâmica populacional e abundância sazonal de *Hemiberlesia latanaia* (Signorate) e seus parasitas em goiabeiras na região de Sharkia, Egipto. J. Appl. Sci., 96 (7): 323-335.

Markham, P. G. (1994): Transmissão de geminivírus por *Bemisia tabaci.* Pesticide Science, 42: 123-128.

McAuslane, H.J.; Simmons, A.M. e Jackson, D.M. (2000): Parasitismo de *Bemisia argentifolii* collard com cera de folha reduzida ou normal. Florida Enotmologist, 83(4): p 429.

Mehta, P.; Wyman, J. A.; Nakhla, M. K.; Maxwell, D. P. (1994): Transmissão do geminivírus do enrolamento amarelo da folha do tomateiro por *Bemisia tabaci* (Homoptera: Aleyrodidae). Journal ofEconomic Entomology. 87: 5, 1291-1297.

Mesbah, A. H. (1999): Estudos sobre certos inimigos naturais das moscas brancas. Doutoramento. Fac. Agric. KafrEl-Sheikh, TantaUniv., pp.133.

Mesbah, A. H. (1999): Estudos sobre certos inimigos naturais das moscas brancas. Doutoramento. Fac. Agric. KafrEl-Sheikh, TantaUniv., pp.133.

Mesbah, A. H. (2000): Desenvolvimento e eficiência de *Clitostethus arcuatus* (Coleoptera, Coccinellidae) predado em *Siphoninus phillyreae* (Hom., Aleurodidae). EgyptianJournal ofBiologicalPestControl. 10: 1/2, 123-127.

Mesbah, H. A.; Badr,S. A.; Moursi, K. S.; Mourad. A. K. e Abdel-Razak, S. I. (2001): Flutuações populacionais da cochonilha da Flórida, *Ceroplastes floridensis* Comst (Homoptera: Coccidae) infestando *Ficus* spp. na governadoria de Alexandria. J. Adv. Agric. Res., 6 (4): 979- 987.

Mesbah, H. A.; El- Deeb, M. F. .; Moursi, K. S.; Mourad. A. K. e Abdel-Razak, S. I. (2003): Estudos ecológicos da cochonilha mascarada, *Mycetaspis personata* (Coms.) em plantas ornamentais hospedeiras no distrito de Alexandria. Alex. Sc. Exch. 24 (4): 405- 416.

Mesbah, H. A.; El- Sherif, H. ; Moursi, K. S. e Mahmoud (1983): Levantamento das pragas que infestam as plantas medicinais e ornamentais no Egipto. III. Os insectos nocivos comuns e os ácaros encontrados em diferentes plantas medicinais e ornamentais em Alexandria, distrito. Proc. 5- Conf. Árabe de Pesticidas, TantaUniv. Vol. VI: 107- 119.

Mesbah, H. A.; El- Sherif, H. e Moursi, K. S. (1983): A ocorrência sazonal do percevejo, *Nezara vriridula* (L.) e do seu parasita de ovos, *Microphanuras megalocephalus* (Ashm) em campos de algodão. Ann. Agric. Sci., Moshtohor, Vol. 19: 515- 522.

Mesbah, H. A.; Fata, A. S.; Moursi, K. S.; Mourad, A.K. e Abdel-Razak, S. I. (2001): A dinâmica populacional de *Fiorinia fiorinia* (Targioni) (Homoptera: Diaspididae) e os factores que afectam a sua abundância sazonal no Egipto. Med. Fac. Iondbouw. Univ. Gent. Bélgica. 66/26: 537- 544.

Mesbah, H. A.; Moursi, K. S.; Badr,S. A. e El- Damanhori, H. I. (2001): Distribuição das espécies de insectos e não insectos associadas ao cultivo de arbustos forrageiros na província de Alexandria, Egipto. Minufiya J. Agric. Res.,26 (6): 1579- 1589.

Mesbah, H. A.; Moursi, K. S.; Mourad. A. K. e El- Damanhori, H. I. (2001): Espécies de insectos e não insectos de Acacia ao longo da costa ocidental norte do Egipto. J. Adv. Agric. Res. 6 (2): 479- 486.

Mesbah, H. A.; Moursi, K. S.; Abol- fadl, L. A. e Zakzouk, E. K. (1983): Levantamento das pragas que infestam as plantas medicinais e ornamentais no Egipto. I.

As pragas prejudiciais comuns e as pragas benéficas encontradas na malagueta, *Capsicum minimum*, em Alexandria, distrito. Proc. 5- Conf. Árabe de Pesticidas, Tanta Univ. Vol.VI:81-89.

Mesbah, H. A.; Moursi, K. S.; Abol- fadl, L. A. e Zakzouk, E. K. (1983): Levantamento das pragas que infestam as plantas medicinais e ornamentais no Egipto. II. As pragas nocivas comuns e as benéficas encontradas em plantas de rosela, *Hibiscus sabdfarifa* em Alexandria, distrito. Proc. 5- Conf. Árabe de Pesticidas, TantaUniv. Vol. VI: 91- 106.

Metwally, S. A. G. (1999): Effect of planting date and certain weather factors on the population fluctuations of three insect pests infesting kidney beans in Qualyobia governorate. Egyptian Journal of Agricultural Research. 77: 1, 139-149.

Metwally, S. M. I.; Helal, R. M. Y.; Shawer, M. B.; Salem, R. M. e El-Mezaien, A. B. M. (2005): Suscetibilidade de algumas variedades de algodão egípcio à infestação de mosca branca, *Bemisia tabaci* (Genn.). Egyptian Journal of Agricultural Research. 83: 2, 525-537.

Metwally, S. M. I.; Khodeir, I. A.; El-Hawary, I. S. e Khafagy, I. F. I. (2004): Efeitos de quatro medidas de controlo de *Bemisia tabaci* (Genn.) e dos seus parasitóides no tomateiro em Kafr El-Sheikh. Egyptian Journal of Biological Pest Control. 14: 2, 349- 353.

Mikhael, R. H. G. (2004): Estudos ecológicos sobre a mosca branca, *Bemisia tabaci* (Genn.) em algumas culturas hortícolas. (Homoptera: Aleyrodidae).

Egípcio

Jornal de Investigação Agrícola. 2004. 82: 2, 631-646.

Miller, W.; Peralta, M. A.; Ellis, D. R. e Perkins, H. H. JR. (1994): Potencial de aderência dos hidratos de carbono individuais da melada de insectos na fibra de algodão. Textile Research, 64: 344-350.

Misra, C. S. e Lamba, K. L. (1929): A mosca branca do algodão (*Bemisia gossypiperda* n. sp.). Bull. agric. Res. Inst. Pusa. 196: 1-7.

Mohamed, A. A. (20020: Controlo integrado de insectos cochonilhas em certas árvores de fruto. Tese de doutoramento, Faculdade de Agricultura, Universidade de Al-Azhar, pp. 173.

Mohamed, A. K.; El-Kabbany , S. H.; Sewify, G. H. e Abdallah, D. (1992): Eficácia de alguns insecticidas contra a mosca branca do algodão, *Bemisia tabaci* (Genn.), com especial atenção ao seu efeito secundário nos predadores. Bull. Soc. Ent. Egipto, Econ. Ser., 19 : 9-17.

Mohamed, A. K.; Samia, H. El-Kabbany; Sewify, G. H. e Abdallah, D. (1992): Eficácia de alguns insecticidas contra a mosca branca do algodão, *Bemisia tabaci* (Genn.), com especial atenção ao seu efeito secundário nos predadores. Bull. Soc. Ent. Egipto, Econ. Ser., 19 : 9-17.

Mohamed, S. E. (2002): Abordagens ambientalmente seguras para o controlo de alguns insectos cochonilhas que infestam as oliveiras em novas áreas recuperadas. Tese de Mestrado, Instituto de Estudos e Investigação Ambiental, Universidade de Ain-Shams, pp. 84.

Mohammad, Z. K. e Moharum, F. A. (2012): Chave para o género da Família Pseudococcidae no Egipto (Hemiptera : Coccoidea). Egypt. Acad. J. Biolog. Sci., 5(3): 1-5.

Mohammad, Z. K. e Moharum, F. A. (2012): Taxonomia de insetos de escala no Egito (Coccoidea: Sternorrhyncha: Hempitera). Egipto. Acad. J. Biolog. Sci., 5(3): 129-142.

Mohammad, Z. K. (1998): Um estudo taxonómico de *Euphyllura straminea* Loginova e alguns outros psilídeos do Egipto

(Homoptera - Psylloidea).5th conferência internacional8-11 Nov., 1998. J. Union Arab Biol. , Vol (A), Zoologia, 105-120.

Mohammad, Z. K. e Moharum, F. A. (2012): Chave para o género deFamília Pseudococcidae no Egito (Hemiptera : Coccoidea). Egypt. Acad. J. Biolog. Sci., 5(3): 1-5.

Mohammad, Z. K.; Ezzat, Y. H. e Aly, A. G. (1995): Resent review of Egyptian little known species of Coccoidea (Homoptera). J. Egypt. Ger. Soc. Zool., 16 (E), Entomology, 477- 533.

Mohammad, Z.K. (1991) : Estudo taxonómico da cochonilha gigante *Pseudaspidoproctus hyphaeniacus* (Hall, 1925) (Homoptera, Coccoidea, Margarodidae). Quarto Congresso Árabe de Proteção das Plantas, Cairo, 1-5 de dezembro: 96-104.

Mohammad, Z.K. (1998): A taxonomic study of Seychelles fluted scale *Icerya seychellurum* (Westwood, 1855) (Homoptera : Coccoidea: Margarodidae).J. Union Arab Biol, Cairo Vol. 9(A) Zoology, 73-84.

Mohammad, Z.K. e Ghabbour, M.W. (2008): Atualização da lista da superfamília Coccoidea (Hemiptera) conhecida no Egipto. J. Egypt.Ger. Soc. Zool. Vol. 56EEntomologia: 147-162.

Mohammad, Z.K. e Nada, S. M. A. (1991) : Observação sobre os Coccidae do Egipto (Homoptera - Coccoidea- Coccidae). Quarto Congresso Árabe de Proteção das Plantas, Cairo, 1-5 de dezembro: 105-110.

Mohammad, Z.K. e Nada, S.M.A. (1995): The Pseudococcidae of Egypt (Coccoidea: Homoptera). Egipto J. Agr. Res. 73(3): 607-637.

Mohammad, Z.K.; Ezzat, Y.M. e Aly, A.G. (1995): Revisão recente das espécies egípcias pouco conhecidas de Coccoidea (Homoptera). J. Egypt Ger. Soc. Zool. Vol.16 (E) Entomology: 477-533.

Mohammad, Z.K.; Ghabbour, M.W. e Tawfik, M.H., 2001 (1999): Population dynamics of *Aonidiella orientalis* (Newstead) (Coccoidea: Diaspididae) and its parasitoid *Habrolepis aspidioti* Compere & Annecke (Hymenoptera: Encyrtidae). Entomologica 33: 413-418.

Mohammad, Z.K.; Mohammad, S.K. e Mohammad, M.A. (1997). Estudos taxonómicos e levantamento de quatro famílias de Coccoidea (Homoptera) no Egipto. J. Egypt Ger. Soc. Zool., Vol. 22 (E) Entomology: 189-233.

Mohammed, Z. K. (1998): A taxonomic study on *Euphyllura straminea* Loginova and some other psyllids from Egypt (Homoptera: Psylloidea). J. ofUn. of Arab Bio, Cairo. Zoology, 10(A):105-120.

Mohammed, Z. K. (1998): A Taxonomic study on *Euphyllura straminea* Loginova and some other psyllids from Egypt (Hom. Psylloidea). J. Arab Biol. Cairo, 10: 105-120.

Mohammed, Z. K. e Nada, S. M. A. (1991): Observações sobre os Coccidae do Egipto (Homoptera : Coccoidea : Coccidae). Quarto Congresso Árabe de Proteção das Plantas, 105-110.

Moharum ,F. A. (2010): O macho adulto e os instares ninfais masculinos de *Planococcus citri* (Risso) (Hemiptera: Coccoidea: Pseudococcidae). Bull. Ent. Soc. Egypt, vol. 87, 263-275.

Moharum ,F. A. (2011): Estudos ecológicos sobre a cochonilha de cera dos citrinos, *Ceroplastes floridensis* Comstock (Hemiptera: Coccidae) em plantas de Banana. Ann. Agric. Sc., Moshtohor, Vol.49(4): 1-6.

Moharum ,F. A. (2012): Descrição do macho e da fêmea de primeiro e segundo instares da cochonilha da manga branca *Aulacaspis tubercularis* Newstead (Coccoidea : Diaspididae). Egyptian German Soc. Of Zoo, Vol. (65) E (1). 29-36.

Moharum ,F. A. e Suzan Badr (2012): Insectos de escamas que infestam a videira no Egipto (Hempitera : Coccoidea). Egipto. J. Agric.Res. 90(3): 73-91.

Estudos morfológicos sobre o psilídeo *Pauropsylla willcocksi* Dcbski (Homoptera- Psylloidea-Triozidae). Egipto. J. Agric. Res., 77 (1): 169-186.

Morsi, G. A. (1999): Estudos sobre os inimigos naturais das cochonilhas que infestam algumas árvores de fruto. Tese de doutoramento, Secção de Benha, Universidade de Zagazig, pp. 235.

Mosallam, A.M.Z.; Kwaiz, F.A.; Mohamed, S.M.A.; Batt, A.M.; Merghem, A.; Batt, M.A.; Moussa, S.F.M.; Youssef, A.S.; Maamoun, M.A.; Moustafa, M.; Badary, H.; Aly, N.; Ahmed, N. e Abd-Rabou, S. (2016): Pragas de insetos da manga e seu controle no Egito. Workshop, Pragas de Pré-Colheita. Livro de resumos. P.24.

Mound, L. A. e Halsely, S. H. (1978): Whitefly of the world. Um catálogo sistemático de Aleyrodidae (Homoptera) com plantas hospedeiras e dados sobre inimigos naturais. Chichester, pp. 340.

Mourad, A. K. e Zanunico, J. C. (1998): Dinâmica populacional de *Parlatoria blanchardi* (Targ.) (Homoptera : Diaspididae) em dois plam verities no Egipto. Universidade de Gent. Bélgica, 63: 2, 389-395.

Mourad. A. K.; Mesbah, H. A.; Moursi, K. S.; Fata, A.Z. e Abdel-Razak, S. I. (2001): Levantamento de insetos de escala de plantas ornamentais na governadoria de Alexandria. Egipto. Med. Fac. Londbouw. Univ. Gent. Bélgica, 66 (26): 571- 580.

Moursi, K. S. ; El Gendy, K. S.; El Bakary, A. S. ; El Sebae, A. H. e Abo Shanab, A. S. H. (2002): Estudos ecológicos sobre a psila da oliveira, *Euphyllura straminea* Loginova, com especial referência aos seus inimigos naturais na área de Burg El Arab. Procedimentos da 2.ª Conferência Internacional, Instituto de Investigação sobre Proteção das Plantas, Cairo, Egipto, 21-24 de dezembro. Vol 1.No. 509-515.

Moursi, K. S. (1974): Estudos sobre alguns insectos cochonilhas que atacam árvores de fruto no distrito de Alexandria. Tese de Mestrado, Fac. of Agric., Alex. Univ. Egipto.

Moursi, K. S. (1991): Estudos preliminares sobre a cochonilha do figo do Mediterrâneo, *Lpidosaphes ficus* (Sign.) (Homoptera : Diaspididae) na área de Hammam (deserto ocidental egípcio). J. Agric. Sci., Mansoura Univ. 16 (9): 21742178.

Moursi, K. S. (1991): Estudos preliminares sobre a cochonilha do figo do Mediterrâneo, *Lipidosaphes ficus* (Sign.) (Homoptera: Diaspididae) em sistema de cultivo alimentado pela chuva. J. Agric. Sci. MansouraUniv., 16 (9): 2174- 2178.

Moursi, K. S. e Gomma, E. M. (1991): Espécies de coccídeos comuns que infestam plantas silvestres e cultivadas no deserto ocidental egípcio. J. Agric. Sci. Mansoura Univ., 16(10): 2450- 2452.

Moursi, K. s. e Hegazi, (1983): As cochonilhas da oliveira, *Leucaspis riccae* e *Parlatoria oleae* (Homoptera : Diaspididae), como pragas-chave das oliveiras em sistema de sequeiro, no deserto ocidental do Egipto. Bull. Lab. Entomol. Fillippo-Silvestri, Portici, 40: 119-124.

Moursi, K. S. e Hegazi, E. M. (1982): Pragas da oliveira do sistema de fazendas secas no deserto ocidental egípcio. Proc. 2nd Egyptian- Hungarian Conf. Plant Prot. Alex. Univ.: 118- 126.

Moursi, K. S. e Hegazi, E. M. (1983): Insetos destrutivos de plantas silvestres no deserto ocidental egípcio. Arid Environmental 6: 119- 127.

Moursi, K. S. e Hegazi, E. M. (1983): A cochonilha da oliveira, *Leucaspis riccse* Targ. (Homoptera: Diaspididae) como praga chave das oliveiras em sistema de sequeiro no deserto ocidental do Egipto. Boll. Lab. End. Arg. Vol. 40: 119129.

Moursi, K. S. e Mesbah, H. A. (1985): Pragas da oliveira em olivais irrigados no deserto ocidental, com referências especiais a insectos de escamas blindadas. Ann. Agric. Sci. Moshtohor, 23 (2): 901- 911.

Moursi, K. S. e Mesbah, H. A. (1985): Sistema de agricultura irrigada de pragas de azeitona no deserto ocidental egípcio, com referências especiais a insetos de escala blindados. Ann. Agric. Sci. Moshtohor, 23 (2): 901-911.

Moursi, K. S.; Donia, A. R.; Mesbah, H. A. e Haroum, N. S. (1985): Estudos biológicos comparativos de *Aphis gossypii* Glov. em diferentes plantas hospedeiras. Ann. Agric. Sci., Moshtohor. 23 (2): 895- 899.

Moursi, K. S.; Gomaa, E. M. e Youssef, K. H. (1991): Insetos de escala e cochonilhas infestando certas plantas ornamentais no distrito de Alexandria. J. Agric. Sci. ManspouraUinv., 16 (8): 1884-1886.

Moursi, K. S.; Gomma, E. M. e Youssef, K. H. (1991): Sobre o controlo químico da cochonilha da oliveira. *Leucaspis riccae* Targ. em sistema de sequeiro. J. Agric. Sci. MansouraUniv., 16 (4): 424- 926.

Moursi, K. S.; Gomma, E. M. e Youssef, K. H. (1991): Insectos de escamas e cochonilhas que infestam certas plantas ornamentais no distrito de Alexandria. J. Agric. Sci. MansouraUniv., 16 (8): 1884- 1886.

Moursi, K. S.; Hegazi, E. M. e El- Gayar, F. H. (1981): Estudos sobre artrópodes de arbustos de *Thymelaea hirsute* (L.) em dois habitats diferentes no deserto ocidental egípcio. Proc. 4th Arab pesticide conf. Tanta Univ. Especial: 167182.

Moursi, K. S.; Hegazi, E. M. e Megahed, M. S. (1979): Uma análise da fauna de insectos das plantas selvagens no deserto ocidental egípcio. IV. Insectos de *Asparagus stibufaris* Forsk. Proc. 3rd Arab pesticide conf. Tanta Univ. Vol. 111: 247-253. '

Moursi, K. S.; Hegazi, E. M.; Donia, A. R. e Haroun, N. S. (1984): Criação em massa e observação biológica *Aphis gossypii* Glov. (Homoptera: Aphididae) em plântulas de algodão. 2nd General Conf. ARCO, 62 (1): 253- 260.

Moursi, K. S.; Mesbah, H. A.; Abo-Shanab, A. S. e Abdel-Razak, S. I. (2003): Abundância de escala de escudo verde. *Chloropulvinaria psidii* (Maskel) em algumas plantas ornamentais na província de Alexandria. J. Agric. Res., 8 (4): 785- 792.

Moursi, K. S.; Mesbah, H. A.; Mourad. A. K. e Abdel- Razak, S. I. (2001): Estudos ecológicos sobre a dinâmica da escala de neve de (inseto Fiorinia, *Lineaspis striata* (Newstead)(Homoptera: Diaspididae) em *Thuia orientalis* no Egito. Med. Fac. Londbouw. Univ. Gent. Bélgica, 66 (26): 553- 558.

Moursi, K. S.; Mesbah, H. A.; Mourad. A. K. e El- Damanhori, H. I. (2001): Levantamento da fauna de insectos e não insectos que se associam a espécies de Acacia em diferentes localidades do Egipto. Med. Fac. Londbouzv. Univ. Gent. Bélgica, 66 (26): 581- 588.

Moursi, K. S.; Mesbah,H.A.; Abdel-Fattah, R. S.; Abd-Rabou, S.; El-Sayed, N. A. e Boulabiad, M.A. (2012): Parasitóides e predadores associados a cochonilhas e cochonilhas (Hemiptera: Coccoidea) em árvores de fruto na zona costeira do deserto ocidental egípcio. . Egipto. Acad. J. biolog. Sci., 5(3): 59 -67.

Moursi, K. S.; Mesbah,H.A.; Abdel-Fattah, R. S.; Abd-Rabou, S.;

El-Sayed, N. A. e Boulabiad, M.A. (2012): Parasitóides e predadores associados a cochonilhas e cochonilhas (Hemiptera: Coccoidea) em árvores de fruto na zona costeira do deserto ocidental egípcio. . Workshop, Scale Insects and Their Role In Agricultural Development In Egypt (Insectos cochonilhas e o seu papel no desenvolvimento agrícola no Egipto). Livro de resumos. P. 14.

Moursi, K. S.; Mourad. A. K. e Mesbah, H. A. (1987): Uma análise da fauna de *Limoniastrum monopetalum* no deserto ocidental egípcio. Estudos preliminares sobre *Phenacoccus limoniastri*, Priesener e Hosny (Homoptera: Paeudococcidae). J. Agric. Sci. Mansoura Univ., 12 (4): 1007- 1011.

Moursi, K. S.; Mourad. A. K.; Mesbah, H. A.; e Abdel- Razak, S. I. (2001): A Bionomics dos insetos de escala, *Eriococcus araucariae* (Muskell) (Homoptera: Eriococcidae) em *Araucaria excefsa* no Egito. Med. Fac. Londbouw. Univ. gent. Beigium, 66 (26): 547- 552.

Moussa, S. F. M.; EKholy, A. S.; Shaheen, A. I.; Helmy, E. I. e Selim, A. A. (1994): Suscetibilidade de algumas variedades de laranja à infestação por certos insetos cochonilhas blindadas no Egipto. J. Agric. Sci., MansouraUniv., 19 (8): 27212726.

Moussa,S.F.M.; A.S. El-I<holy; A.I. Shaheen ; E.I. Helmy e A.A. Selim (1994): Suscetibilidade de algumas variedades de laranja à infeção por certas cochonilhas blindadas no Egipto. J.Agric. Sci.Mansoura Univ. 19(8): 27212726.

Moussa,S.F.M.; EKholy, A.S.; Shaheen, A.I. e Selim, A.A. (2006): Estudos ecológicos sobre o inseto *Insulaspis pallidula* (Green) em mangueiras em duas províncias do Egipto. A 3rd Conf, for Develop. And the Env. In the arab world, março, 21-23 .

Moustafa, A. S. H. (1998): Estudos sobre alguns insectos cochonilhas e cochonilhas que infestam certas culturas hortícolas em áreas recentemente recuperadas. Tese de Doutoramento, Fac. of Agric. Zagazig Univ., Egipto 151 pp.

Moustafa, M. (2012): cochonilhas (Coccoidae: Hemiptera) infestam árvores cítricas e seus inimigos naturais, com uma chave dessas pragas no Egito Egito. Acad. J. biolog. Sci., 5(1): 1-23 .

Moustafa, M. e Abd-Rabou, S. (2010): Bionomia da cochonilha mole da goiaba, *Pulvinaria psidii* (Maskell) (Hemiptera : Coccidae) no Egipto. Egipto, J. Agric.Res. ,88 (4): 1141-1152.

Moustafa, M. e Abd-Rabou, S. (2011): Inimigos naturais da cochonilha da latânia, *Hemiberlesia lataniae* (Hemiptera: Diaspididae) no Egipto. Egypt. Acad. J. biolog. Sci., 4(1): 75-90.

Moustafa, S. E. S. e Hassan, A. A. (1993): Avaliação de cultivares de tomate com ênfase na tolerância ao vírus do enrolamento da folha amarela do tomateiro. Assiut Journal of Agricultural Sciences. 24: 1, 155-172.

Moustafa, S. S.; Nakhla, M. K.; Fadi, F. A. e El-Safty, N. (1991): Effect of nursery treatments on the control of tomato yellow leaf curl virus disease. Egyptian Journal of Agricultural Research. 69: 3, 807-820.

Nada, M. A. e Abd-Rabou, S. (1991): *Aleuroviggianus adrianae* Iaccarino redescrito como um novo do Egipto (Homoptera : Aleyrodidae). 4th Congresso de Proteção das Plantas, pp. 115-116.

Nada, M. A. e Abd-Rabou, S. (1991): Redescrição da mosca branca do louro, *Parabemisia myricae* (Kuwana) (Homoptera : Aleyrodidae). 4th Congresso de Proteção das Plantas, pp. 118-120.

Nada, M. A.; Abd-Rabou, S. e Gamal E. Hussien (1990): Gestão da cochonilha da oliveira, *Leucaspis riccae* Targioni (Homoptera : Diaspididae). 4th Nat. Cont. of Pests and Dis. of Veg. and Fruits in Egypt, pp. 164-168.

Nada, M. A.; Abd-Rabou, S. e Gamal E. Hussien (1990): Insectos cochonilhas que infestam as mangueiras no Egipto (Homoptera : Coccoidea). Proc. ISSIS, VI, Partll: 133-134.

Nada, M. A.; Abd-Rabou, S. e Gamal E. Hussien (1990): Management of the Oystershell olive scale, *Leucaspis riccae* Targioni (Homoptera: Diaspididae). 4th Nat. Cont. of Pests and Dis. of Veg. and Fruits in Egypt, pp. 164-168.

Nada, M. A.; Mohammed, S. K. e Abd-Rabou, S. (1991): Hosts and distribution of the whiteflies of Egypt (Homoptera : Aleyrodidae). 4th Congresso de Proteção das Plantas.

Nada, M. A.; Mohammed, S. K. e Abd-Rabou, S. (1991): Hosts and distribution of the whiteflies of Egypt (Homoptera : Aleyrodidae). 4th Congresso de Proteção das Plantas.

Nada, M. S. (1994): Olive psyllid *Euphyllura straminea* Loginova, uma praga da oliveira, nova no Egipto (Homoptera: Psyllidae). Egipto. J. Agric. Res., 72: 129-131.

Nada, S. M. (1986): Pragas cocóides comuns em plantas ornamentais em algumas estufas doEgipto. Bull. Soc. Ent. Egipto, 66, [167].

Nada, S. M. e Mohammad, Z. K. (1993): A família Dactylopiidae no Egipto (Homoptera : Coccoidea). EgiptoJ. Agric. Res., 71 (4): 951-958.

Nada, S.M.A. e Mohammad Z.K. (1992): Levantamento das cochonilhas que atacam as oliveiras no Egipto (Homoptera: Coccoidea). Egipto J. Appl. Sci., 7(4): 532535.

Nada, S.M.A. e Mohammad, Z.K. (1993): A família Dactylopiidae no Egipto (Homoptera - Coccoidea). Egipto J. Agr. Res. 71(4): 951-959.

Nada, S.M.A. e Mohammad, Z.K. 1984 (1985): Descrição dos estádios masculinos de *Leucaspis riccae* Targioni (Homoptera: Coccoidea: Diaspididae). Bull.

Soc.Ent. d'Egypte 65: 251-258.

Nakhla, M. K.; Rojas, M. R.; McLaughlin, W.; Wyman, J.; Maxwell, D. P. e Mazyad, H. M. (1992): Caracterização molecular do vírus do enrolamento da folha amarela do tomateiro do Egipto. Plant Disease. 76: 5, 538.

Nassef, M. A. (1999): Mímica da hormona juvenil e óleos derivados de plantas como agentes de controlo contra a mosca branca, *Bemisia tabaci* (Genn.), no algodão. Egyptian Journal of Agricultural Research. 77: 2, 691-699.

Negm, M. F. (2001): Distribuição da pulverização e atividade inseticida de certos produtos naturais contra a mosca branca *Bemisia tabaci* (Genn.) que infesta a beringela em relação às máquinas de pulverização. Egyptian Journal of Agricultural Research. 79: 1, 179-190.

Negm, M. F.; Assem, S. M. e El-Sisi, A. G. (2001): Comparação entre alguns óleos minerais e cidial para o controlo da cochonilha, *Icerya seychellarum* (Westwood), em amoreiras, utilizando um pulverizador de motor costal. Egipto, J. Agric. Res., 79 (2): 453-461.

Nour El-Dine, A. M. e Rizkallah, R. (1970): Insectos e pragas não registados prejudiciais a algumas plantas ornamentais no Egipto. Bull. Soc. Ent. Egipto, LIV, 1970. [1233].

de Hortas Ornamentais, (2): 724-733.

Omar, B. A. e Faris, F. S. (2000): Eficácia do uso alternado de insecticidas contra *Bemisia tabaci* (Genn.) em plantas de tomate. Anais de Ciências Agrícolas, Moshtohor. 38: 2, 1269-1278.

Osman, A. A.; El-Nabawi, A. e Zohdy, G. I. (1982): Estudos sobre ácaros predadores associados às cochonilhas *Chloropulvinaria psidii* (Mask) e *Hemiberlesis latania* (Sing.) em certos arbustos ornamentais. Proc. Conf. Nacional do Egipto. Ent., Dez. 1982, Vol. I (287).

Osman, E.A. (1996): Levantamento e estudo populacional de algumas cochonilhas que atacam os citrinos e seu controlo nas províncias de Qualyobeia e Beni-Suef. Tese de Mestrado, Fac. de Agricultura, Universidade do Cairo, Egipto.

Osman, M. A. O. (1977): Biological control of scale insects in Beheira and Kafr El-Sheikh provinces. Tese de doutoramento, Fac. Agric., Al-Azhar Univ., Egipto.

Osman, M.A.M. e Mahmoud, M.F.(2008): Padrões sazonais de abundância de insectos e ácaros em pereiras durante as épocas de floração e frutificação na província de Ismailia, Egipto. Tunisian Journal ofPlant Protection 3:4757.

Ouvrard, D. (2014): Psyl'list - The World Psylloidea Database. http://www.hemiptera - databases.com/psyllist.

Perring TM, 2001. O complexo de espécies *Bemisia tabaci*. Crop Prot. 20, 725-737.

Polaszek, A.; Abd-Rabou, S. e Huang, J. (1999): As espécies egípcias de *Encarsia* (Hymenoptera : Aphelinidae): uma revisão preliminar. Zool. Med. Leiden, 73: 131-163.

Polaszek, A.; Evans, G. e Bennett, F. A. (1992): *Encarsia* Forester parasitóides de *Bemisia tabaci* (Genn.) (Hymenoptera : Aphelinidae : Hemiptera : Aleyrodidae), um guia preliminar de identificação. Bull. Entomol. Res., 82: 375-392.

Pollard, D. G. (1955): Hábitos de alimentação da mosca branca do algodão *Bemisia tabaci* (Genn.) (Homoptera : Aleyrodidae). Anal. Apple. Biol., 43: 664-671.

Priesner, H e Hosny, M. (1932): Notas sobre a mosca branca do Egipto. Bull. Tech. Sci. Serv. Minist. Agric. Pt. I No. 122, Cairo.

Priesner, H e Hosny, M. (1934): Contribuição para o conhecimento das moscas brancas (Aleyrodidae) do Egipto. Bull. Tech. Sci. Serv. Minist. Agric. Pt. II No. 139, Cairo.

Priesner, H. e Hosny. M. (1934): Contribuições para o conhecimento das moscas brancas (Aleurodidae) do Egipto (II). Boletim do Ministério da Agricultura, Egipto. Serviço Técnico e Científico. 139: 1-21.

Priesner, H e Hosny, M. (1940): Notas sobre parasitas e predadores de Coccidae e Aleurodidae no Egipto. Bull. Soc. Ent. Egipto, 24: 58-70.

Quaintance, A. L. (1900): Contribuição para uma monografia dos Aleurodidae americanos. Série técnica. Bureau of Entomology, United States DepartmentofAgriculture. 8: 9-64.

Radwan, H. M.; El-Missiry, M. M.; Al-Said, W. M.; Abdel Shafeek, K. A.; Seif-El-Nasr, M. M. e Ismail, A. S. (2006): Os constituintes lipídicos e flavonoidais de Lepidium sativum (L.) que cresce no Egipto e a sua atividade biológica. Boletim do Centro Nacional de Investigação (Cairo). 2006. 31:5, 369384. 24 ref.

Radwan, H. M.; El-Missiry, M. M.; Al-Said, W. M.; Ismail, A. S.; Shafeek, K. A. A. e Seif-El-Nasr, M. M. (2007): Investigações sobre os glucosinolatos de *Lepidium sativum* que crescem no Egipto e a sua atividade biológica. Boletim do Centro Nacional de Investigação (Cairo). 32: 5, 459-472. 32 ref.

Radwan, H. S. A.; Abo-El-Ghar, G. E. S.; Rashwan, M. H. e El-Bermawy, Z. A. (1990): Impacto de vários insecticidas e reguladores de crescimento de insectos contra a mosca branca, *Bemisia tabaci* (Genn.) em campos de algodão. Bull. Soc. Ent. Egipto, 18 : 81-92.

Radwan, H. S. A.; Abo-El-Ghar, G. E. S.; Rashwan, M. H. e El-Bermawy, Z. A. (1990): Impacto de vários insecticidas e reguladores de crescimento de insectos contra a mosca branca,

Bemisia tabaci (Genn.) em campos de algodão. Bull. Soc. Ent. Egipto, 18 : 81-92.

Radwan, S. A. (1996): Estudos toxicológicos e ecológicos sobre a psila da oliveira, *Euphyllura straminea* Loginova (Homoptera: Psylloidea). Tese de Mestrado, Fac. Agric., Cairo Univ., Egipto, 184 pp.

Radwan, S. G. e Attia, A.R. (2012): Dinâmica populacional da cochonilha da manga branca, *Aulacaspis tubercularis* Newstead (Hemiptera: Diaspididae) e seus inimigos naturais associados na governadoria de Qalubyia, Egito. Bull. Ent. Soc. Egypt. (No prelo)

Ragab, M.E.; Abdel-Baky, N.F.; Abd-Rabou, S. e Elashram, D.F. (2009): Eficácia laboratorial e de campo de algumas formulações naturais e químicas sobre *Aphis crassivora* (Koch) (Homoptera : Aphididae) e seus inimigos naturais. J.Agric. Sci. MansouraUniv.,34(3): 2155-2168.

Rahil, A. A. R.; Sayed, M. A. M.; Abdella, M. M. H. e Abd-El-Gayed, A. A. (2004): Eficiência no terreno de Actellic, Vertimec e Biofly sobre *Bemisia tabaci, Tetranychus urticae* e predadores associados em plantas de tomate na província de Fayoum, Egipto. Jornal das Universidades Árabes de Ciências Agrícolas. 12: 2, 783-794. '

Rashad, A. M. (1975): Estudos sobre a morfologia, biologia e ecologia da cochonilha branca, *Ferrisia virgata* Cockerell (Pseudococcidae : Homoptera) no Egipto. Mestrado em Ciências. Faculdade de Agricultura, Universidade do Cairo, pp. 170.

Rawhy, S. H.; Rofail, F.; Fahmy, M.; El-Shimy, A. e El-Assy, S. (1973): Avaliação de novos insecticidas para o controlo de certos insectos cochonilhas na pulverização de verão. Agric. Res. Rev., 51: 37-41.

Rawhy, S. H.; Rofail, F.; Hanafy, H. A. e Ghabbour, M. W. (1980): Relação entre a pulverização de verão para controlar certas cochonilhas e a percentagem de citrinos sãos. Agric. Res. Rev., (1): 259- 262.

Rawhy, S.H.; Helmy, E.I.; Abou-Setta, M.M. e Ghabbour, M. (1980): A utilização de novos compostos oliofosforados na pulverização de verão para controlar certos insectos cochonilhas.

Agric. Res. Rev. 58:253-257.

Rawhy, S.H.; Rofail, F.; Hanafi, H.A.; Abou-Setta, M.M.; Mahmoud,

S.F. e Ghabbour, M. (1980): Relação entre a pulverização de verão para controlo de certas cochonilhas e a percentagem de citrinos sãos. Agric. Res. Rev. 58:259-263.

Rizk, G. A.; Sheta, I. B. e Hussein, S. M. (1978): Alguns aspectos da atividade populacional de *A. aurantii* (Mask.) em relação a factores meteorológicos no Médio Egipto. 4th Conf. Controlo de Pragas, NRC Cairo, 62-71.

Rosen, D. (1966): Notas sobre os parasitas de *Acaudaleyrodes citri* (Priesner & Hosny) (Hemiptera : Aleyrodidae) em Israel. Entomolgische Berichten, 26 (3): 55-59.

Russel, L.M. (1973): A list of the species of *Craspedoleta* Enderlein recorded fromNorth America (Homoptera: Psylloidea). J. Wash.

Acad. Sci., 63: 156-159. **Samy, O. (1972):** Psilídeos do Egipto (Homoptera: Psyllidae). Bull. Soc. Ent. Egipto. LVI pp. 437-480.

Russell, L. M. (1957): Sinónimos de *Bemisia tabaci* (Gennadius) (Homoptera: Aleyrodidae). Boletim da Sociedade Entomológica de Brooklyn. 52: 122-123.

Saad, A. G. A. (1980): Estudos sobre os insectos das palmeiras pertencentes à superfamília Coccoidea no Egipto. Tese de Doutoramento, Fac. De Agric., Al-Azhar Univ., Egipto.

Sakenin, H.; Ghahari, H.; Abd-Rabou, S. e Hayat, M. (2004): Registo de três espécies de parasitóides (Chalcidoidea : Aphelinidae) do Irão. Procedimentos do 16th Congresso Iraniano de Proteção das Plantas. Vol.1: Pragas, p.147.

Sakenin, H.; Ghahari, H.; e Abd-Rabou, S. (2006): A fauna de *Encarsia* Foerster (Chalcidoidea: Aphelinidae) na província de Guilan. Nono Congresso Árabe de Proteção das Plantas. Apresentação oral. Resumo p. E-163-164.

Sakenin, H.; Ghahari, H.; e Abd-Rabou, S. (2006): O estudo sobre a morfologia de *Encarsia porteri* (Chalcidoidea: Aphelinidae). Nono Congresso Árabe de Proteção das Plantas. Apresentação oral. Resumo p. E-163.

Sakr, H. E. A. (1994): Estudos sobre alguns inimigos naturais que atacam cochonilhas e cochonilhas na província de Qualubia. Tese de Mestrado, Fac. Agric., Ain-Shams Univ.

Salama, H. S. (1970): Dinâmica populacional da cochonilha *Mycetaspis personatua* (Comstock) no Egipto. Z.Angew. Entom., LXVI, pp. 42-46.

Salama, H. S. (1972): Sobre a densidade populacional e a bionomia de *Parlatoria blanchardii* (Targ.) e *Mycetaspis personatus* (ComstocK) (Homoptera : Coccoidea). Z. Ang. Ent., 70 (4): 403-407.

Salama, H. S. e Hamdy, M. K. (1973): Estudos sobre a dinâmica populacional de *Lepidosaphes pallida* (Green). I. Distribuição em mangueiras. Z. angew. Ent., 73: 82-92.

Salama, H. S. e Hamdy, M. K. (1974): Zum Auftraten Von *Aspidiotus hederae* (Vollot) (Coccoidea : Diaspididae) an cassia-Baumen in Agypten (Anz. Schadlingskde. Pflanzen-umwelschutz, 74: 138-139.

Salama, H. S. e Hassanein, F. A. (1991): Survey of parasitoids and predators of important scale insects, mealybugs and whiteflies in Egypt. Egipto, J. Biol. P. Cont., 1 (2): 145-152.

Salama, H. S. e Salem, M. R. (1970): Distribuição de insectos cochonilhas *Pulvinaria psidii* (Musk.) em árvores de pomar em relação a factores ambientais, Z. Ang. Entomol., 66 (4): 380-385.

Saleh, M.R.; Aly, A. G. e Mohammad, Z. K. (1989): A relação entre a atividade populacional da cochonilha da oliveira, *Leucaspis riccae* Targ. e certos factores meteorológicos no Egipto. Bull. Soc. Ent., 67: 43- 46.

Saleh, M.R.; Aly, A. G. e Mohammad, Z. K. (1995): Estudos morfológicos sobre a cochonilha da oliveira, *Leucaspis riccae* Targioni (Homoptera: Diaspididae). Egipto. J. Appl. Sci.; 10 (3): 577- 586.

Saleh, M.R.; Aly, A.G. e Mohammad, Z.K. (1989): A relação entre a atividade populacional da cochonilha da oliveira *Leucaspis riccae* Targioni e certos factores meteorológicos no Egipto. Bul. Soc. ent. Egipto, 67: 43-46.

Salem, H. E. M.; Omar, R. E. M.; El-Sisi, A. G. e Mokhtar, A. M. (2003): Utilização no terreno e em laboratório de produtos químicos ambientalmente seguros contra a mosca branca *Bemisia tabaci* (Gennandius) e a cigarrinha Empoasca discipiens (Paoli). Annals of Agricultural Science, Moshtohor. 41: 4, 1737-1741.

Salem, I. E. A. (1995): Extractos de exsudado tricomal da superfície da folha de *Hyoscyamus muticus* altamente activos contra a mosca branca do algodão *Bemisia tabaci* Genn. (Aleyrodidae). Mededelingen - Faculteit Landbouwkundige en Toegepaste Biologische Wetenschappen, Universiteit Gent. 60: 3b, 991-994.

Salem, S. A. e Hamdy, M. K. (1985): Sobre a dinâmica populacional de *Ceroplastes floridensis* Comst. Em goiabeiras, no Egipto. Bull. Entomol. Soc. Egypt, 64 : 227-37.

Salem, S. A. e Zaki, F. N. (1985): Nível de ameaça económica da cochonilha dos citrinos, *Ceroplastes floridensis* Comst. Nos citrinos do Egipto. Bull. Entomol. Soc. Egypt, 65: 333-44.

Salman, F. A. A.; Mohamed, A. M.; Mohamed, H. A. e Gad El-Rab, M. L.

S. (2002): Avaliação de algumas variedades de soja à infestação natural com mosca branca, *Bemisia tabaci* (Genn.) e ácaro-aranha *Tetranychus urticae* (Koch.) no Alto Egipto. Egyptian Journal of Agricultural Research. 80: 2, 619-629.

Salmn, A. F. (1970): Estudos sobre a morfologia, biologia e controlo de certos coccídeos no Egipto. Tese de Mestrado, Fac. of Agric, Ain-Shams Univ., Egipto.

Salwa, A. S.; Mona, A. A. E. L. e Abou-Taleb, H. K. (2010): Avaliação de alguns insecticidas naturais contra alguns insectos que infestam o pepino e o seu inseto predador (*Syrphus corollae* F.) no campo. Jornal de Investigação Agrícola de Alexandria. 54: 3, 49-55.

Sammour, E. A.; Abdalla, E. F. e Abdallah, S. A. (1993): Avaliação de campo de diferentes grupos de insecticidas para o controlo de todas as fases da mosca branca do algodão, *Bemisia tabaci* (Genn.) em plantas de tomate. Boletim da Faculdade de Agricultura da Universidade do Cairo. 44: 4, 931-944.

Samy, O. (1963): Estudos sobre insectos hemípteros e homópteros encontrados em plantas de algodão em Gizé. Tese de Mestrado, Fac. Agric. Univ. do Cairo.

Samy, O. (1972): Psyllids ofEgypt. Bull. Soc. Ent. Egipto, 54: 437-480.

Schuster, D. J.; Stansly, P. A. e Polston, J. E. (1996): Expressões de danos em plantas por *Bemisia*. In "Bemisia" : (1995) Taxonomy, Biology, damage and Management (D. Gerling and R. I, Mayer Eds), pp. 153-165. Intercept, Andover, Reino Unido.

Selim, A. A. (1993): Estudos ecológicos sobre cochonilhas armadas que infestam os citrinos (Homoptera : Diaspididae). Tese de Mestrado, Fac. Agric., Al-AzharUniv.

Selim, A.A. (2008): Suscetibilidade de algumas variedades de manga à infestação pelo inseto da cochonilha de maskell, *Isulaspis pallidula* (Green) e pelo inseto da cochonilha vermelha da Califórnia, *Aonidiella aurantii* (Mask.) (Homoptera: Diaspididae). Egipto. J. of Appl. Sci., 23(5):279-286.

Selim, A.A.; Saafan, M.H. e Asfoor, M.A. (2008): Estudos ecológicos do inseto da cochonilha vermelha, *Aonidiella aurantii* Maskell (Hemiptera: Diaspididae) em figueiras soltany na costa norte. Egipto. J. of Appl. Sci., 23(5): 287-297.

Serag, A. M. (1998): Biological studies on certain scale insects in Egypt. Dissertação de Mestrado, Faculdade de Ciências, Secção de Benha, Universidade de Zagazig, pp. 172.

Sewify, G. H.; Abd-Rabou, S.; Ahmed, N. H.; e Elnagar, S. (1999): Abundância sazonal da mosca branca, *Bemisia tabaci* (Genn.) (Homoptera : Aleyrodidae) em plantas selvagens em Giza, Egipto. Bull. Fac. Agric. Cairo, Univ. 50: 755-766.

Shaheen, A. A. (1974): Levantamento e estudos sobre os insectos cochonilhas e moscas brancas que infestam as plantas ornamentais nas regiões de Giza e Zagazig. Tese de Mestrado, Fac. of Agric. Cairo, Univ. p. 141.

Shaheen, A. A.; Salama, H. S. e Amin, A. H. (1971): Estudos populacionais sobre cochonilhas que infestam as árvores de citrinos no Egipto. Zeit-Ang. Entomol., 69 (3): 318330.

Shaheen, A. H. (1983): Alguns aspectos ecológicos da mosca branca *Bemisia tabaci* (Genn.) ontomato. Bull. Soc. Entomol. Egipto,

62: 83-87.

Shaheen, A. H.; El-Ezz, A. A. e Assem, M. A. (1973): Controlo químico de pragas de Cucurbitáceas em Kom Ombo. Agri. Res. Rev., 51: 103-107.

Shaheen, A.; Moussa, S.F.M.; El-Kholy, A.S.; Helmy, E.I. e Selim, A.A. (1994): Dinâmica populacional do inseto da cochonilha negra egípcia, *Chrysompholus aonidum* (L.) em laranjas Balady, Navel e Sweet, com referências aos factores bióticos e abióticos. J.Agric. Sci.Mansoura Univ. 19(8): 2727-2735.

Shaheen, L. H. e Awad-Allah, S. S. (1982): Estudos sobre o distrito de Mansoura, Egipto. Ata Phytopathologica Academiae Scientiarum Hungarica, 17 (2): 147-155.

Shairra, S. A. e El-Sahn O. M. N. (2012): Aumento da eficácia dos nemátodos entomopatogénicos utilizados sabão líquido local para controlar caracóis de jardim. J. Egypt. Ger. Soc. Zool., (64E); Entomologia, 95- 102.

Shalaby, F. F.; Abdel-Gawaad, A. A.; El-Sayed, A. M. e Abo-El-Ghar, M. R. (1990): Papel natural de *Eretmocerus mundus* Mercet e *Prospaltella lutea* Masi nas populações de *Bemisia tabaci* Genn. Agricultural Research Review. 68: 1, 197-208.

Shalaby, F. F.; El-Khayat, E. F.; El-Sayed, A. M. e Hady, S. A. (1994): Relações entre algumas propriedades físicas e fitoquímicas das folhas do hospedeiro e a taxa de infestação com *Bemisia tabaci* (Genn.). Annals of Agricultural Science, Moshtohor. 32: 1, 567-575.

Shanab, L.M. e Awad-Allah, S.S. (1982): Estudos sobre a mosca branca (*Bemisia tabaci* Gen.) que infesta o tomate no distrito de Mansoura, Egipto. Ata Phytopathologica Academiae Scientiarum Hungaricae, 17(1-2) p. 147-155.

Sharf El Din, A. A. e Hashem, M. Y. (1999): Ocorrência de vários estádios da psila da oliveira, *Euphyllura straminea* Loginova (Homoptera: Aphalaridae) em oliveiras (*Olea europeae*) no Egipto. Bull. Ent. Soc. Egypt, 77: 109-124.

Simmons, A. ; Abd-Rabou, S. e Curnutte, L.C. (2013): Mudanças climáticas: Adaptação da história de vida por uma mosca branca global, Bemisia tabaci, com o aumento da temperatura e do dióxido de carbono. Primeiro Simpósio Internacional de mosca branca, Grécia.

Simmons, A. ; Levi Curnutte e Abd-Rabou, S. (2012): Adaptação da história de vida por *Bemisia tabaci*. Comunicação oral da ESA .

Simmons, A. e Abd-Rabou, S. (2013): Métodos de irrigação em hortaliças: Incidências de vírus transmitidos pela mosca branca.87th Reunião Anual do Ramo Sudeste, Sociedade Entomológica da América. 3-5 de março, Página:38.

Simmons, A. e Abd-Rabou, S. (2013): Vírus transmitidos por mosca-branca: estratégias culturais em culturas hortícolas Livro de resumos P.83 12th Simpósio Internacional sobre Epidemiologia de Vírus de Plantas, 28 de janeiro - 1 de fevereiro de 2013, Arusha, Tanzânia.

Simmons, A. ; Abd-Rabou, S.; Kai-Shu Ling e Hekail, G. A. (2009): Vírus transmitidos por mosca branca: *Bemisia tabaci* em culturas hortícolas. Reunião anual da Sociedade Entomológica da América, Indianápolis, Indiana, 13-16 de dezembro de 2009.

Simmons, A. e Abd-Rabou, S. (2005): Incidência de parasitismo de *Bemisia tabaci* (Homoptera: Aleyrodidae) em três culturas hortícolas após a aplicação de insecticidas bioracionais. J. Entomol. Sci., 40(4): 474-477.

Simmons, A. e Abd-Rabou, S. (2005): Parasitismo de *Bemisia tabaci* (Homoptera: Aleyrodidae) após múltiplas libertações de *Encarsia sophia* (Hymenoptera : Aphelinidae) em três culturas hortícolas.J.Agric. Urban Entomol.22(2): 73-77.

Simmons, A. e Abd-Rabou, S. (2005): O parasitismo da mosca-branca da batata-doce do biótipo B foi avaliado em três culturas hortícolas quanto à compatibilidade de sete insecticidas bioracionais sobre o parasitismo. 79th Reunião Anual, ramo sudeste da ESA, EUA. Apresentação oral.

Simmons, A. e Abd-Rabou, S. (2006): Parasitismo da mosca branca após libertação de *Encarsia sophia* em três culturas hortícolas. 80th Reunião Anual, ramo sudeste da ESA, EUA. Apresentação oral.

Simmons, A. e Abd-Rabou, S. (2006): Populações de mosca branca em culturas hortícolas com diferentes fertilizantes. 52nd Reunião anual da Sociedade Entomológica da Carolina do Sul, Mc Cormick, Escócia, 19-20 de outubro.

Simmons, A. M. e Abd-Rabou, S. (2008): Levantamento dos inimigos naturais da mosca branca da batata-doce (Hemiptera: Aleyrodidae) em dez culturas hortícolas no Egipto. Jornal de Entomologia Agrícola e Urbana, 24 (3): 137-145.

Simmons, A. M. e Abd-Rabou, S. (2009): População da mosca branca da batata-doce em resposta a diferentes taxas de três fertilizantes contendo enxofre em dez culturas hortícolas. International Journal ofVegetable Science, 15:57-70.

Simmons, A. M. e Abd-Rabou, S. (2011): Estratégias culturais para a gestão de *Bemisia tabaci* e vírus associados em culturas hortícolas. Reunião conjunta da Entomological Society of America-Southeastern Branch e da American Phytopathology Society-Caribbean Division. 19-22 de março de 2011, San Juan, Porto Rico.

Simmons, A. M. e Abd-Rabou, S. (2011): Libertações de campo inundativas e avaliação de três predadores para a gestão de *Bemisia tabaci* (Hemiptera: Aleyrodidae) em três culturas hortícolas. Ciência dos Insectos 18, 195-202.

Simmons, A. M. e Abd-Rabou, S. (2011): Populações de predadores e parasitoides de *Bemisia tabaci* (Hemiptera: Aleyrodidae) após a aplicação de oito insecticidas bioracionais em culturas hortícolas. Pest Manag Sci , 67: 1023-1028.

Simmons, A.; Abd-Rabou, S. e McCutcheon, G. (2002): Incidência de parasitóides e parasitismo em *Bemisia tabaci* (Homoptera : Aleyrodidae) em numerosas culturas. Environmental Entomology, Vol. 31(6): 1030-1036.

Simmons, A.M. ; Abd-Rabou, S. e Hindy, M. (2015): Comparação de três aplicadores de pulverização transportados pelo operador de bico único para a gestão da mosca branca (*Bemisia tabaci*) na abóbora. Ciências Agrícolas, 6:1381-1386.

Simmons, A.M. e Abd-Rabou, S. (2007): Populações de moscas brancas em culturas hortícolas com diferentes fertilizantes. Reunião Anual do Ramo Sudeste da Sociedade Entomológica da América. Knoxville, TN.

Simon, B., Cenis, J. L. e De La Roa, P. (2007): Padrões de distribuição dos biótipos Q e B de *Bemisia tabaci* na bacia mediterrânica com base na variação de microssatélites. Entomologia Experimentalis etApplicata, 124: 327336.

Singh, K. (1931): A contribution towards our knowledge of the Aleyrodidae (Whiteflies) of India. Memórias do Departamento de Agricultura da Índia. 12: 1-98.

Soad, A. I.; Nadra, M. E.; Ola, M. Y. E.; El-Adl, F. E. e El-Sheemy, M. K. H. (2005): Eficiência de certos insecticidas sobre o vírus do enrolamento da folha da mosca branca e seus resíduos em frutos de tomate. Jornal das Universidades Árabes de Ciências Agrícolas. 13: 3, 963-977.

Soliman, A. F. (1970): Studies on the morphology, biology and control of certain Coccids in Egypt. Tese de Mestrado, Fac. of Agric. Ain-Shams, University, pp. 318.

Soliman, R. H. (1997): Estudos ecológicos, biológicos e controlo microbiano de alguns insectos pragas das oliveiras na província de Fayoum. Tese de Mestrado, Fac. Agric., Universidade do Cairo, Egipto, 192 pp.

Swailem, S. M. (1972): Sobre a bionomia da cochonilha da goiaba, *Lepidosaphes tapleyi* Will. (Hemiptera : Homoptera : Diaspididae). Bull. Soc. Ent. Egypte', 56: 163-170.

Swailem, S. M. (1973): Sobre a ocorrência sazonal de *Lepidosaphes tapleyi* Will. (Hemiptera : Homoptera : Diaspididae). Bull. Soc. Ent. Egypte', 67: 67-72.

Swailem, S. M. (1974): Sobre a bionomia de *Lindingaspis ferrisi* Mckenzie (Hemiptera : Homoptera : Diaspididae). Bull. Soc. Ent. Egypte', 58: 17-24.

Swailem, S. M.; Ismail, I. I. e Ahmed, N. M. (1976): Estudos populacionais sobre a cochonilha da cera dos citrinos, *Ceroplastesfloridensis* Comst. em diferentes regiões do Egipto (Homoptera : Coccidea). Bull. Entomol. Soc. Egipto, 60: 229-37.

Swailem, S.M. e Awadallah, K.T. (1972): Sobre a bionomia da figueira-do-sicômoro, psilídeo *Pauropsylla trichaeta* Petty. Bull. Soc. Ent. Egipto, 55: 193-199. 152.

Swailem, S.M. e Awadallah, K. T. (1972): Sobre a bionomia do psilídeo da figueira do plátano, *Pauropsylla trichaeta* petty. Bull. Soc. Ent. Egipto, LV: 193199.

Sweilem, S. M.; El-Bolok, M. M. e Abdel Aleem, R. Y. (1987):

Estudos biológicos sobre *Parlatroia ziziphus* (Lucas) (Homoptera : Diaspidiae). Bull. Soc. Ent. Egipto, 65:301-317.

Takahashi, R. (1933): Aleyrodidae de Formosa, Parte II. Relatório. Departamento de Agricultura. Governo. Instituto de Investigação. Formosa. 60: 1-24.

Takahashi, R. (1936): Alguns Aleyrodidae, Aphididae, Coccidae (Homoptera) e ThysanopterafromMicronesia. Tenthredo. 1: 109-120.

Takahashi, R. (1957): Alguns Aleyrodidae do Japão (Homoptera). Insecta Matsumurana. 21: 12-21.

Tawfik, M. F. S.; Awadallah, K. T.; Hafez, M. e Sarhan, A. A. (1979): Biologia do parasita afelinídeo, *Eretmocerus mundus* (Mercet) (Hymenoptera : Aphelinidae). Bull. Soc. Ent. Egipto, 62: 33-48.

Tawfik, M. f. S.; Hafez, M. e Raouf, A. H. (1970): Levantamento dos inimigos naturais da cochonilha-do-carmim, *Chrysompalus ficus* (Ashm.), no mundo e na ARE. Minst. Agric. Egipto, Tech. Bull., 2: 19-31.

Tawfik, M. H. (1985): Estudos sobre a cochonilha *Parlatoria ziziphus* (Lucas) (Diaspididae : Homoptera). Tese de doutoramento, Fac. of Agric. Cairo, Univ. Egipto, 126 pp.

Tawfik, M. H. (1996): O efeito da infestação de *Lepidosaphes beckii* (Newman) nos componentes foliares e na qualidade dos frutos de diferentes variedades de citrinos. Fayoum J. Agric. Res. And Dev. Vol. 10 No. 11-11pp.

Tawfik, M. H. ; Awadallah,K.T.; Ibrahim, A.M.A. e Attia, A.R. (2005): Efeito de diferentes variedades e do modo de condução da vinha na densidade populacional de *Planococcus ficus* (Signoret) (Homoptera : Pseudococcidae) e dos seus parasitóides associados. Bull. Ent. Soc. Egypt. 82: 49-62.

Tawfik, M.H. e Mohammad, Z.K. 2002 (2001): Estudos ecológicos de dois insectos cochonilhas (Hemiptera, Coccoidea) em *Morus alba* no Egipto. Boll.

Zool.Agr. Bachic. 33(3): 267-273.

Temerak, S. A. (1981): Registos históricos de parasitóides no Egipto

(1905-1981).

Techniacl Bulletin No. 1, Assiut Univ. Egypt, pp 80.

White, I. M. e Hodkinson, I. D. (1982): Psylloidea (Nymphal stages) Hemiptera. Hand book Ident. Br. Insects. 2 (5b). pp. 1-50.

White, I. M. e Hodkinson, I. D. (1985): Taxonomia ninfal e sistemática dos Psylloidea (Homoptera). Bull. Br. Mus. Nat. Hist. (Ent.) 50 (2): 153301.

Yossef, K. E. H. (1976): Estudos sobre algumas pragas que atacam as cucurbitáceas. Tese de Doutoramento, Alexandria Univ.

Youssef, A. S. (2011): Estudos ecológicos e biológicos sobre o psilídeo da oliveira, *Euphyllura straminea* Loginova e seu controlo em oliveiras no Egipto. Tese de doutoramento, Fac. Agric., Ain Shams Univ., Egipto, 187 pp.

Youssef, A. S.; Aly, A., N.; Abd-Rabou, S. (2015): Aspectos ecológicos dePear Psyllid, *Cacopsyllapyricola* (Hemiptera: Psyllidae), e seus inimigos naturais associados, como uma nova praga em árvores de pera no Egito .Egyptian Academic Journal ofBiological Sciences. A, Entomology. 8(3): 35-41.

Youssef, A.S. ; Abd-Rabou, S. e Maamoun, M. A. (2013): Escama acuminada, *Kilifia acuminata* (Signoret) infestando mangueiras no Egito. Workshop, Estratégia de Produção de Manga no Egipto. Livro de resumos. P.13.

Youssef, A.S. e Abd-Rabou, S. (2013): Escama acuminada, *Kilifia acuminata* (Signoret) infestando mangueiras no Egito. J. Agr. Res. 91 (3): 8184.

Youssef, A.S. (2011): Estudos ecológicos e biológicos sobre o psilídeo da oliveira, *Euphyllura straminea* Loginova e seu controlo em oliveiras no Egipto. Tese de doutoramento, Fac. Agric., Ain Shams Univ., 188 pp.

Youssef, A.S.; Abd-Rabou , S. e Moussa, S. F. M. (2015): Nível de limiar económico de psilídeo de pera, *Cacopsylla pyricola* (Hemiptera: psyllidae) em pereiras na governadoria de Ismailia. Annals of Agric. Sci., Moshtohor Vol. 53(3), 485-490.

Youssef, H. I. (1999): Aplicações seleccionadas em campos de tomate contra a mosca branca *Bemisia tabaci* Gennadius. Anais de Ciências Agrícolas, Moshtohor. 1999. 37:3, 1979-1985. 9

ref.

Youssef, H. I.; Hady, S. A. e Ismail, H. (2001): Intercropping pattern against *Bemisia tabaci* (Gennadius) infestation (Homoptera: Aleyrodidae). Anais de Ciências Agrícolas, Moshtohor. 2001. 39:1, 651-654.

Zahradnik, J. (1970): *Ramsessues follioti* gen. N. sp., aleurode houveau do Egipto (R.A.U.) (Homoptera : Aleyrodidae) Ata Ent. Bohemoslavaca, 67: 47-49.

Zahradnik, J. (1970): *Ramsessues follioti* gen. N. sp., aleurode houveau do Egipto (R.A.U.) (Homoptera : Aleyrodidae) Ata Ent. Bohemoslavaca, 67: 47-49.

Zaki, F. N. (2008): Aplicação no campo de extractos de plantas contra o afídeo, *B. brassicae* e a mosca branca, *Bemisia tabaci* e os seus efeitos secundários nos seus predadores e parasitas. Archives of Phytopathology and Plant Protection. 41: 6, 462-466.

Zidan, H. Z.; Afifi, F. A.; Moawad, A. G.; Wahed, M. S. A. e Emam, A. K. (1993): Suscetibilidade relativa das variedades de tomate à mosca branca, ao pulgão e ao vírus TYLCV na província de Fayoum. [Arabic] Arab Universities Journal ofAgricultural Sciences. 1: 2, 191-200.

Zidan, Z. H.; Abdel-Megeed, M. I.; Hassan, A. N.; Ghabbour, M. W.; Abou-Setta, M. M. e El-Amir, S. M._(2002): Determinação das gerações de *Parlatoria oleae* (Homoptera: Diaspididae), utilizando a estrutura etária, graus-dia associados e épocas de controlo adequadas na oliveira em Ismailia. J. Environ.Sci. Vol.5,1229 -1247.

Zidan, Z. H.; Afifi, F. A.; Sobeiha, A. K.; El-Hamaky, M. A. e Moawad, A. G. (1994c): Role of pesticides in controlling tomato pests in normal and sustainable agriculture in Fayoum Governorate. Arab Universities Journal ofAgricultural Sciences. 2: 1, 165-178.

Zidan, Z. H.; Afifi, F. A.; Sobeiha, A. K.; Moawad, A. G. e El-Malky, K. (1994b); Eficiência dos análogos da hormona juvenil pyriproxyfen, fenocarb e as suas misturas binárias contra a mosca branca, infestação de vírus e produção de tomate. [Árabe] Jornal das Universidades Árabes de Ciências

Agrícolas. 2: 1, 179-185.

Zidan, Z. H.; Sobeiha, A. K.; Dahroug, S. M. A.; Abdel-Moaty, M. e Emam, A. (1994a): Atividade bio-residual de certos insecticidas contra a densidade populacional da mosca branca, *Bemisia tabaci,* que infesta plantas de pepino em casas de plástico. Anais da Ciência Agrícola (Cairo). 39: 2, 815-821.

Zidan, Z. H.; Zidan, A.; Hussin, M. I.; Abdel-Fatah, M. S. e Gaber, A. M. (1989a): Desempenho de certos regimes de insecticidas na densidade populacional da mosca branca do algodão, *Bemisia tabaci* (Genn.) em campos de tomate, com especial referência à fitotoxicidade e à infeção por vírus. 3rd Nat. Conf, of Pests and Dis. Of Veg. And Fruits in Egypt and Arab Count. Ismailia, Egipto, Actas Vol 2p: 499-511.

Zidan, Z. H.; Zidan, A.; Hussin, M. I.; Abdel-Fatah, M. S. e Gaber, A. M. (1989b): Actividades de eliminação e residuais de certos insecticidas contra a mosca branca do algodão, *Bemisia tabaci* (Genn.) em plântulas de tomate em condições de laboratório. 3rd Nat. Conf, of Pests and Dis. ofVeg. And Fruits in Egypt and Arab Count. Ismailia, Egipto, Actas Vol 2p: 512-520.

Printed by Books on Demand GmbH, Norderstedt / Germany